"两山"理念20周年

20人谈生态文明建设

《"两山"理念20周年：20人谈生态文明建设》
编辑委员会　编

中国林业出版社
China Forestry Publishing House

图书在版编目（CIP）数据

"两山"理念20周年：20人谈生态文明建设 /《"两山"理念20周年：20人谈生态文明建设》编辑委员会编.

北京：中国林业出版社, 2025.8. -- ISBN 978-7-5219-3349-9

Ⅰ. X321.2

中国国家版本馆CIP数据核字第2025QL4473号

本书中图片除明确标注摄影者的外，其余均来自视觉中国。

"两山"理念20周年 20人谈生态文明建设

"LIANGSHAN" LINIAN ERSHI ZHOUNIAN ERSHI REN TAN SHENGTAI WENMING JIANSHE

总 策 划：王 振　王佳会　杨 波
策　　划：刘继广　段亮红　韩学文
责任编辑：许 玮　宋博洋　肖 静
特邀编辑：薛 瑶　李晓萍　张 杰　聂春雷
　　　　　刘志媛　景艳丽　王寅佳
装帧设计：刘临川

出版发行：中国林业出版社
　　　　　（100009，北京市西城区刘海胡同7号，电话83143577）
电子邮箱：cfphzbs@163.com
网址：https://www.cfph.net
印刷：北京雅昌艺术印刷有限公司
版次：2025年8月第1版
印次：2025年8月第1次印刷
开本：710mm×1000mm　1/16
印张：24
字数：470千字
定价：128.00元

《"两山"理念20周年：20人谈生态文明建设》
编辑委员会

（按姓氏笔画排序）

王金南　卢　琦　安长明　杨　锐　吴舜泽　汪阳东

沈国舫　张云飞　张孝德　林　震　欧阳志云　罗　明

周训芳　周宏春　郇庆治　胡　军　胡勘平　顾益康

徐华清　黄承梁　潘家华

浙江安吉的曙光

前　言

　　党的十八大以来，在习近平生态文明思想指引下，中国生态文明建设发生历史性、转折性、全局性变化，取得举世瞩目的成就。"绿水青山就是金山银山"（简称"两山"）是习近平生态文明思想的核心要义，"两山"这一重要理念深刻揭示了生态环境保护与经济社会发展的辩证统一关系，不仅深刻改变了中国的发展观，而且为全球可持续发展贡献了中国智慧。

　　2025年是"两山"理念提出20周年。值此重要历史节点，国家林业和草原局委托中国林业出版社邀请生态文明研究和"两山"实践创新领域的20位权威专家，共同撰写了《"两山"理念20周年：20人谈生态文明建设》一书，以学术探讨、实践总结和未来展望相结合的方式，全面回顾过去20年中国生态文明建设的历程和进展，系统梳理"两山"理念的思想内涵、转化机制、实践路径和全球意义。

　　从理论创新到实践引领，这是深刻认识"两山"理念思想意蕴的20年。2005年8月15日，时任浙江省委书记的习近平同志在浙江安吉余村考察时，首次提出"绿水青山就是金山银山"的科学论断。20年来，从浙江的基层探索到全国范围的制度实践，从生态修复到绿色产业振兴，"两山"理念不断丰富和发展，指引中国走上了一条生态优先、绿色发展的新道路。本书的第1篇——"两山"理念的思想意蕴，聚焦这一理念的理论根基和哲学内涵。习近平生态文明思想研究中心胡军主任在《"两山"理念：习近平生态文明思想的核心理念》中深入阐释了"两山"理念的时代价值，论述"两山"理念是习近平生态文明思想的原创性观点和标识性概念。中国社会科学院习近平生态文明思想研究中心黄承梁研究员在《"两山"理念的形成发展与人类发展新范式的"术语革命"》中系统梳理了该理念从地方实践到国家战略的演进历程，展现了其强大的生命力。北京大学郇庆治教授在《"两山"理念的理论意涵》中深入分析了其科学性和系统性，强调它超越了传统环境保护与经济发展的"二元对立"，开创了"生态经济化、经济生态化"的新范式。中国人民大学张云飞教授在《"两山"理念的哲学基础和贡献》中探讨了其马克思主义哲学渊源，指出它是对"人与自然和谐共生"这一人类文明发展规律的深刻把握。中共中央党校（国家行政学院）张孝德教授在《"两山"理念蕴含的源自中国智慧的新山水观探析》中揭示了其与中华传统生态智慧的传承关系，展现了中华文明"天人合一"理念的现代价值。

从制度创新到科技赋能，这是持续探索"两山"理念转化机制的20年。理念的生命力在于实践。如何将绿水青山转化为金山银山，是生态文明建设的关键命题。本书的第2篇——践行"两山"理念的转化机制，汇集了7位专家的研究成果，从不同角度探讨了"两山"转化的制度设计、科技支撑和政策路径。国务院发展研究中心周宏春研究员在《以新质生产力驱动"绿水青山就是金山银山"的转化》中指出，绿色低碳技术、数字经济、生态产业等新质生产力是推动"两山"转化的核心动力。美国国家科学院外籍院士、中国科学院生态环境研究中心欧阳志云研究员在《建立生态产品总值核算与应用机制，促进人与自然和谐共生》中系统阐述建立生态产品总值核算的方法、应用与存在的问题，提出加快建立生态产品总值核算应用机制的具体措施。清华大学杨锐教授在《建立以国家公园为主体的自然保护地体系》中强调，国家公园体制是保护生物多样性和促进生态旅游的重要抓手。北京林业大学林震教授在《完善落实"两山"理念的体制机制》中提出，要健全生态补偿、环境监管、绿色金融等制度体系，确保"两山"理念落地生根。中国林业科学研究院汪阳东院长以《坚持"三绿"并举，推动森林"四库"联动》为题，深入探讨了森林生态系统在涵养水源、固碳增汇、促进增收等方面的多重效益。国务院参事、中国林业科学研究院卢琦研究员在《从绿色"三北"到幸福"三北"》中全面总结了"三北"防护林工程如何从单纯防沙治沙转向生态富民。国家应对气候变化战略研究和国际合作中心徐华清研究员在《积极稳妥推进碳达峰碳中和》中系统分析了"双碳"目标与"两山"理念的内在一致性，强调低碳转型是实现高质量发展的必由之路。

从地方经验到全国样板，这是扎实推进"两山"理念实践创新的20年。"两山"理念的提出源于实践，其成功也在于实践。本书的第3篇——践行"两山"理念的实践探索，精选了五个具有代表性的案例，展现了不同地区如何因地制宜推动"两山"转化。浙江省农业和农村工作办公室原副主任顾益康在《"千万工程"是"两山"转化的生态工程》中回顾了浙江"千村示范、万村整治"工程如何通过农村环境整治带动乡村振兴。基于自然的解决方案亚洲中心常务副主任罗明在《山水林田湖草沙一体化保护和修复工程：理论基础、实践进展与未来展望》中介绍了生态修复如何提升土地价值，实现"生态+产业"融合发展。中南林业科技大学周训芳教授在《深化集体林权制度改革，更好实现生态美和百姓富的有机统一》中强调要以"两山"理念为指导持续推进集体林权制度改革，系统解决"山要怎么分""树要怎么砍""钱从哪里来""单家独户怎么办"等问题，更好地实现生态美和百姓富的有机统一。塞罕坝机械林场党委书记安长明在《"两山"理念引领塞罕坝机械林场创新发展》中讲述了塞罕坝从荒漠变林海的奇迹，展现了久久为功的生态治理精神。中共浙江省丽水市委书记吴舜泽在《践行"两山"理念，打造新时代生态文明建设典范》中介绍了丽水如何依托优质生态资源发展康养旅游、生态农业，走出一条"绿富美"发展之路。

从美丽中国到全球贡献，这是全面展现"两山"理念行动愿景的20年。站在新的历史起点上，"两山"理念不仅是中国生态文明建设的指南，而且为全球可持续发展提供了重要启示。本书的第4篇——践行"两山"理念的行动愿景，展望了未来中国和世界生态文明建设的方向。中国工程院沈国舫院士在《"两山"理念与林草业可持续发展》中强调，实现绿水青山和金山银山的兼有和顺利转化，必将使林草业成为中国现代化生态文明建设的一根坚强支柱，也将上升为一个富民强国的兴旺产业。中国工程院王金南院士在《"两山"理念引领美丽中国建设实践与创新》中强调，"两山"理念为破解保护与发展矛盾、引领美丽中国建设、推进中国式现代化提供了根本遵循；分级分类建设先行区、加快发展方式绿色低碳转型、推动生态环境持续改善、健全生态产品价值实现机制、培育壮大生态产品第四产业等是落实"两山"理念的重要举措。国家气候变化专家委员会副主任潘家华在《构建人与自然和谐共荣的生态文明社会新形态》中指出，"两山"的价值认知确认20周年以来中国的生态文明转型实践表明，人类发展的社会文明形态，正在从工业文明稳步迈向生态文明；构建这一新的社会文明形态，需要社会认知的全面提升和达成新的全球社会契约，更需要协调一致的行动。

"一水护田将绿绕，两山排闼送青来。"20年来，"两山"理念已经从浙江的一个小村庄走向全国，成为指导中国生态文明建设的核心思想。本书的20位作者从不同角度对这一理念的理论价值、实践经验和全球意义做了解读，既是对过去成就的总结，也是对未来发展的思考。我们相信，在"两山"理念的指引下，中国必将走出一条生产发展、生活富裕、生态良好的文明发展道路，为全球可持续发展作出更大贡献。

本书在第三个"全国生态日"之际和广大读者见面，既是对"两山"理念提出20周年的献礼，也是对全社会践行生态文明的呼吁：让我们在建设人与自然和谐共生的现代化的道路上携手努力，不断提升中华大地绿水青山的颜值和金山银山的价值，让"两山"理念照亮生态文明建设的美好未来！

中国生态文明研究与促进会首席专家　胡勘平

2025 年 7 月 5 日

北京怀柔雁栖湖

目　录

"两山"理念
20周年
20人谈生态文明建设

第 1 篇
"两山"理念的思想意蕴

"两山"理念是习近平生态文明思想的重要组成部分，深刻阐述了保护和发展的辩证关系。

浙江安吉余村

01

「两山」理念：
习近平生态文明思想
的核心理念

胡军

习近平生态文明思想研究中心主任、研究员，生态环境部环境与经济政策研究中心党委书记、主任，《环境与可持续发展》（《习近平生态文明思想研究与实践》专刊）主编，兼任《生态文明研究》期刊编委。主要从事生态文明建设、生态环境保护、绿色低碳发展、环境社会治理等领域的政策研究和决策支持相关工作。

[摘要]"两山"理念作为习近平生态文明思想的核心理念，已成为全党全社会的共识。本文深入阐释"两山"理念的时代价值，论述"两山"理念是习近平生态文明思想的原创性观点和标识性概念，阐明"两山"理念指引我国生态文明建设取得历史性成就。在准确把握新征程上践行"两山"理念面临的形势挑战基础上，本文提出要进一步牢固树立和践行"两山"理念，将其融入经济社会发展各方面和全过程，以高水平保护支撑高质量发展，加快建设人与自然和谐共生的现代化。
[关键词]"两山"理念、习近平生态文明思想、生态文明建设成就、高质量发展

　　"绿水青山就是金山银山"理念（以下简称"两山"理念），作为重要的发展理念和推进现代化建设的重大原则，符合自然发展规律和经济发展规律，顺应人民群众对优美生态环境和更高生活质量的期盼，是习近平生态文明思想的核心理念。2025年是"两山"理念提出20周年，20年的发展实践表明，必须牢固树立和践行这一科学理念，更好地统筹高质量发展和高水平保护，让自然财富、生态财富源源不断带来社会财富、经济财富，为推进人与自然和谐共生的中国式现代化提供重要支撑保障。

一、"两山"理念的时代价值

　　处理好发展和保护的关系，是一个世界性难题，也是人类社会发展面临的永恒课题。2005年8月15日，时任浙江省委书记的习近平同志到浙江安吉余村考察调研时，对余村关停污染环境的矿山，开始搞生态旅游的做法表示肯定，以充满前瞻性的战略眼光，创造性提出"绿水青山就是金山银山"的科学论断，深刻阐明了保护生态环境就是保护生产力、改善生态环境就是发展生产力的道理，指明了发展和保护协同共进的新路径。20年来，这一理念历经理论升华和实践洗礼，已成为全党全社会的共识。

（一）"两山"理念是正确处理好发展与保护关系的根本遵循

　　习近平总书记指出："我们既要绿水青山，也要金山银山。宁要绿水青山，不要金山银山，而且绿水青山就是金山银山。"绿水青山喻指人类永续发展所必须依

靠的良好的生态环境与自然资源，是生态优势；金山银山则喻指人类社会以物质生产为基础的一切经济发展成果与物质财富，是发展优势。这一科学论断破解了经济发展与环境保护的"两难"悖论，强调两者是相互依存、对立统一的关系。一方面看，绿水青山是金山银山实现的前提和基础。人类依靠自然生存，发展经济不能对资源和生态环境竭泽而渔，如果发展和保护二者发生冲突，科学的选择应该是宁要绿水青山，不要金山银山；同时，良好的生态环境蕴含无穷的经济价值，改善生态环境就是保护经济社会发展的潜力和后劲，赢得发展经济的"主动"。另一方面看，金山银山是绿水青山长久维持和受保护的物质前提与保障。发展是解决我国一切问题的基础和关键，无论是保护环境还是改善生态都必须有物质条件作保障，保护生态环境绝不是舍弃经济发展缘木求鱼，而是要在保护生态环境的基础上，将生态环境优势转化为发展优势，进而为保护生态环境提供更加有力的物质保障，形成发展与保护协同共进的良性循环。

（二）"两山"理念是满足人民对美好生活需要的内在要求

良好的生态环境是最公平的公共产品，是最普惠的民生福祉。习近平总书记指出："对人类的生存来说，金山银山固然重要，但绿水青山是人民幸福的重要内容，是金钱不可替代的""发展经济是为了民生，保护生态环境同样也是为了民生"。当前，我国社会主要矛盾已经转化为人民日益增长的美好生活需要和不平衡不充分的发展之间的矛盾。对美好生活的向往，既包括物质生产力和经济效益之间均衡充分的发展、个人物质财富的增长，也包括对清新空气、清澈水质、清洁环境等生态产品的迫切需求。这一理念强调既要把绿水青山建得更美，也要把金山银山做得更大，切实做到生态效益、经济效益、社会效益同步提升，体现了百姓富、生态美的有机统一，尤其是为生态良好但经济欠发达的农村地区指明了发展生态农业、生态工业、生态旅游等生态产业的路径方法，对缩小城乡差距、区域差距，促进乡村振兴与共同富裕具有重要的实践价值。

（三）"两山"理念是解放和发展绿色生产力的科学方法

生产力不仅是人类征服、改造自然的能力，而且是人类认识、保护和改善自然的能力。马克思、恩格斯指出，生产力是社会发展的根本动力，解放和发展社会生产力是实现共同富裕的物质前提。"两山"理念蕴含"保护生态环境就是保护生产力，改善生态环境就是发展生产力"的理论逻辑和实践逻辑，把自然生态环境视为推动生产力发展的活跃因素，强调绿色生产要素与传统生产要素的双轮驱动，丰富发展了社会主义生产力理论，深度契合绿色生产力发展的内在要求。这一科学理念强调要改变过多依赖增加物质资源消耗、规模粗放扩张、高耗能高排放产业的发展模式，推动经济社会发展绿色化、低碳化，从根本上缓解经济发展与资源环境之间的矛盾，从而推动实现经济发展从"有没有"转向"好不好"、质量"高不高"，为实现我国经济结构的战略性调整和经济增长方式的变革性转变提供了科学方法和路径指引。

（四）"两山"理念是推进中国式现代化建设的重大原则

中国式现代化是人与自然和谐共生的现代化。近现代以来，西方主流经济学始终以"经济增长"为核心目标，将生态环境视为生产力的外部条件而非内在要素。以资本增殖为核心的西方现代化之路通过掠夺自然和转嫁成本实现自身现代化，一些资本主义国家在全球范围占用资源，走先污染后治理的路子，导致自然资源的过度开发和环境污染的不断加剧，人与自然深层次矛盾日益显现。中国作为最大的发展中国家，人口规模巨大，环境容量有限，生态系统脆弱，走美欧老路是难以为继且走不通的。"两山"理念从根本上打破了发展和保护不可兼得的错误认知，突破了传统发展观念中生态与经济"两难"悖论的思维局限，以促进人与自然和谐共生为本质要求，通过创造人类文明新形态，打破了"现代化＝西方化"的迷思，打破了西方现代化进程中"先污染后治理"的路径依赖，拓展了发展中国家走向现代化的路径选择，为人类可持续发展提供了中国方案。

二、"两山"理念是习近平生态文明思想的原创性观点和标识性概念

党的十八大以来，以习近平同志为核心的党中央大力推进生态文明理论创新、实践创新、制度创新，形成了习近平生态文明思想。习近平生态文明思想系统回答了为什么建设生态文明、建设什么样的生态文明、怎样建设生态文明等重大理论和实践问题，构成了主题鲜明、体系完整、逻辑严密、内涵丰富的科学思想体系。"两山"理念作为习近平生态文明思想的核心理念，是习近平生态文明思想最具代表性、最具原创性的重大理论成果。

（一）深刻理解"两山"理念的原创性

这一理念体现了认识论的重大飞跃。马克思主义认为，实践是认识的来源，是认识发展的根本动力。"两山"理念的提出来源于实践，经历了地方经验总结、概念范畴提出、哲学理念升华的发展历程，开创了人与自然关系表达的全新范式。

内蒙古呼伦贝尔草原湿地

人们在实践中对绿水青山和金山银山之间关系的认识经过三个阶段，第一个阶段是用绿水青山去换金山银山，不考虑或者很少考虑环境的承载能力，一味索取资源；第二个阶段是既要金山银山，但是也要保住绿水青山，人们意识到环境是生存发展的根本，要留得青山在，才能有柴烧；第三个阶段是认识到绿水青山可以源源不断地带来金山银山，绿水青山本身就是金山银山，要使绿水青山产生巨大生态效益、经济效益和社会效益，才能逐步走上生产发展、生活富裕、生态良好的文明发展道路。"两山"理念的提出，充分体现了习近平同志对保护与发展、人与自然关系的原创性思考，具有鲜明的时代性和实践性。这些新创造新发展重构了传统发展观中"环境保护与经济发展对立"的认知框架，在思想、理念、思维等层面革新了人们对发展和保护关系的理解，明确了保护本身就是一种发展、发展是为了更好地保护的鲜明逻辑，推动发展逻辑从"牺牲环境换增长"转向"以生态优势激活生产力"，深刻阐释了人与自然和谐共生的存在基础，是一种颠覆了传统认知的哲学表达。

这一理念体现了价值论的重大创新。在马克思关于人与自然关系的论述中，自然界先于人存在，具有客观性、先在性和前提性；人来源于自然、自然是人的无机的身体，现实的自然界是人类的自然界，人通过"劳动"的中介同自然构成相互作用的整体[1]。"两山"理念以其独具中国特色的表达方式，深刻把握马克思主义关于人与自然关系思想的内涵，将"自然界的客观实在性及其对于人类的优先地位"等生态观点与中国实际情况紧密结合，推动了马克思主义中国化时代化的突破性飞跃，为生态文明建设和人类社会可持续发展提供了新的价值导向。"两山"理念明确生态本身就是经济，能够为人类提供丰富的生态产品，保护生态环境就是保护自然价值和增值自然资本，这一重要理念所蕴含的自然价值观将生态环境从"发展基础""发展成本"转化为"发展资本"，实现了自然系统价值论的重大突破，在发展与保护的对立统一中确立了"生态优先"的价值抉择[2]。

这一理念实现了方法论的重大突破。方法论即认识世界和改造世界的根本原则、逻辑框架与实践路径。"两山"理念建构了生态产业化、产业生态化的基本方法，强调通过健全生态产品价值实现机制，不断探索绿水青山转化为金山银山的实践路径，将生态产品的内在自然价值、自然资本持续转化为经济价值、物质资本，推动形成新的经济增长点，在更高层次上协同推进生态环境高水平保护与经济高质量发

---

① 黄承梁."绿水青山就是金山银山"理念：人类发展观"术语的革命"[EB/OL]. (2025-05-16)[2025-07-01]. http://news.cnchu.com/jzrb/pc/images/2025-05/16/A006/rb06b20250516C.pdf.

② 李宏伟.习近平生态文明思想的标识性概念与原创性贡献[J].理论导报，2025(3): 16-20.

展。这一理念的提出，不仅引领了发展理念、发展思路的转变，更是推动了发展路径、发展模式的升级，实现了"道"与"器"的统一，从方法论层面指明了以高水平保护实现高质量发展的实践路径。

（二）准确把握"两山"理念的标识性

这一理念是习近平生态文明思想科学内涵的核心观点。"两山"理念集中体现了习近平生态文明思想蕴含的自然观、民生观、发展观，是习近平生态文明思想科学体系的集成表达。这一理念主张良好生态环境是经济社会健康可持续发展的基础，要求同步推进物质文明建设和生态文明建设，深刻体现了习近平生态文明思想"人与自然和谐共生"的自然观；主张必须坚持生态惠民、生态利民、生态为民，提供更多优质生态产品，让良好生态环境成为人民幸福生活的增长点，高度契合了习近平生态文明思想"良好生态环境是最普惠的民生福祉"的民生观；主张把绿色发展作为解决污染问题的根本之策，加快推动经济社会发展绿色化、低碳化，融会贯通了习近平生态文明思想"绿色发展是发展观的深刻革命"的发展观。

这一理念是中华优秀传统生态文化创造性转化和创新性发展的重大成果。生态环境是人类文明发展的根基，生态环境变化直接影响文明的变革与兴衰演替，简言之就是"生态兴则文明兴，生态衰则文明衰"。我国自古以来就有"天人合一""万物并育"的传统生态理念，将天、地、人看作一个不可分割的整体，具有整体性、系统性的思维观念。"两山"理念积累了深厚的生态文化底蕴，传承和激活了中华民族"究天人之际"的文化基因，进一步把天、地、人统一起来，把自然生态同人类文明联系起来，实现了从传统自然观到中国自主生态文明理论的跨越，让中华优秀传统生态文化在新时代重焕荣光，为确保中华民族世代相承和中华文明薪火相传注入了绿色活力。

这一理念是推动全球可持续发展和绿色公正转型的中国方案。在全球生态环境危机日益严峻的背景下，全球环境治理与可持续发展成为重要的国际议题，推动共建清洁、美丽、可持续的世界成为国际社会的迫切需要。"两山"理念贴合世界可持续发展的核心议题，与国际上可持续发展理念不谋而合，具有全球普适性和理念共通性。这一理念在国际社会特别是广大发展中国家获得广泛认同，为统筹保护环境、发展经济等多重目标，推动绿色公正转型，协同推进民生福祉改善和全球环境气候治理等提供了中国智慧、中国方案，也为重构全球可持续发展话语体系、实践体系提供了有益参考，充分彰显了习近平生态文明思想的世界意义。

三、"两山"理念指引我国生态文明建设取得历史性成就

新时代以来，"两山"理念在党治国理政中的地位不断凸显。党的十九大把"增强绿水青山就是金山银山的意识"写入党章，标志着这一重要理念正式成为党的指导思想和行动指南；党的二十大报告强调"必须牢固树立和践行绿水青山就是金山银山的理念，站在人与自然和谐共生的高度谋划发展"；党的二十届三中全会从制度层面明确了落实"两山"理念的重要举措。在这一理念的科学指引下，我国生态文明建设发生历史性、转折性、全局性变化，美丽中国建设迈出重大步伐。

广西百色靖西鹅泉

（一）守护绿水青山取得显著成效

我国持续深入打好蓝天、碧水、净土保卫战，生态系统保护修复向纵深推进，生态环境质量改善成效显著。大气环境质量方面，2024年全国地级及以上城市$PM_{2.5}$平均浓度为29.3微克/立方米，连续5年稳定达标，全国优良天数比例达到87.2%，我国已成为全球大气质量改善速度最快的国家。水环境质量方面，2024年全国地表水优良水质断面比例达到90.4%，创历史新高，接近发达国家水平；近岸海域水质优良比例为83.7%，长江干流连续5年、黄河干流连续3年全线水质稳定保持在Ⅱ类。土壤环境风险得到有效管控，2024年全国受污染耕地安全利用率达到92%，重点建

新疆尼勒克唐布拉大草原

设用地安全利用得到有效保障①。生态系统保护修复方面，我国自然保护地和陆域生态保护红线面积分别占全国陆域国土面积的18%和30%②；截至2024年8月，我国累计完成造林10.2亿亩（1亩=1/15公顷，下同）、森林抚育12.4亿亩，成为全球森林资源增长最多最快和人工造林面积最大的国家③。

（二）产业生态化和生态产业化迈出坚实步伐

产业绿色化低碳化水平不断提升，以新能源汽车、锂电池和光伏产品为代表的

---

① 中华人民共和国生态环境部. 2025 年 1 月例行新闻发布会最新情况通报 [EB/OL]. (2025-01-20) [2025-07-01]. https://www.mee.gov.cn/ywdt/xwfb/202501/t20250120_1100987.shtml.

② 国务院新闻办公室. 生态环境部：我国陆域生态保护红线面积占比超过 30% [EB/OL]. (2024-09-25) [2025-07-01]. https://www.eeo.com.cn/2024/0925/688756.shtml.

③ 央视新闻客户端. 我国森林覆盖率超 24%！还有这两项数据，居世界第一 [EB/OL]. (2024-08-16) [2025-07-01]. https://m.gmw.cn/2024-08-16/content_1303823475.htm.

新兴产业快速发展，生产规模位居全球首位，2024年出口额超万亿，成为我国外贸出口的新增长点①。能源结构持续优化，2012年以来，我国单位国内生产总值（gross domestic product，GDP）二氧化碳排放累计下降超过40%，以年均3%的能源消费增速支撑了年均超过6%的经济增长，是全球能耗强度降低最快的国家之一②。2024年，煤炭占能源消费比重已降至53.2%，非化石能源消费比重增长到19.7%③。截至2025年3月底，可再生能源装机规模超过全国发电总装机的57.3%④，历史性超过全口径的火电装机，水电、风电、太阳能发电、生物质发电装机均稳居世界第一。生态产品价值实现路径不断丰富，各地积极实践、因地制宜，结合资源禀赋、区位优势，持续探索产业生态化、生态产业化路径和模式，不断提升绿水青山的"含金量"、金山银山的"含绿量"，探索形成了"守绿换金""添绿增金""点绿成金""借绿生金"等生态产品价值实现路径，挖掘培育了生态农业、生态旅游、生态工业、生态补偿等转化模式，源源不断将生态资源转化为经济资源、把生态优势转化为发展优势。

（三）绿水青山向金山银山转化的制度保障不断健全

新时代以来，党中央统筹加强生态文明顶层设计和制度体系建设，推动生态文明领域国家治理体系和治理能力现代化水平明显提升，为践行"两山"理念提供有力保障。系统性重塑生态文明制度体系，相继建立自然资源资产产权、生态环境保护"党政同责""一岗双责"等一系列标志性制度，实施"史上最严"环境保护法，制定修订30多部生态环境相关法律，基本形成覆盖全面、务实管用、严格严厉的生态环境保护法律体系。特别是习近平总书记亲自谋划、亲自部署、亲自推动的中央生态环境保护督察制度，成为夯实生态文明建设政治责任的重大制度创新和改革举措。出台《生态保护补偿条例》，推动生态保护补偿制度的法律法规不断完善、补偿要素不断丰富、补偿方式持续创新、补偿实施范围不断扩大。促进流域横向生态保护补偿机制长效化运行。印发《关于健全资源环境要素市场化配置体系的意见》，推动深化资源环境要素市场化配置改革走深走实，加快建立排污权、用水权、用能权等环境权益交易。

---

① 金社平. 中国新能源产业发展是全球性贡献和机遇 [EB/OL]. (2024-06-07) [2025-07-01]. http://gd.people.com.cn/n2/2024/0607/c123932-40871666.html.

② 央视网. 数字里看成效，十年来我国能源消费方式变革取得积极进展 [EB/OL]. (2023-09-17) [2025-07-01]. https://m.gmw.cn/2023-09/17/content_1303517112.htm.

③ 国家统计局. 中华人民共和国2024年国民经济和社会发展统计公报 [EB/OL]. (2025-02-28) [2025-07-01]. https://www.stats.gov.cn/sj/zxfb/202502/t20250228_1958817.html.

④ 国家能源局. 国家能源局2025年二季度新闻发布会文字实录 [EB/OL]. (2025-04-28) [2025-07-01]. https://www.nea.gov.cn/20250428/8a71d8aad52945788e9ddd217224eeb3/c.html.

四、在新征程上牢固树立和深入践行"两山"理念

当前，我国经济社会发展已进入加快绿色化、低碳化的高质量发展阶段，进入提供更多优质生态产品以满足人民日益增长的优美生态环境需要的攻坚期。新征程上，必须始终践行"两山"理念，将其融入经济社会发展各方面和全过程，以高水平保护支撑高质量发展，加快建设人与自然和谐共生的现代化。

重庆江津平流雾

（一）准确把握践行"两山"理念面临的形势挑战

生态环境稳中向好的基础还不稳固，改善生态环境质量的复杂性、艰巨性明显提升。现阶段生态环境质量改善正处于量变到质变的拉锯相持阶段，部分生态环境问题时有反弹，生态文明建设进入深水区，剩下的都是难啃的"硬骨头"，进一步提升绿水青山成色的难度较大。新老生态环境问题复杂交织，全国超过1/3城市$PM_{2.5}$浓度仍处于25~35微克/立方米的难改善、易波动区间，城市水体返黑返臭现象

云南罗平油菜花

仍有发生；应对气候变化、维护生态安全、新污染物防控等领域新的生态环境问题愈益突出，部分隐蔽性、突发性问题不断凸显。

经济社会发展全面绿色转型多重压力叠加，更好地统筹发展和保护仍然任重道远。受当前经济下行压力、外部环境复杂变化等因素影响，我国经济社会发展全面绿色转型面临不少困难和挑战。我国产业结构高耗能、高排放特征依然突出，传统行业绿色转型面临技术升级、资金投入等多重挑战，转型内生动力不足；能耗强度是世界平均水平的1.5倍，六大高耗能行业能耗占比高达75%；公路货运比重为72.4%，大宗货物中长距离运输仍以柴油货车为主。能源需求仍将保持刚性增长，煤炭消费未来一个时期仍将占主体地位。这些因素可能对巩固环境治理和绿色发展的基础和成效带来不利影响，统筹发展与保护的压力持续加大。

落实"两山"理念的体制机制还不健全。我国生态产品价值实现还处于起步探索阶段，一些绿水青山向金山银山转化的深层次体制机制障碍尚未有效破除。生态产品价值核算互认难度大、自然资源资产底数和产权不够明晰、生态产品认证评价标准分散等原因导致生态产品界定度量存在障碍，生态产品价值在考核激励机制中体现不足。生态产品供给地区缺乏基础设施建设和配套支撑保障体系，生态产品规模化供给能力不强、供需对接难、经营开发水平不高，部分地区盲目复制模式，产品同质化严重。生态价值转化支撑保障存在短板，绿色信贷、绿色基金等金融工具的服务功能发挥不够，资源环境要素价格形成机制仍需进一步健全完善，数字智能技术在价值转化各环节的赋能仍需进一步提升。

（二）进一步深入践行"两山"理念

以系统治理推进生态环境保护。坚持系统观念，将山水林田湖草沙作为生命共同体，统筹考虑自然生态各要素，加快构建从山顶到海洋的保护治理大格局，不断强化守护绿水青山的系统性、整体性、协同性。坚持精准治污、科学治污、依法治污，持续推进污染防治攻坚，以更高标准打好一批标志性战役，推动在重点区域、重点领域、关键指标上实现新突破。以京津冀及周边、长三角地区、汾渭平原、成渝地区等为重点，推动PM$_{2.5}$、挥发性有机物、氮氧化物的协同减排。强化"三水"统筹、陆海统筹，深入推进长江、黄河等大江大河和重要湖泊保护治理，持续提升优良水体比例。强化土壤污染风险管控，系统推进固体废物综合治理。强化生态保护修复统一监管，完善国家生态安全风险研判评估、监测预警等工作制度，切实维护生态环境安全。

以高水平保护支撑高质量发展。围绕高质量发展这一首要任务和培育发展新质生产力的重要部署，协同推进降碳、减污、扩绿、增长，加紧经济社会发展全面绿色转型。深入实施生态环境分区管控，优化国土空间开发保护格局，提升生态安全保障能力，深化源头预防体系改革，为优化生产力布局提供绿色标尺。探索生态产业化开发模式，开展类型多样、特色鲜明的生态产品价值转化实践探索，因地制宜将绿水青山的生态价值转化为金山银山的经济价值，打造"绿水青山就是金山银山"典型模式和实践样板。加快发展绿色生产力，推进产业数字化、智能化同绿色化深度融合，强化绿色科技创新和先进绿色技术推广应用，推动传统产业工艺、技术、装备升级。加强项目环境影响评价服务保障，助推新兴产业、未来产业发展。严把环境准入关口，坚决遏制高耗能、高排放、低水平项目盲目上马。全面开展多领域多层次减污降碳协同创新，加快推动重点行业绿色低碳转型，持续塑造绿色发展新动能。

以体制机制建设推进价值转化。加快完善落实"两山"理念的体制机制，建立健全资源环境要素配额分配、市场交易、监督管理等制度，推进碳排放权、用水权、排污权等市场化交易，健全权责清晰、运行顺畅、协同高效的资源环境要素市场化配置体系。完善生态产品价值实现机制的约束激励机制，加快建立针对不同区域、不同功能属性、不同类型的生态产品价值核算体系，推动生态产品价值核算结果在政府决策和绩效考核评价中的应用。不断健全生态产品经营开发机制，加快推动生态与农业、生态与乡村振兴、生态与旅游业、生态与文化产业等的深度融合，拓宽市场化通路。持续完善生态产品市场化交易机制，加强绿色金融政策支持，完善生态产品经营项目的融资抵押机制，探索生态产品资产证券化路径和模式。完善市场化、多元化生态补偿，持续深入推进生态环境损害赔偿制度改革，让保护修复生态环境获得合理回报，让破坏生态环境付出相应代价。

02

「两山」理念的形成发展与人类发展新范式的「术语革命」

黄承梁

中国社会科学院习近平生态文明思想研究中心秘书长、研究员。主要研究习近平生态文明思想、生态文明基础理论、马克思主义生态政治经济学。长期致力于生态文明基础理论研究和生态文明政策阐释，是我国较早专门开展生态文明及其建设研究的学者。先后在《人民日报》《求是》《光明日报》《经济日报》等党报党刊以及《管理世界》《经济研究》《哲学研究》等全国中文核心期刊发表系列文章。著有《新时代生态文明建设思想概论》《生态文明体系论》等专著。

[摘要]"两山"理念是习近平生态文明思想的战略性理念。科学探求、系统总结这一理念的提出背景、理论内涵及实践意义，强调其实现对马克思主义生态观、中华优秀传统生态文化的继承与发展并超越西方传统发展范式，有利于从哲学层面全面把握这一理念的深邃性。文章指出，"两山"理念科学破解了发展与保护的"二元悖论"，推动人与自然和谐共生的中国式现代化建设，为全球生态环境治理提供了中国智慧。通过梳理其从地方实践到国家战略的演进历程，能够更深刻阐明这一理念在理论创新、文明转型和全球治理中的深远影响，呼吁以此为基础构建中国自主的生态文明知识体系，引领人类走向人与自然和谐共生的可持续发展道路。

[关键词]"两山"理念、习近平生态文明思想、生态文明、马克思主义生态观、中国式现代化、全球治理

　　"两山"理念，是习近平生态文明思想的重大原创性、标志性理念，是马克思主义"自然史-人类史"这一历史科学、中华传统文化"天人合一"哲学范畴在二十一世纪的创造性转化、创新性发展，是人与自然和谐共生的中国式现代化建设进程中正确处理"高水平保护与高质量发展"这一辩证统一关系的认识论、方法论和实践论，是工业文明以来人类生产力爆发式增长与生态危机加剧矛盾历程中"发展—保护"关系失衡的协调和重构，是当今中国和世界实现绿色发展、共同建设美丽中国和清洁美丽世界最具范式革新意义的伟大理念，是民族性与世界性的统一。

　　恩格斯指出："一门科学提出的每一种新见解都包含这门科学的术语的革命。"探求"两山"理念这一原创性、标志性理念的形成历程和蕴含其中的道理、学理、哲理，系统把握其博大精深的内涵体系、实践要求，科学阐释其同马克思主义生态观、同中华传统生态文化"两个结合"的典范意义，揭示其对人类传统发展范式的超越和革新价值，有助于我们更加深切地体会和把握"两山"理念是植根中国大地、符合中国实际、具有中国气派的科学理论；有助于以原创性、标志性概念形成的"术语革命"为内核，更加自觉地以习近平生态文明思想为根本遵循构建中国生态文明自主知识体系；有助于以具有大国气派、东方气魄的中国方案、中国智慧重构全球可持续发展话语体系、实践体系，全面推动人类命运共同体建设。

一、"两山"理念原创性、标志性概念的孕育、形成和发展

习近平总书记指出："我对生态环境工作历来看得很重。在正定、厦门、宁德、福建、浙江、上海等地工作期间，都把这项工作作为一项重大工作来抓。""两山"理念从孕育到形成，从理念到理论，从理论到实践，经历了地方经验总结、概念范畴提出到哲学思辨升华的发展历程。溯源这一历史进程，能够让人更加深切地体会到，"两山"理念完全是由习近平总书记创立的极具原创性、范式性、标志性的术语体系、理论体系和话语体系。习近平总书记对这一理论的创立作出了原创性、历史性的贡献。

（一）"两山"理念的孕育及其原创性

绿水青山代表生态财富、环境保护，金山银山代表物质财富、经济发展。对于这一概念范畴，一是早在1997年4月，时任福建省委副书记的习近平同志在三明常口村调研时就指出："青山绿水是无价之宝，山区要画好'山水画'，做好山水田文章。"①二是在浙江工作后，2003年8月，在《环境保护要靠自觉自为》一文中，习近平同志指出，"只要金山银山，不管绿水青山"，只要经济，只重发展，不考虑环境，不考虑长远，就是"吃了祖宗饭，断了子孙路"而不自知②。三是2004年7月，在浙江省"千村示范、万村整治"工作现场会上的讲话中，习近平同志又指出，"千万工程"是推动生态省建设的有效载体，既保护了绿水青山，又带来了金山银山③。这三处重大文献考察表明，习近平同志早在1997年、2003年、2004年即使用了"青山绿水""绿水青山""金山银山"等概念范畴。从中华古典文学文化术语看，山水意象一直是中华先贤对自然的审美和认知，表达了中国人民对自然的热爱、敬畏与赞美。例如，"青山看不厌，流水趣何长""客路青山外，行舟绿水前""白云黄鹤自来去，绿水青山无古今"等经典诗句。"两山"理念内涵的"山""水""金"等术语，深深扎根于中华民族汉语语境之中，是在中华文化土壤中生长出来的具有鲜明中国特色的精神财富。从恩格斯高度评价马克思《资本论》内涵的诸如"商品二因素""劳动两重性""剩余价值"等"术语革命"的意义来看，"绿水青山""金山银山"当然是、天然是"两山"理念的"术语革命"。

---

① 颜珂."青山绿水是无价之宝"[N]. 人民日报，2020-12-18(1).
② 习近平. 环境保护要靠自觉自为[M]//习近平. 之江新语. 杭州：浙江人民出版社，2013: 13.
③ 石敏俊，卢瑛莹. 绿色发展助推全面小康和共同富裕的新模式——"千万工程"的先驱实践探索[EB/OL]. (2023-06-20)[2025-05-14]. https://www.cssn.cn/jjx/jjx_jjxp/202306/t20230609_5643921.shtml.

广西凤山三门海景区天窗

（二）"两山"理念的正式确立及其范式性

"两山"理念由习近平同志在浙江安吉余村考察时正式提出，并非偶然，其背后体现出习近平同志对当地、浙江乃至全国、全球生态环境与经济发展现实问题的深刻洞察和思考。余村位于安吉县天荒坪镇境内，三面环山，生态环境原本优越。二十世纪末以来，由于主要依靠开矿采石、生产水泥等粗放发展模式，虽然带来了短期经济效益，但造成了严重的生态环境破坏。在关停矿山换回生态良好和失去大笔收入来源间，村民们陷入迷茫，面临着抉择困境。正是在这关口，一是2005年8月15日，习近平同志到余村调研时，首次明确提出了"两山"理念这一后来深刻影响中国和世界的重大科学论断。习近平同志指出："一定不要再想着走老路，还这样迷恋着过去的那种发展模式。刚才你们讲了下决心停掉一些矿山，这个都是高明之举。绿水青山就是金山银山。我们过去讲既要绿水青山，又要金山银山，实际上

依山傍海的福建宁德嵛山岛芦竹村

绿水青山就是金山银山，本身，它有含金量。"二是仅8天之后，2005年8月24日，习近平同志即在《浙江日报》刊文，取题《绿水青山就是金山银山》，首次以理论文章形式明确阐述了"两山"理念伟大术语"绿水青山"和"金山银山"的辩证统一性，首次从战略高度指明了20年后的今日中国仍在持续实践的绿色变革的发展路径。这即是习近平同志所指出的"如果能够把这些生态环境优势转化为生态农业、生态工业、生态旅游等生态经济的优势，那么绿水青山也就变成了金山银山"①。三是2006年3月，习近平同志在《从"两座山"看生态环境》一文中进一步指出："我们追求人与自然的和谐、经济与社会的和谐，通俗地讲，就是要'两座山'：既要金山银山，又要绿水青山。"正是在该文中，习近平同志首次从人类史的角度提出了人与自然关系的"三个阶段"论。这三处重大文献考察表明，"两山"理念是闪耀着马克思主义自然辩证法经典光辉的重要文献，犹如一盏指路明灯、一座丰碑，为包括余村在内的中国的乡村振兴、全国乃至世界的绿色发展指明了方向。"两山"理念正式诞生20年来的"余村实践"，以无可辩驳的事实证明，"卖石头""挖地球"就是搬起石头砸自己的脚，不仅人类自己无路可走，地球也断然不会答应。相反，只要保护好生态，就可以日日、月月、年年"看风景""卖风景"。"留得青山在，不怕没柴烧"，保护生态环境就是保护生产力，改善生态环境就是发展生产力。

（三）"两山"理念的发展完善及其标志性

党的十八大以来，生态文明建设被纳入"五位一体"总体布局，"两山"理念在理论内涵和实践应用上不断丰富和完善，逐步成为治国理政的基本方略和重要国策。一是2017年10月召开的党的十九大，首次将"两山"理念写入中国共产党全国代表大会报告和《中国共产党章程（修正案）》。这标志着这一理论正式成为党的重要指导思想和行动指南，深刻体现和彰显了中国共产党人对生态文明建设的高度重视和坚定决心。二是2018年5月全国生态环境保护大会的召开，正式确立习近平生态文明思想。习近平总书记在大会发表的重要讲话首次阐释了新时代生态文明建设应当坚持的"六项基本原则"。"两山"理念作为这六项原则之一，得到了更加系统深入的阐述和发展；标志着这一理论与其他原则相互关联、相互支撑，共同构成了一个有机整体，成为新时代建设生态文明的基本原则和行动指南。三是2021年11月党的十九届六中全会通过的《中共中央关于党的百年奋斗重大成就和历史经验的决议》将"两山"理念写入其中。这是我们党继1945年党的六届七中全会通过《关于若干历史问题的决议》、1981年党的十一届六中全会通过《关于建国以来党的若干

---

① 习近平. 绿水青山也是金山银山[M]//习近平. 之江新语. 杭州：浙江人民出版社，2013：153.

新疆布尔津喀纳斯日出

历史问题的决议》之后，在向着全面建成社会主义现代化强国的第二个百年奋斗目标迈进的重大历史关头形成的决议中，历史性地将"两山"理念写入其中，标志性十分突出。这三处重大文献考察表明，我们党在不断强化和深化习近平生态文明思想的战略指导地位和重大历史意义认识的同时，也更加注重通过持续深化包括"两山"理念在内的若干重大"术语革命"等的知识生产与再生产、理论创新与再发展，从而以"原创性概念、标志性概念"为底基，筑牢习近平生态文明思想的学科体系、学术体系、话语体系。

二、"两山"理念对中华传统生态文化和马克思主义生态政治经济学的继承、发展及其对西方生态哲学和经济学的超越

习近平总书记指出："2002年我在福建担任省长时就提出福建要建成中国第一个生态省。到浙江工作后，2005年我又提出'绿水青山就是金山银山'，如今这已成为中国人民的共识。"① "两山"理念之所以是中国人民的共识，根本原因在于这

---

① 习近平. 汇聚两国人民力量，推进中美友好事业 [N]. 人民日报，2023-11-17(2).

一理论深深根植于中华民族深厚的生态文化基因和生态土壤之中，传承发展于马克思主义生态观，是"两个结合"的典范。与此同时，"两山"理念又是世界的，以人与自然、生态与经济、发展和保护辩证统一的基本内涵超越了西方"人类中心主义""生态中心主义"，破解了工业文明数百年来"发展和保护"的"二元悖论"，实现了对西方生态哲学、生态经济学的历史性超越和战略性重构。

（一）"两山"理念传承并向前发展了中华优秀传统生态文化

五千年中国传统文化的主流及其所蕴含的"天人合一""与天地参""道法自然""众生平等"等理念，无不显示出中华文明、中国人民特有的宇宙观、自然观以及处理天地、天人关系的独特方法。可以说，中华文明向来强调和主张"天地与我并生，而万物与我为一"，将天地人看作是一个不可分割的整体，始终具有整体性、系统性的思维传统。传统文化的复兴并非简单的回归，而是要在现代语境下实现创造性转化和创新性发展。"两山"理念正是这样，将抽象的哲学理念具象为至亲可爱的"人民术语"，既承认自然的内在价值，又不否定人类合理利用自然的权利，在理想与现实之间、环境保护与经济发展之间架起了桥梁，实现了"道"与"器"的统一，既展现了中华生态文化的生命力，又显示出与时俱进的创造力。特别需要指出，党的十八大以来，我们党坚持把文化建设摆在治国理政突出位置，发展新时代中国特色社会主义文化，形成了习近平文化思想，为"两山"理念强烈的文化主体性奠定了党的又一思想基石。

（二）"两山"理念传承并向前发展了马克思主义人与自然观，形成了二十一世纪的马克思主义生态政治经济学

马克思主义既强调自然优先于人类、人来源于自然、自然是人的无机的身体，又指出现实的自然界是人类的自然界，人通过"劳动"的中介同自然构成相互作用的整体。毫无疑问，"两山"理念深刻彰显马克思主义生态哲学与中华传统生态文化在学理层面的内在同构，传承双重思想资源，遵循"两个结合"的创新论断，实现了"生态—发展"的辩证统一。怎样看"两山"理念对马克思主义人与自然观、政治经济学的重大创新发展？马克思《资本论》及一系列经济学手稿对"物质变换"概念进行过原创性赋义，认为关于人与自然的物质变换，出现了"无法弥补的裂缝"，并基于此批判了资本主义内在的人与自然关系的不可调和性以及资本主义对自然的掠夺。"两山"理念从"批判"到"建构"，向前发展了马克思主义人与自然关系思想。习近平总书记以马克思主义理论家、战略家的非凡智慧和深邃历史眼光，既十分清醒地认识到工业文明"在创造巨大物质财富的同时也加速了对自然资

源的攫取，打破了地球生态系统原有的循环和平衡，造成人与自然关系紧张"[1]这一问题，又实现了马克思主义自然价值论、劳动价值论、生产力理论在二十一世纪的创造性发展。习近平总书记指出："绿水青山既是自然财富、生态财富，又是社会财富、经济财富""保护生态环境就是保护自然价值和增值自然资本"[2]"新质生产力本身就是绿色生产力"。这在人类生产力思想史上还是第一次。

（三）"两山"理念对西方生态哲学的历史性超越和战略性重构

人类文明发展史，本质也是一部人与自然的关系史。人与自然的关系始终是贯穿马克思主义自然观、哲学观的一条主线。启蒙运动推崇理性、科学与进步，推动了工业文明的兴起，但也奠定了西方生态哲学"主客二分"二元对立的哲学根基。例如，笛卡尔的"我思故我在"确立了主体（人）与客体（自然）的严格区分；弗朗西斯·培根主张科学知识应服务于人类对自然的征服；康德进一步将理性视为人类的特权，认为只有具备理性能力的道德主体的人类才具有内在价值，而自然仅是满足人类需求的工具。这些都为西方工业文明将自然客体化，剥夺其内在价值，强化人类对自然的剥削逻辑埋下了哲学理念的祸根，使人类中心主义、理性至上和机械自然观成为西方工业文明价值基石，当然也是造成人类近现代生态危机的哲学根源。"两山"理念实现了对西方生态哲学的根本超越，一是自然观重构。超越机械论的客体化思维，赋予自然主体性价值，建立了保护与发展的辩证统一关系。二是哲学根基革新。以代表自然价值的"绿水青山"术语和代表人类物质文明的"金山银山"术语的内在统一实现了对"主客二元"论的超越，用"人与自然生命共同体"理念重塑人与自然关系，标志着人类社会二十一世纪新生态哲学体系的产生。

（四）"两山"理念对西方生态经济学的超越和战略性重构

生态问题本质是个经济问题、发展方式问题。工业革命以来，西方主流经济学始终以"经济增长"为核心目标，将生态环境视为生产力的外部条件而非内在要素。可以说，西方主流经济学长期将生态环境视为经济增长的"外部因素"，从亚当·斯密的"看不见的手"到索洛增长模型，自然资本始终被排除在生产函数之外。这种理论缺陷直接导致了二十世纪"公地悲剧"的全球蔓延。尽管新古典经济学（如马歇尔、庇古）试图通过"外部性理论"修正市场失灵，但始终未能真正解决经济增长与生态保护的矛盾。还要指出，被国内外许多学者视为经典的"环境库

---

[1] 习近平.推动我国生态文明建设迈上新台阶[J].求是，2019(3)：4-19.

[2] 同[1]。

兹涅茨曲线理论"，认为环境污染会随着人均收入的增加由低趋高，但到达某个临界点（拐点）后又会由高趋低，表明环境得到改善和恢复。这种理论在实践中还很有市场，产生了严重的误导，暗示似乎只要等到拐点来了环境自然就会改善。与"环境库兹涅茨曲线理论"这种暗含一觉醒来"自然好"的环境乐观派、等待派相反，"增长的极限"本质上是马尔萨斯人口论的升级版，其核心逻辑仍是"资源有限—增长不可持续—崩溃"论。"两山"理念实现了对西方生态经济学的四重超越。一是在价值重构上，古典经济学家（例如，斯密和李嘉图）将自然资源视为"无限供给"的生产要素，导致西方经济学长期忽视生态约束。"两山"理念强调自然价值是价值的重要组成部分，主张保护生态环境就一定能够保护生产力，形成了生态优先基础上的生态价值转化理论。二是在增长理念和方式上，矫正西方增长理论的"生态盲视"，注重经济增长和环境保护的协同性，特别是确定绿水青山、冰天雪地本身就是金山银山，承认自然价值，打破了"环境库兹涅茨曲线理论"宿命论，形成了基于"生态内生动

吉林长白山天池

力"的增长论。三是超越新古典经济学的"市场万能论",构建"政府-市场-社会"协同治理体系。西方生态经济学依赖市场工具,如碳交易和庇古税等,但气候变化等全球性危机暴露了其局限性。"两山"理念以系统思维为主导,坚持山水林田湖草沙一体化保护和系统治理,通过"制度创新"实现系统性变革,实现了"有效市场"与"有为政府"的有机结合。四是摒弃凯恩斯主义的"GDP崇拜",开创高质量发展新理念。凯恩斯主义将经济增长等同于社会福利,忽视生态损耗和社会福祉,导致"虚假繁荣"。"两山"理念主张"绝不能以牺牲生态环境为代价换取经济的一时发展",并以"良好生态环境是最普惠的民生福祉"的民生观为起点,坚持以人民为中心的发展思想,满足人民日益增长的对优美生态环境的需要。

三、"两山"理念对建设人与自然和谐共生的现代化和开创人类文明新形态的重要启示

习近平总书记指出:"绿色发展,就其要义来讲,是要解决好人与自然和谐共生问题。人类发展活动必须尊重自然、顺应自然、保护自然,否则就会遭到大自然的报复,这个规律谁也无法抗拒。"现代化是当今世界的总趋势,是人类社会的共同追求。人与自然和谐共生的中国式现代化巨大的历史性成就表明,"两山"理念能够为"全球南方"国家提供避免被生态殖民的现代化方案,能够重新定义人类文明进步的评判标准,能够为人类文明新形态贡献"两山"力量,具有全人类的价值和意义。

(一)必须始终坚持人与自然和谐共生

人类文明发展史,本质上是人与自然关系的互动史。从原始社会的"自然崇拜"到农业文明的"有限改造",再到工业文明的"征服自然",人类对自然生态的认知经历了螺旋式的上升过程。"两山"理念从本体论层面突破了传统发展观念中生态与经济"二元对立"的思维局限,突破了西方现代化进程中"先污染后治理"的路径依赖,重塑了人与自然和谐共生的现代化内涵,实现了从"征服自然"向"人与自然和谐共生"的现代化转向。"两山"理念在继承中华传统生态文化、马克思主义生态政治经济学的前提下,融合现代环境经济学、生态经济学、发展经济学等多学科知识,构建起了"人与自然和谐共生"的中国特色社会主义政治经济学新范式。在该范式下,生态环境不再被视为经济发展的外在附属或被动约束,而是驱动经济增长、创造社会财富的关键内生变量,实现了经济发展与生态保护从理念到实践的有机统一。"两山"理念所蕴含的绿色生产力观,将生态因素从外部约束嵌入为内部

动力，把生态作为一种生产要素纳入社会再生产体系，是对马克思主义生产力理论的创造性发展；"两山"理念将生态环境从"发展成本"转化为"发展资本"，实现系统价值论重大突破；"两山"理念重新排序了发展优先级，在发展与保护的对立统一矛盾中确立"生态优先"的价值抉择，成为新的发展经济学。

（二）必须正确处理好发展和保护的关系

在人类现代化发展历史进程中，许多国家和地区都曾经历过以牺牲生态环境为代价追求经济增长的阶段。英国作为世界上最早进行工业革命的国家，在工业革命初期阶段的十九世纪中叶，因对煤炭等资源的大量需求导致了持续百年的严重环境污染问题，到二十世纪五十年代，还发生了震惊世界的"伦敦烟雾事件"。同一时期，日本发生了历史上最严重的被称为"水俣病事件"的环境污染事件。在我国，也曾有一些地区为了追求短期的经济增长，盲目发展高污染高能耗产业，对生态环境造成了严重破坏。这些教训都深刻警示我们，生态环境是人类生存和发展的根基，一旦遭到破坏，将对人类的生存和发展造成不可挽回的损失；也充分证明了"宁要绿水青山，不要金山银山"理念的正确性和前瞻性。"两山"理念从本质上讲，打破了环境和保护割裂的错误认知，指明绿水青山本身就是一种宝贵的财富，通过合理的开发和利用，可以转化为金山银山，实现生态保护与经济发展的双赢。

（三）必须走绿色崛起的现代化之路

马克思指出："资本来到世间，从头到脚，每个毛孔都滴着血和肮脏的东西。"历史也证明，西方现代化之路充满破坏性、掠夺性和转嫁性，背后隐藏着残酷的剥削和全球范围内的结构性不平等。发达国家的现代化长期陷于经济增长与环境保护二元对立的困境，无论是罗马俱乐部"增长的极限"的悲观预言，还是传统发展模式"先污染后治理"的路径依赖，都未能跳出静态模型的机械性局限。"两山"理念打破了"现代化＝西方化"的迷思，证明现代化不再是对自然和弱势群体的双重掠夺，而是人与自然和谐共生的现代化，是人类社会真正意义上的现代化。特别是近年来，中国通过"一带一路"绿色项目，以平等合作取代剥削性转移，这为全球南方国家实现现代化提供了超越资本主义生态剥削的实践方案。

（四）必须主动引领全球生态环境治理体系变革

当前，全球气候变化、生物物种减少等问题仍然威胁着人类赖以生存和发展的物质基础，传统西方生态治理范式的局限性更加凸显。"两山"通过生态价值内生化、增长范式协同化、治理模式系统化，构建了一种"人与自然和谐共生"的新发

甘肃玛曲草原

展哲学、新发展经济学，为全球可持续发展提供了理念遵循和可行路径。新时代的中国通过绿色 "一带一路"建设、共同构建地球生命共同体等倡议，不仅深刻影响了全球环境治理和可持续发展议程，彰显了中国作为全球绿色转型引领者与负责任大国的制度自信和国际担当，而且更加丰富了全球绿色发展话语体系，回应了如何打造美丽中国、美丽世界的时代之问、世界之问。中国生态文明知识体系的建构，正是因为有了习近平生态文明思想，有了习近平生态文明思想原创性、标志性的 "两山"理念，才深刻昭示，在全球绿色话语知识体系中，中国更应成为 "生产者"和 "供给者"。只有构建具有中国特色、中国主体性地位的生态文明自主知识体系，中国才能在全球生态文明对话中占据应有地位，并为人类共同面临的挑战提供新方案。必须加大力度推动习近平生态文明思想特别是这一 "术语革命"的 "两山"理念的国际化传播，使 "两山"理念在构建人类命运共同体的伟大进程中发挥更加重要的作用，为人类文明进步作出更大贡献。

03

「两山」理念的理论意涵

郇庆治

北京大学马克思主义学院教授，北京大学习近平生态文明思想研究中心主任，博士生导师。2008 年荣获国务院政府特殊津贴，2021 年获聘教育部长江学者特聘教授。主要学术专长为马克思主义生态学、环境政治学和比较政治学。编著出版专著 17 部；在 *Capitalism Nature Socialism*、*Environmental Politics* 和《中国社会科学》等国内外知名杂志发表论文 450 多篇；2020 年获得教育部第八届优秀科研成果（论文）一等奖。

[摘要]"两山"理念是马克思主义生态文明理论同中国社会主义生态文明建设实践相结合、同中华传统生态文化相结合的重要理论成果,是习近平生态文明思想的标识性、原创性概念和代表性理论形态呈现,有着十分丰富深刻的理论意涵和世界观方法论价值,同时也是指导我国新时代新征程全面建设人与自然和谐共生的中国式现代化的根本遵循和行动指南。

[关键词]"两山"理念、习近平生态文明思想、社会主义生态文明、生态优先绿色发展、人与自然和谐共生的现代化

习近平总书记20年前最先在浙江主政时提出的"绿水青山就是金山银山"重要论断(即"两山"理念),经过尤其是进入新时代以来大力推进生态文明建设、全面建设人与自然和谐共生中国式现代化的全社会践行落实与创新发展,不仅因其自身的丰富深刻理论意涵而成为习近平生态文明思想的标识性、原创性概念与基本论题,还日益呈现为一种系统完整的马克思主义唯物辩证生态世界观方法论、一种具有鲜明当代中国特色的社会主义生态文明观、一种首先指向并服务于新时代中国生态文明建设实践的大众化绿色变革政治哲学。

一、"两山"理念的马克思主义唯物辩证生态世界观方法论意涵

习近平总书记本人以及党和政府权威文献关于"两山"理念的经典性表述有多个略显不同的版本,而它始终明确的核心要义则是一种马克思主义的唯物辩证生态世界观方法论与环境治国理政新思维新方略。

概括地说,关于"两山"理念的最早明确论述,是习近平同志2005年8月15日到浙江安吉余村考察工作时的讲话中所提出的"绿水青山就是金山银山"。关于"两山"理念最系统经典的表述,是习近平主席2013年9月7日在哈萨克斯坦纳扎尔巴耶夫大学演讲时答问中所提出的:"我们既要绿水青山,也要金山银山。宁要绿水青山,不要金山银山,而且绿水青山就是金山银山。"①关于"两山"理念的最系统完整的阐述,则是习近平总书记2018年4月26日在武汉举行的深入推动长江经济带发展座谈会上的讲话中所提出的:"一是要深刻理解把握共抓大保护、不搞大开发

---

① 习近平.论坚持人与自然和谐共生[M].北京:中央文献出版社,2022:40.

山东泰山海棠花云海

和生态优先、绿色发展的内涵……二是要积极探索推广绿水青山转化为金山银山的路径……三是要深入实施乡村振兴战略，打好脱贫攻坚战，发挥农村生态资源丰富的优势，吸引资本、技术、人才等要素向乡村流动，把绿水青山变成金山银山，带动贫困人口增收。"[①]

作为习近平生态文明思想的一个核心概念和基本命题，"两山"理念包括如下三个构成性要素或理论观点[②]。

其一，基于"人与自然生命共同体"哲学本体理念和"建设人与自然和谐共生的现代化"现实实践目标的生态优先、绿色发展原则。对于这一立场观点的理解，一是要承认自然资源和生态环境对于人类社会经济活动和其他行为的终极性约束限制，不能由于突破或僭越这些约束限制而造成对大自然生命机体的不可逆转的伤害，因为这种伤害最终也会伤及人类自身；二是在开发利用大自然、满足人类社会多方面需要的过程中要自觉遵循自然生态系统规律，始终把人与自然和谐共生置于优先地位，给自然生态留下休养生息的时间和空间。因而，生态优先、绿色发展原则就是要坚持节约优先、保护优先、自然恢复为主的方针，也即当经济发展活动（金山银山）与资

---

① 习近平. 论坚持人与自然和谐共生 [M]. 北京：中央文献出版社，2022: 215.
② 郇庆治. 习近平生态文明思想的八个基本论题 [J]. 社会科学家，2024(5): 9-18.

源节约和生态环境保护目标尤其是生态安全底线（绿水青山）发生冲突时，要果断地做出宁要后者、不要前者的正确选择。

其二，经济社会发展和生态环境保护战略（政策）的协同推进。对于这一立场观点的理解，一是经济社会发展与生态环境保护之间不仅不存在目标进路意义上的矛盾，而且它们作为国家战略（公共政策）还可以形成一种互为条件、彼此促进的良性促动关系，这对于已经进入现代化过程中后期的当代中国来说尤其如此，即经济规模或总量的扩张已经很难再以牺牲生态环境质量的方式来实现，而民众对于生态环境质量的需求已经成为经济高质量发展或绿色转型的重要社会政治动力，因而协同推进这二者已经成为对执政党及其领导政府的新时期治国理政方略能力的重要检验；二是至少在接下来的经济社会发展全面绿色转型过程中，划定并严守生态保护红线、环境质量底线、资源利用上线等生态环境治理体系与治理能力现代化建设举措，将成为从制度构架上弥补生态环境治理这一短板、真正实现经济社会发展与生态环境保护进程水平相匹配的关键实招。

其三，自然生态财富向经济社会财富的科学合理转化。对于这一立场观点的理解，一是良好的生态环境或绿水青山本身就是广大人民群众不断增长的基本生活需要及其满足的重要组成部分。就此而言，它本身就是十分珍贵的自然财富、生态财富，就值得花大力气加以维持保护，尤其是那些具有自然生态独特性和国家全球生态安全重要性的生态系统及其构成元素，都首先是一个绝对性保护的问题，要尽可能避免不必要的人类活动干预或介入；二是在绝大多数情况下，一个地区或区域的良好生态环境（绿水青山）又可以科学合理地转化为经济社会意义上的物质文化财富（金山银山）。这里的关键在于能够找到切实有效的转化路径手段，而这些路径手段又同时符合经济社会规律和自然生态规律，比如，发展生态旅游当然是对某一个地区或区域的自然生态系统或景观的开发利用，但任何超出自然生态系统本身可以承受或造成其不可逆转的破坏后果的开发利用，都不是科学合理的转化。当然，这既是一个生态（环境）经济学意义上的问题，也是一个政治经济学意义上的问题。

践行贯彻"两山"理念上述原则要求的核心之点或重中之重，就是要通过发展方式和生产生活方式的生态化转变，通过加快形成节约资源和保护环境的空间格局、产业结构、生产方式、生活方式，从源头上、根本上解决经济社会现代化发展过程中所产生的生态环境问题。必须看到，这种问题意识或思维视角转换对于像当代中国这样的发展中大国来说，意义重大而影响深远。它并没有回避或低估早期阶段与传统现代化模式之下的生态环境问题累积甚或恶化的事实，却通过逐渐形成与确立从理念原则到发展模式战略意义上的绿色经济或生态文明经济发展之路，从而

在从源头上消解生态环境难题的同时革新现代化路径模式甚或现代文明本身——尤其是就其反（非）生态性质而言。换言之，"两山"理念论题的最大创新或贡献，就是把生态环境保护与经济社会现代化之间的辩证（对立）统一关系认识变成了一种现实实践进路。

与"两山"理念紧密关联的一个理论论题是"保护生态环境就是保护生产力，改善生态环境就是发展生产力"。它在很大程度上可以理解为"两山"理念的马克思主义唯物史观或政治经济学表述形式。

习近平同志最早阐述这一论题是在2013年4月，他在考察海南结束时的讲话

海南乐东尖峰岭日出朝霞云海

中指出:"纵观世界发展史,保护生态环境就是保护生产力,改善生态环境就是发展生产力。"① 此后,他又多次论及这一命题,主要是强调保护和改善生态环境的长期性、全局性和整体重要性,不能因小失大、顾此失彼、寅吃卯粮、急功近利。而2018年5月18日在全国生态环境保护大会上的讲话中,他在阐述"绿水青山就是金山银山"这一加强生态文明建设必须坚持的理念原则时,对此又作了进一步阐述,从而大大丰富与深化了这一论题的理论意涵。

---

① 习近平. 论坚持人与自然和谐共生 [M]. 北京: 中央文献出版社, 2022: 26.

总体而言，这一论题既可以被理解为"两山"理念的另一种形式的叙述，也可以被具象化为对保护改善生态环境与保护发展生产力之间关系的时代认知的概括。就前者而言，"保护生态环境就是保护自然价值和增值自然资本，就是保护经济社会发展潜力和后劲，使绿水青山持续发挥生态效益和经济社会效益"①。其核心意涵是，良好的生态环境或绿水青山本身就是现实的或潜在的自然财富、生态财富，因而对于生态环境的保护与改善作出的努力，就会使得这些自然财富、生态财富保值增值，从而为日后不断地、更好地转化成为社会财富、经济财富积攒潜力后劲、提供基础条件，也就是确保可以持续不断地将其转变成为金山银山。换言之，这一表述更多地强调的是对待绿水青山与金山银山之间关系上的长远性、整体性和辩证性态度。就后者来说，由于其中包含着生产力这一马克思主义理论中的基础性概念而大大增强了它的理论意涵或韵味。长期以来，学界对于马克思主义哲学和政治经济学中生产力概念的阐释，更多地强调的是它的人类主体性与社会历史性，尤其体现为某一个特定社会或时代能够把握与掌控自然世界的经济技术知识和能力，相应地，就相对弱化或忽视了其中同样包含着的人与自然、社会与自然关系上的认知协调要求。马克思认为，"'人靠自然界生活'，自然不仅给人类提供了生活资料来源，如肥沃的土地、渔产丰富的江河湖海等，而且给人类提供了生产资料来源。自然物构成人类生存的自然条件，人类在同自然的互动中生产、生活、发展"②。因而，"保护生态环境就是保护生产力、改善生态环境就是发展生产力"这一论题，一方面强调了生态环境质量与保护对于发展社会历史性生产力的一般性目标意义，即对于任何一个社会来说，良好的生态环境都是其整体生产力及其持久保持与发展的重要方面，生态环境保护治理是其经济社会发展总体战略与公共管理政策中的内在组成部分，另一方面凸显了当代社会条件下基于自然生产力合理利用与保护要求的生产关系和上层建筑绿色变革的必要性与合理性，即意味着或指向现代社会深刻转型的广义的生态环境保护治理或生态文明建设，已经成为社会生产力健康可持续发展的重要条件。总之，这一论题重新将自然条件（力）概念引入生产力理论，并凸显其在相关讨论中的重要性，提出了马克思主义哲学与政治经济学视域下有待深入探讨并可能取得突破的许多基础性理论问题③④⑤，比如，如何理解自然产品与社会劳动产品、自然生

---

① 习近平. 论坚持人与自然和谐共生 [M]. 北京：中央文献出版社，2022：10.
② 同①225.
③ 包庆德. 论马克思的生态生产力思想及其当代价值 [J]. 哈尔滨工业大学学报 (社科版)，2020(3)：129-136.
④ 倪志安，罗川. 论马克思"实践的自然力"思想 [J]. 自然辩证法研究，2016(12)：112-116.
⑤ 任暟. 环境生产力论：马克思"自然生产力"思想的当代拓展 [J]. 马克思主义与现实，2013(2)：76-83.

产力与社会劳动生产力、生态产品与生态劳动之间的关系等。

这一论题的政治政策或实践启示价值主要有如下两点。第一，要把新时期的广义的生态环境保护治理或生态文明建设置于一个更加突出的政治政策议事日程位置，即贯穿于中国特色社会主义现代化其他四大建设的各方面和全过程。因为，生态环境没有替代品，用之不觉，失之难存，要像保护眼睛一样保护生态环境，要像对待生命一样对待生态环境。第二，要用辩证的思维、积极的心态和发展的思路把被动性的生态环境保护治理转换为自觉的绿色发展追求，通过对生态环境问题的重新阐释建构、发展理念模式的革新和生产方式生活方式的绿化，在从根本上解决生态环境问题成因的同时建设人与自然和谐发展的现代化新格局——最广大人民群众对优美生态环境的需求及其满足、社会对优质生态环境产品的生产与供给，使之成为新时代中国特色社会主义经济发展目标与管理过程中的常态化组成部分。而后者的最典型实例体现，就是贯穿推动长江经济带发展与黄河流域生态保护和高质量发展战略及其实施的"共抓大保护、不搞大开发""共同抓好大保护、协同推进大治理"原则要求①。

二、"两山"理念的社会主义生态文明观践行弘扬意涵

党的十八大报告的第八部分"大力推进生态文明建设"在结语部分正式提出，"我们一定要更加自觉地珍爱自然，更加积极地保护生态，努力走向社会主义生态文明新时代"，而在修改后的《中国共产党章程》"总纲"中则明确规定，"中国共产党领导人民建设社会主义生态文明"②③④。党的十九大报告的第九部分"加快生态文明体制改革，建设美丽中国"在结语部分首次提出了"牢固树立社会主义生态文明观"⑤。习近平同志强调指出："生态文明建设是新时代中国特色社会主义的一个重要特征。"⑥应该说，上述权威性论述已清晰表明了我国生态文明建设的社会主义性质、人民主体地位和政治领导力量，或者说一种中国特色"社会主义生态文明观"

---

① 习近平. 论坚持人与自然和谐共生 [M]. 北京：中央文献出版社，2022: 20+24.
② 胡锦涛. 坚定不移沿着中国特色社会主义道路前进，为全面建成小康社会而奋斗 [M]. 北京：人民出版社，2012: 41.
③ 中国共产党章程 [M]. 北京：人民出版社，2012: 6.
④ 中国共产党章程 [M]. 北京：人民出版社，2022: 15.
⑤ 习近平. 决胜全面建成小康社会，夺取新时代中国特色社会主义伟大胜利 [M]. 北京：人民出版社，2017: 52.
⑥ 同①272.

天津滨海新区北塘古镇彩虹桥航拍图

的主要意涵①②③。而同样重要的是，"两山"理念所蕴含或指向的正是对上述社会主义生态文明观的理论与政治意涵的践行弘扬。

一般地说，马克思恩格斯的自然生态思想或马克思主义生态观（学），是马克思主义的辩证唯物主义和历史唯物主义理论体系的有机组成部分。简言之，它们包括如下三个基本观点④⑤：一是唯物主义的生态自然观，二是实践辩证的历史自然观，三是未来社会是人、自然与社会和谐统一的新社会或"资本主义社会的历史性替代（超越）"。第一个观点的主要意指是，马克思主义是现代唯物主义哲学尤其是物质（自然）本体论传统的承继者，因为无论就人类物种的生物渊源还是人类存在（活动）的环境依赖性来说，自然及其规律都是更为根本（本源）性的客观实在。第二个观点的主要意指是，与旧唯物主义不同，马克思主义所强调的是，在现实的人类社会中，人们主要是通过社会性实践尤其是生产劳动来实现与周围自然界的物质变换（代谢）。换言之，人与自然之间不仅是物质性实践关系，还在本质上是社会历史性关系，这在资本主义社会制度条件下表现得尤为明显。第三个观点的主要意指是，在马克思主义看来，由于对资本及其所有者权利的制度性偏袒或倚重，资本主义社会中的人与自然、社会与自然关系，不可避免地呈现为异化的、剥夺性的和对立性的。因而，代表着人类未来的社会主义社会，将只能是对资本主义制度本身的历史性替代，并（重新）走向人、自然与社会之间的和谐统一（即"两个和解"），尽管这种替代（超越）绝不是无条件的或可以立即发生的。

过去半个多世纪以来，建立在马克思主义理论传统或方法基础上的生态马克思主义、生态社会主义或"绿色左翼"理论，已经融合扩展成为一个可称之为"马克思主义生态学"的理论话语体系。从主要内容上说，它既包括马克思恩格斯本人的经典性生态思想，也包括欧美生态马克思主义者所做的进一步理论阐释与拓展，还应包括中国学者自二十世纪八十年代初以来对上述两个理论层面的系统性梳理与再阐释⑥。

一方面，欧美生态马克思主义者总体来说坚持了马克思恩格斯的自然生态思想或马克思主义生态观。更进一步说，他们对马克思主义上述基本观点的最主要

① 郇庆治. 社会主义生态文明：理论与实践向度 [J]. 江汉论坛，2009(9): 11-17.
② 郇庆治. "包容互鉴"：全球视野下的"社会主义生态文明" [J]. 当代世界与社会主义，2013(2):14-22.
③ 郇庆治. 再论社会主义生态文明 [J]. 琼州学院学报，2014(1): 3-5.
④ 郇庆治. 自然环境价值的发现 [M]. 南宁：广西人民出版社，1994: 50-133.
⑤ 郇庆治. 欧洲绿党研究 [M]. 济南：山东人民出版社，2000:239-260.
⑥ 郇庆治. 马克思主义生态学论丛 [M]. 北京：中国环境出版集团，2021.

贡献——无论是以"重现"或"矫正"的形式，前者如约翰·福斯特[1]和戴维·佩珀[2]，后者如詹姆斯·奥康纳[3]和萨拉·萨卡[4]——在于，明确强调资本主义本身就是一种社会与自然的关系，而不能简单归结为一种社会关系（尤其是经济所有权关系）。承认这一点的重要性在于，资本主义社会条件下的人与自然关系注定是矛盾的或破坏性的，也正因为如此，福斯特、奥康纳和萨卡都得出了"生态（绿色）资本主义"或"可持续资本主义"断然不可能的结论。另一方面，我国学者的理论贡献不仅在于对马克思恩格斯经典思想的整理与阐发，还在于结合中国特色社会主义实践探索所做的关于社会主义性质的"社会关系"和"社会与自然的关系"构架的不同形式概括，比如，刘思华先生早在二十世纪九十年代初就提出的"社会主义生态经济文明"概念[5]。

总之，作为一个系统性整体，马克思主义生态学或广义上的生态马克思主义理论，意指对资本主义社会条件下生态环境问题的经济政治制度成因的根本性批判，以及对这种制度性前提的社会主义替代或超越。换句话说，社会主义制度条件下的生态环境问题框定或应对，其根本特点在于确立了一种新型的"社会关系"或"社会与自然的关系"。

因此，我们可以理解和界定"社会主义生态文明观"的根本性理论与政治意涵：一方面，未来的社会主义必须是生态文明的或绿色的；另一方面，生态文明建设的方向和性质，只能是社会主义的。就前者来说，无论就当代社会生态环境难题的全球性或复杂性，还是社会主义作为替代性制度框架的吸引力或合法性而言，社会主义制度构想与创建都必须意味着对生态环境难题的根本性克服，也就是说，社会主义性质或取向的现代文明都只能是一种绿色的、合乎生态的文明。就后者来说，现实中生态环境问题的认知与应对，当然有着十分不同的思维和路径，其中就包括"生态资本主义的"或"浅绿色的"思维和路径，但我国生态文明建设的理念与战略本身，要求我们只能基于一种综合考虑经济、政治、社会、文化与生态等各方面的（即"五位一体"），尤其是希望借助于社会关系、社会与自然的关系的非资本主义性质重构，来实现生态可持续性与社会公正目标的激进的"红绿"思维和进路，

---

① 约翰·福斯特. 马克思的生态学：唯物主义与自然 [M]. 刘仁胜, 肖峰, 译. 北京：高等教育出版社，2006：157-196.

② 戴维·佩珀. 生态社会主义：从深生态学到社会正义 [M]. 刘颖, 译. 济南：山东大学出版社，2012：70-186.

③ 詹姆斯·奥康纳. 自然的理由：生态学马克思主义研究[M]. 唐正东, 臧佩洪, 译. 南京：南京大学出版社，2003：253-299.

④ 萨拉·萨卡. 生态社会主义还是生态资本主义 [M]. 张淑兰, 译. 济南：山东大学出版社，2012：147-189.

⑤ 刘思华. 生态马克思主义经济学原理（修订版）[M]. 北京：人民出版社，2013：553-573.

四川九寨沟秋色

也就是说，它本质上指向生态社会主义的发展方向。

而需要强调指出的是，"两山"理念就其根本意涵和政治取向而言，正是对上述社会主义生态文明理论或文明观的践行与弘扬。所以，"两山"理念不仅自党的十九大开始被明确写入中国共产党全国代表大会工作报告，还被纳入了新修订的《中国共产党章程》，成为全党全社会推进生态文明建设和建设美丽中国的政治原则与党内法规要求。

首先，"两山"理念体现和彰显了新时代中国经济发展与环境保护关系认知处置所内嵌其中的社会主义现代化建设性质与背景语境。一方面（绿水青山）是人们熟悉得不能再熟悉、因而很少感受到其公益属性的公共物品，另一方面（金山银山）是人们对更高水准、更舒适程度的物质文化生活的天然需求，分别代表了新中国成立尤其是改革开放以来社会主义现代化进程中目标追求的两个侧面。而现实实践表明，这两个目标性层面虽不是天生对立的，但却也显然不是内在或直接一致的。可以说，"两山"理念就同时是对这二者之间辩证关系以及中国特色社会主义现代化建设目标规律要求的、建立在历史实践基础上的科学认知或概括。一方面，必须始终坚持"双山"目标，而不能只强调"单山"目标（无论是金山银山还是绿水青山）。其中，关键是要做好这二者之间的基于生态可持续性和社会公平原则的合理转换，而绝不能以其中之一为代价去实现另一方，尤其是不以牺牲环境为代价去换取一时的经济增长。另一方面，还要自觉运用发展的、与时俱进的眼光或视野，努力实现二者之间在更高层次上的协调平衡。简言之，建设人与自然和谐共生的中国特色社会主义现代化，要求我们采取更主动积极的、更加符合社会公平正义的生态环境问题应对思维与战略，大力推进生态文明建设或美丽中国建设。为此，我们需要尽快从"用绿水青山去换金山银山"的低级阶段提高到正视"金山银山与绿水青山之间矛盾冲突"的中间过渡阶段，并自觉转向"认识到绿水青山本身就是金山银山"的更高阶段①。

其次，"两山"理念代表着中国共产党及其领导政府对于自然生态保护治理议题的不断绿化的政治意识形态或环境政治认知，也就是一种与时俱进的、更加文明科学的生态认知。对绿水青山作为最基本公共福祉（公民权益）和经济社会发展目标地位的确认——良好的生态环境是最公平的公共产品和最普惠的民生福祉，既体现了党和政府对于尤其是改革开放以来社会主义现代化发展意涵丰富性的日益深刻的认识，又是对于我们仍然受到其困扰的明显不可持续的发展理念、发展模式与发展手段的自觉反思，归根结底则是要实现对现代物质文明社会中自然生态独特功用或价值的时代（重新）发现。简言之，"两山"理念意味着，绿水青山具有像金山银山那样重要的人类价值——特别是在超越经济和物质功用的狭隘意义上，因而，当这二者发生冲突时，我们要有"宁要绿水青山、不要金山银山"的哲学伦理自觉与态度——基于对自然生态系统完整性与多样性的发自内心的尊重。当然，这里更为重要也更不容易实现的是把这一哲学伦理认知转换成为全党尤其是像中高级干部这样"关键少数"的牢固观念意识与政治自觉。为此，党的十八大报告明确指出，"树立尊重自然、顺应自然、保护自然的生态文明理念""坚持节约优先、保护优先、自然恢复为主的方针""控制开发强度……给自然留下更多修复空间""更加自觉地珍爱自然，更加积极地保护生态"②；党的十九大报告再次强调，"人类必须尊重自然、顺应自然、保护自然""坚持节约优先、保护优先、自然恢复为主的方针……还自然以宁静、和谐、美丽""推动形成人与自然和谐发展现代化建设新格局"③；党

---

① 习近平. 之江新语[M]. 杭州：浙江人民出版社，2007：186.

② 胡锦涛. 坚定不移沿着中国特色社会主义道路前进，为全面建成小康社会而奋斗[M]. 北京：人民出版社，2012：39-41.

③ 习近平. 决胜全面建成小康社会，夺取新时代中国特色社会主义伟大胜利[M]. 北京：人民出版社，2017：50-52.

的二十大报告则重申指出，"尊重自然、顺应自然、保护自然，是全面建设社会主义现代化国家的内在要求""坚持可持续发展，坚持节约优先、保护优先、自然恢复为主的方针""牢固树立和践行绿水青山就是金山银山的理念，站在人与自然和谐共生的高度谋划发展"①。

最后，"两山"理念蕴含着或通向一种基于人与自然、社会与自然适当关系的不同于资本主义基本制度的未来社会选择。正如党的二十大报告所概括指出的，新时代十年我国生态文明建设取得了令世人瞩目的巨大成就，我们的祖国天更蓝、山更绿、水更清。但也必须看到，客观而言，我国生态环境稳中向好的基础还不稳固，从量变到质变的拐点还没有到来，生态环境质量提升还存在着巨大的努力空间。更为重要的是，要想从根本上解决我国社会主义现代化进程中依然面临着或可能会新出现的诸多生态环境问题，要想真正实现新时代新征程生态文明建设的制度创建与创新目标，我们需要逐步构建起一种中国特色的人与自然关系和社会与自然关系，而这种关系的基本表征应是符合生态可持续性和社会公正原则的，因而是非资本主义的。具体到"两山"理念，金山银山（物质财富）在任何社会条件下都是一个社会性的和社会自然关系性的概念，依托于特定形式的经济政治制度和相应的文化观念，并蕴含着或指向某种构型的社会自然关系。相应地，绿水青山（生态环境）不仅从总体上是数量有限的（这在当代资本主义制度主导的国际秩序之下尤其如此），而且往往是依从于所处其中的（全球或区域性）社会自然关系的。比如，位于南美洲的亚马孙森林，并非只是一个地区性的生态（物种）多样性保护问题，而是关系复杂的全球经济与贸易秩序问题。在当代中国现实中，如何切实做到"既要绿水青山，又要金山银山"、不再为金山银山而牺牲绿水青山、真正使绿水青山成为金山银山，都绝非只是辩证认知水平和价值伦理态度问题，而是十分复杂的系统性经济政治问题，需要我们拥有明确的社会主义方向意识，并做出正确的社会主义政治选择。比如，利用资本手段和市场机制在未来的相当长时间内都将依然是必要的政策工具，但自然生态的过度（泛）资本化和社会自然关系本身的资本主义取向，都不应成为一种不受质疑挑战的选择。

如上所述，"两山"理念其实就是"社会主义生态文明观"在当代中国背景语境下的另一种形象化表达，强调通过大力推进社会主义生态文明建设，在逐渐解决目前面临着的诸多生态环境难题的同时，找到一条通往中国特色社会主义的人与自然、社会与自然关系新构型的现实进路。概言之，它的理论意涵可以归纳为如下三

---

① 习近平. 高举中国特色社会主义伟大旗帜，为全面建设社会主义现代化国家而团结奋斗 [M]. 北京：人民出版社，2022: 23+49-50.

个核心观点：在中国特色社会主义制度框架及其经济社会现代化发展的保障规约之下，第一，在目标层面上，必须始终坚持"既要金山银山，又要绿水青山"，不可偏执一端；第二，随着生态文明建设实践进程的推进和社会主体认识水平能力的提高，需要敢于适时做出"宁要绿水青山，不要金山银山"的必要决策行动；第三，建立在日趋成熟的全新经济政治制度框架和不断革新的公民价值伦理基础上，逐渐做到把绿水青山本身当作金山银山来对待——在自然资源和生态系统的开发利用中，将严格遵循生态经济准则与技术规范，同时接受以生态可持续性和社会公正性为核心的民主监督与检验。

三、"两山"理念的生态文明建设大众化实践引领规约意涵

习近平同志2018年5月18日在全国生态环境保护大会上的讲话中明确指出，"两山"理念既是重要的新发展理念，也是推进现代化建设的重要原则。对此，我们不仅需要从一般理论认识层面与党和政府治国理政方略层面上来理解，而且需要从它与最广大人民群众生态文明建设实践的密切联系或引领规约作用上来理解。也就是说，"两山"理念既是对我国新时代生态文明建设过程中人民群众实践创新经验的理论总结提升，也是新时代新征程继续推进美丽中国建设和全面建设人与自然和谐共生的现代化过程中人民群众主体主动创造性实践的根本遵循和行动指南。

其一，以"两山"理念引领推进美丽中国建设。党的二十大报告明确提出，"必须牢固树立和践行绿水青山就是金山银山的理念，站在人与自然和谐共生的高度谋划发展"，而它对应的整体战略部署及任务总要求则是，围绕着"推进美丽中国建设"这一目标宗旨，努力处理好自然生态系统一体化保护治理、生态环境保护治理协调统筹、生态环境保护与经济发展协同推进、生态优先绿色发展整体推进四个层面之间的关系。习近平同志在2023年全国生态环境保护大会上，进一步将这些原则要求概括为继续推进生态文明建设必须处理好的五个重要关系[1]：高质量发展和高水平保护的关系、重点攻坚和协同治理的关系、自然恢复和人工修复的关系、外部约束和内生动力的关系、"双碳"承诺和自主行动的关系。

其二，以"两山"理念引领推动绿色发展。习近平同志多次强调："正确处理好生态环境保护和发展的关系，也就是绿水青山和金山银山的关系，是实现可持续发展的内在要求，也是推进现代化建设的重大原则""绿色发展，就其要义来讲，

---

[1]　习近平. 推进生态文明建设需要处理好几个重大关系 [J]. 求是, 2023(22): 4-7.

江苏淮安生态文旅区城市风光

是要解决好人与自然和谐共生问题"①。基于上述理念原则，党的十九大报告明确提出了"建立健全绿色低碳循环发展的经济体系""构建市场导向的绿色技术创新体系""构建清洁低碳、安全高效的能源体系""倡导简约适度、绿色低碳的生活方式"四个方面的推进绿色发展战略部署及任务总要求，而党的二十大报告则围绕"加快发展方式绿色转型"这一主题对上述四个方面做了进一步的阐述，并特别强调推动经济社会发展绿色化、低碳化是实现高质量发展的关键环节，全社会要尽快形成绿色低碳的生产方式和生活方式。

其三，以"两山"理念引领促进建设人与自然和谐共生的中国式现代化。党的二十大报告在第十部分"推动绿色发展，促进人与自然和谐共生"的开篇就强调，"必须牢固树立和践行绿水青山就是金山银山理念，站在人与自然和谐共生的高度谋划发展"，而它对应的最主要战略部署及任务总要求就是建设人与自然和谐共生的现代化。对此，党的二十大报告的第三篇章在"中国式现代化"的主题下进行了详细论述。在理论层面上，它包括"中心任务""五大独特特征""九个本质要求"；在实践层面上，它包括了分别对应于中国式现代化的"两步走"战略的阶段性安排（从 2020 年到 2035 年基本实现社会主义现代化；从 2035 年到本世纪中叶全面建成富

---

① 习近平.论坚持人与自然和谐共生[M].北京：中央文献出版社，2022: 62+133.

强民主文明和谐美丽的社会主义现代化强国），与美丽中国建设目标相衔接。2024年党的二十届三中全会通过的《中共中央关于进一步全面深化改革、推进中国式现代化的决定》则进一步明确，围绕"建设人与自然和谐共生的中国式现代化"这一核心任务，"必须完善生态文明制度体系，协同推进降碳、减污、扩绿、增长，积极应对气候变化，加快完善落实绿水青山就是金山银山理念的体制机制"。

需要强调指出的是，无论是美丽中国建设、绿色发展还是建设人与自然和谐共生的中国式现代化，归根结底都是以最广大人民群众为中心和主体的事业——生态文明是人民群众共同参与、共同建设、共同享有的事业，每个人都是生态环境的保护者、建设者、受益者；社会主义的本质特征是人民当家作主，良好生态环境是全面建成小康社会的重要体现，是人民群众的共有财富。也正是在这一本质特征和意义上，不断树立践行与深化拓展的"两山"理念可以发挥一种日益重要与全面的引领促进作用。一方面，广义上的生态文明建设制度与政策及其改革创新，最终是要通过每一位普通人（公民）来运行或实现的，其中任何一个环节的缺失或失效都会导致理论上可行的绿色变革的搁浅或停滞不前；另一方面，生态文明是人类文明发展的历史趋势，但这一趋势并不是可以自发或自动实现的，其中的一个重要环节或要素就是包括各种社会精英在内的所有人的自我教育与自我革新，以便真正成为符合生态文明社会要求的"（社会主义）生态（文明）新人"①。值得注意的是，这一伟大文明（文化）变革需要一个适当的支点——就像与当年工业革命（文明）相伴而生的"热力学""蒸汽机"一样，而"两山"理念及其践行也许可以扮演这样一个社会性绿色变革的"代言人"或"催化器"的角色。

结束语

如上所述，"两山"理念至少可以从三重意义上来理解它的丰富理论意涵，而不能局限于狭隘的经济学视野或自然生态经济价值核算（计算）。唯有如此，我们才有可能意识到它所蕴含或指向的文明（文化）绿色变革的深刻程度或革命性意义，也才有可能认识到它由于对社会主导性现实的激进转型重构要求而必将面临的诸多挑战与困难。就此而论，"两山"理念及其践行不仅标志着习近平生态文明思想作为一个科学理论话语体系所包含着的环境人文社会科学意义上的突破性创新，也表征着当代中国生态文明建设实践所拥有的同时在"红""绿"或"红绿交融"意义上的巨大变革潜能。

---

① 郇庆治.生态文明建设与环境人文社会科学[J].中国生态文明,2013(1):40-42.

04

『两山』理念的哲学基础和贡献

张云飞

中国人民大学国家发展与战略研究院研究员，中国人民大学马克思主义学院教授，博士生导师。从事马克思主义与生态文明等方面的研究。出版 14 部学术专著，发表论文 360 余篇；个人获省部级优秀科研成果奖 9 项。

[摘要]"两山"理念站在辩证唯物主义历史唯物主义的高度，深刻阐释了尊重自然和自然规律的唯物论含义和实践要求，科学阐明了人们对绿水青山和金山银山关系的认识经历了从自发到自觉的辩证过程，因地制宜地指明了践行"两山"理念的具体模式，鲜明地突出了绿水青山是人民幸福生活重要内容的价值取向，从而突出了马克思主义唯物论、认识论、辩证法、价值观等方面的生态维度，推动形成了新时代中国马克思主义生态哲学新范式。

[关键词]"两山"理念、唯物论、认识论、辩证法、价值观

人与自然的关系是人类社会中的基本关系之一，在现实中表现为经济发展与环境保护的矛盾或现代化与生态化（绿色化）的矛盾。人们往往将之看作是"鱼与熊掌"的关系，陷入了形而上学的窠臼当中。站在辩证唯物主义历史唯物主义（马克思主义哲学）的高度，"两山"理念鲜明地指出："我们追求人与自然的和谐，经济与社会的和谐，通俗地讲，就是既要绿水青山，又要金山银山。"①这一理念深刻揭示出了保护生态环境就是保护自然价值和增值自然资本的道理，深刻揭示出了保护生态环境就是保护生产力、改善生态环境就是发展生产力的道理，科学指明了实现经济发展和生态环境保护协同共生的新路径，有效破解了鱼与熊掌难以兼得的悖论，从生态文明方面丰富和发展了马克思主义哲学，推动形成了新时代中国马克思主义生态哲学的新范式。

一、"两山"理念的唯物论意蕴

一切从实际出发，理论联系实际，在实践中检验真理和发展真理，是马克思主义唯物论的基本要求。在马克思主义唯物论看来，自然规律是根本不能取消的，不以伟大的自然规律为依据和规范的人类行动只会造成灾难。从现实来看，当人们片面宣扬中国古代哲学所讲的"人定胜天"的时候，当人们绝对地抬高德国古典哲学大师康德所讲的"人为自然立法"的时候，势必会导致虚妄的主体性，引发生态危机。在社会主义建设过程中，当片面强调"人有多大胆、地有多大产"的时候，也会导致主观唯意志论的横行，诱发生态环境恶化。虚妄的主体性哲学、主观唯意志论等一切违背唯物论的哲学观念，是造成生态环境问题的重要哲学原因之一。这样，

---

① 习近平.之江新语[M].杭州：浙江人民出版社，2007：153.

就要求我们回到马克思主义唯物论上来。"两山"理念建立在尊重自然和自然规律的唯物论的基础上，同时根据生态文明建设的实际深入阐释了尊重自然和自然规律的科学含义和实践要求。

（一）坚持尊重自然和尊重自然规律

在人类出现之前，大自然早已按照自己的方式存在和发展，具有先在性、客观性、条件性。大自然的存在和演化具有自己的客观规律，不以人的主观意志为转移。大自然并不能主动地满足人类的需要，会不时造成人类的匮乏感，因此，人类决心改变自然。只有在改造自然中，人类才能满足自己的需要和实现自己的目的。但是，人类改造自然的行为不能违背自然和自然规律，不能肆意妄行，只能在遵循自然和自然规律的前提下进行，否则，就会遭受大自然的报复。例如，尽管底格里斯河和幼发拉底河流域（"两河流域"）孕育的巴比伦文明曾经达到了相当高的发展程度，但是，为了得到耕地，两河流域的居民大肆毁林开荒，结果造成严重的水土流失，最终使这些地方成为不毛之地。这是古代巴比伦文明衰落的重要原因。因此，恩格斯在《自然辩证法》中提醒人们，我们不要过分陶醉于我们人类对自然界的胜利。对于每一次这样的胜利，自然界都对人类进行报复。每一次胜利，第一步确实取得了人类预期的结果，但第二步和第三步却产生了完全不同的、出乎预料的影响，常常把第一步的结果又抵消了。在现实生活中，违法排污、乱砍滥伐、乱掘乱挖、乱捕滥杀、违规建筑等无视生态规律的行为之所以时有发生，就在于我们还缺乏对自然的敬畏和对自然规律的尊重。自然遭到系统性破坏，人类的生存和发展就成了无源之水、无本之木。这些情况表明："你善待环境，环境是友好的；你污染环境，环境总有一天会翻脸，会毫不留情地报复你。这是自然界的客观规律，不以人的意志为转移。"[①]在将绿水青山转化为金山银山的过程中，同样必须尊重自然和自然规律，切不可急功近利地对待绿水青山，毫无限制地向它索要金山银山，否则就会遭受大自然的报复。只有尊重自然和自然规律，才能有效防止在开发利用自然上走弯路。这就是自然和自然规律的威严所在，这就是唯物论对于生态文明建设的价值所在。

（二）坚持从人口资源环境等方面的基本国情出发

对于马克思主义政党来说，坚持一切从实际出发，其中重要的一点就是要坚持从自己国家的基本国情出发。一个国家的国情既包括社会经济发展的情况，又包括自然地理环境的情况。1894 年 1 月 25 日，恩格斯在一封信中谈道：在一个国家和社

---

① 习近平. 之江新语 [M]. 杭州：浙江人民出版社，2007：141.

三江源国家公园冬格措纳湖

会的经济关系中还包括这些关系赖以发展的地理基础。我们可以说,一个国家的人口资源环境情况是这个国家国情的重要表现和表征。从我国的情况看,虽说地大物博,但人口众多。从人均占有资源的情况来说,许多指标低于世界平均水平。改革开放初期与解放初期相比,人口增加一倍,耕地减少一半,人均占有的自然资源也少了一半,加之经济还相当落后,人与自然的供需矛盾就更加突出。经过新中国成立尤其是改革开放以来的努力和奋斗,尽管我国生态文明建设取得了巨大的成就,但我们在生态文明建设上仍然处于负重前行的阶段。其中一个重要的原因在于,我国环境容量有限,生态系统脆弱,污染重、损失大、风险高的生态环境状况尚未根本扭转,并且独特的地理环境加剧了地区之间的不平衡和不可持续性。位于"胡焕庸线"东南方的地区以平原、水网、低山丘陵和喀斯特地貌为主,占国土面积的43%,但居住着全国94%左右的人口,生态环境压力巨大;位于该线西北方的地区以草原、戈壁、沙漠、绿洲和雪域高原为主,占国土面积的57%,生活着大约全国6%的人口,生态系统非常脆弱。这是我国基本国情很重要的构成方面。因此,应该根据各地的人口分布、资源禀赋、环境容量、生态状况等自然物质条件,因地制宜地将绿水青山转化为金山银山。

（三）坚持从自然界的生态环境阈值出发

生态环境阈值是地球自然界自身固有的属性和特征，是表现和表征自然规律的重要方面之一。1972年，罗马俱乐部发布的《增长的极限》报告，以系统动力学为科学方法，建构了一个由人口、经济、粮食、资源、污染等五个因素构成的世界系统模型。结果发现，人口、经济是按照几何指数方式增长的，粮食、资源、环境吸收污染的能力是按照算术指数方式增长的，二者必然发生冲突，最终会造成全球生态萎缩，因此，应限制人口和经济的增长。这样，就发现了自然界存在的生态环境阈值（极限）。罗马俱乐部这个报告的缺陷是忽视了社会因素尤其是科技进步对于突破自然界极限的作用。其实，我国唐代诗人白居易也看到了这一点："天育物有时，地生财有限，而人之欲无极。以有时有限奉无极之欲，而法制不生其间，则必物暴殄而财乏用矣。"人口的增加、资源的减少、生态的破坏，要求人类不要再无休止地自我膨胀，而应研究人口的理想密度、资源能源的极限密度、环境的负荷密度等问题。整个宇宙在无限的时间和无限的空间中存在和发展，但地球只是宇宙当中的一叶扁舟而已。在一定的科技进步条件下，地球的承载能力、涵容能力、自净能力都是有限的，存在着一定的生态环境阈值。只有维持在这个阈值范围当中的人类行为，才是可持续的；反之，则是不可持续的。"人类追求发展的需求和地球资源的有限供给是一对永恒的矛盾……如果大多数人都要像少数富裕人那样生活，人类文明就将崩溃。当今世界都在追求的西方式现代化是不能实现的，它是人类的一个陷阱。"[1] 这就要求我们把自己的一切活动和行为限制在生态环境阈值的限度内，将生态环境阈值作为确定发展规模和水平的客观依据。

"两山"理念以马克思主义唯物论为基础，强调"在自然规律中，生态平衡规律对经济建设、对农业发展的关系最为重大"[2]。同时，要求加深对自然规律的认识，自觉以对规律的认识指导行动。这样，就在生态文明方面发展了马克思主义唯物论，赋予其生态唯物论的品格。

二、"两山"理念的认识论意蕴

作为认识对象的客观世界的本质暴露是一个过程，作为认识基础的人类实践是一个发展过程，因此，人类认识同样是一个历史过程。"勇于实践、善于实践，在

---

① 习近平. 干在实处，走在前列——推进浙江新发展的思考与实践[M]. 北京：中共中央党校出版社，2006：193.

② 习近平. 知之深，爱之切[M]. 石家庄：河北人民出版社，2015：138.

陕西华阴西岳华山山顶云海

实践中积累经验、进行理论升华，再用以指导实践、推动实践，在实践中使认识得到检验、修正、丰富和发展，这是认识客观规律的根本途径，也是把握客观规律的必由之路。"①这构成了人类认识运动总图式。在对绿水青山和金山银山关系的认识上同样经历了这样一个辩证认识的过程。

（一）对绿水青山和金山银山之间关系的认识过程

绿水青山和金山银山的关系，反映和体现的是人与自然、环境与发展的内在关联和复杂矛盾。人们在实践中对绿水青山和金山银山这"两座山"之间关系的认识经过了三个阶段②。第一个阶段是在二元对立的思维中看待绿水青山和金山银山的关系，只要金山银山，不管绿水青山。只是一味地用绿水青山去换金山银山，不考虑或者很少考虑生态环境的承载能力，一味地向大自然索取资源能源。只要经济增长，只重经济发展，不考虑生态环境，不顾及长远利益，结果造成了"吃了祖宗饭，断了子孙路"的局面，但人们往往对此浑然不觉。这是一种典型的以牺牲生态环境换取经济增

---

① 习近平. 坚持实事求是的思想路线 [N]. 学习时报，2012-05-28(1).
② 习近平. 干在实处，走在前列——推进浙江新发展的思考与实践 [M]. 北京：中共中央党校出版社，2006：198.

长的机械增长模式。第二个阶段是开始在辩证思维中看待绿水青山和金山银山的关系，既要金山银山，也要保住绿水青山。随着经济发展和资源能源匮乏、生态环境恶化之间的矛盾开始凸显出来，人们开始意识到生态环境是人类生存发展的根本，懂得了"留得青山在，才能有柴烧"的深刻道理。这是转向协调环境和发展的可持续发展的阶段。但在这一阶段，一些国家虽然意识到了生态环境的重要性，但只考虑自己的小环境、小家园而不顾他人和他国，以邻为壑，嫁祸于人，甚至将自己的经济利益建立在牺牲他人和他国生态环境之上。1984 年美国一家公司在印度博帕尔造成的农药泄漏事件，1991 年以美国为首的联军在海湾战争中使用贫铀弹造成的危害，充分印证了这一点。第三个阶段是在作为辩证思维当代形态的系统观念中看待绿水青山和金山银山的关系，认为绿水青山本身就是金山银山。人与自然是一个有机整体，绿水青山和金山银山是一种浑然一体、和谐统一的关系。人们认识到绿水青山可以源源不断地带来金山银山，我们种的"常青树"就是"摇钱树"，生态优势能够变成经济优势。这体现了发展循环经济、建设资源节约型和环境友好型社会的理念，是一种建设人与自然和谐共生的生态文明模式。在这个阶段，人们才真正开始认识到生态环境问题是一种全球性问题，人类只有一个地球，地球是我们人类的共同家园，保护生态环境是全人类的共同责任，人们开始谋求建设全球生态文明。

（二）发展生态文化以达到对生态文明建设的自觉

以上三个阶段表明，像所有的认知过程一样，人们对绿水青山和金山银山之间关系的认识，对生态环境保护和生态文明建设必要性和重要性的认识，也有一个由表及里、由浅入深、由自然自发到自觉自为的过程。同自发相比，自觉是一种积极进取的状态。对于一个社会来说，任何目标的实现，都需要将外在约束和内在自觉统一起来。大力发展生态文化是从自发到自觉的中介和前提。文化是对自然条件和经济基础的反映，同时能够成为调节人与自然关系、人与社会关系的重要手段和方式。为了有效化解人与自然之间的矛盾，实现从自发到自觉的飞跃，需要发挥文化的熏陶、教化、激励的作用，发挥先进文化的凝聚、润滑、整合的作用，发挥生态文化的规约、调节、导引的作用。"生态文化的核心应该是一种行为准则、一种价值理念。我们衡量生态文化是否在全社会扎根，就是要看这种行为准则和价值理念是否自觉体现在社会生产生活的方方面面。"[①] 中国古代"天人合一""道法自然"的理念，马克思主义所讲的人与自然具有"一体性"的理念，现代西方社会所讲的敬畏生命的伦理学、大地伦理学等理念，都具有生态文化的价值。按照"不忘本来、吸

---

① 习近平. 之江新语 [M]. 杭州：浙江人民出版社，2007：48.

收外来、面向未来"的综合创新的方法论原则，我们应该推动实现马克思主义生态思想与中华优秀传统生态文化的结合，批判地吸收和借鉴国外有益生态文化思想资源，牢固树立社会主义生态文明观，大力发展社会主义生态文化。同时，应该以创新的方式大力推动生态文明宣传教育，使社会主义生态文明观入脑入心，使全体人民自觉担当起生态文明建设方面应尽的责任和义务，万众一心搞好生态文明建设。这样，可以缩短从自发到自为的过程，可以将绿水青山有效地转化为金山银山。

（三）实现绿色转型以破解发展和保护的悖论

古人讲："知之非艰，行之唯难。"以上这三个阶段，是发展理念不断进步的过程，是经济发展方式不断转变的过程，也是人和自然关系不断调整、趋向和谐共生的过程，更是走向生态文明的过程。经济发展和环境保护是传统发展模式中的一对"两难"矛盾，是相互依存、对立统一的关系。在环境经济学中，"环境库兹涅茨曲线理论"认为，在经济发展初期，经济增长与环境污染呈正相关关系；到达某个临界点（拐点）后，随着人均收入的进一步增加，二者之间逐渐呈现负相关关系。但是，我们必须特别防止这样一种认识误区：似乎只要等到拐点来临了，随着人均收入或财富的增长，生态环境质量就会自然而然地得到改善，因而对污染环境和破坏生态的行为采取无所作为的消极态度，甚至是听之任之的错误态度。这种错误认识将导致重蹈西方"先污染后治理"或"边污染边治理"的覆辙，最终将使绿水青山和金山银山都不保。因此，自觉地认识和把握"环境库兹涅茨曲线理论"，科学调整发展方式，实现经济社会发展的绿色转型，促进拐点早日到来，才是科学的选择。我们应该将这种认识作为一种发展理念和一种生态文化，体现到国民经济和社会发展规划当中，站在人与自然和谐共生的高度谋划发展。例如，在产业发展中，应该认真制定和实施绿色发展规划，促进人与自然和谐共生现代化的建设；在城市建设中，应该全面考虑建筑设计、建筑材料对城市生态环境的影响，促进生态城市建设；在产品生产中，应该严格按照全生命周期的理念，加强绿色设计；在日常生活中，应该搞好环境卫生、善待地球上的所有生命、践行绿色低碳生活方式等。只有推进生态优先、节约集约、绿色低碳发展，才能实现由经济发展与环境保护的"两难"向两者协调发展的"双赢"的转变，才能既培育好金山银山又保护好绿水青山。

人们在"绿水青山就是金山银山"的认识问题上，有一个基于辩证认识过程的知行合一的过程，应该自觉实现思想观念的深刻变革和经济发展方式的绿色转变。只有让这一理念在全社会扎根，才能实现人与自然和谐共生。这样，这一理念就在生态文明方面发展了马克思主义认识论，赋予其生态认识论的品格。

新疆布尔津额尔齐斯河五彩滩

三、"两山"理念的辩证法意蕴

我们必须坚持以辩证法来思考和解决问题，而如何处理好经济社会发展与人口资源环境的关系、绿水青山和金山银山的关系，就是现实中最大的辩证法。矛盾的普遍性和特殊性辩证统一的道理是关于事物矛盾问题的"精髓"。掌握唯物辩证法，关键是"要坚持具体问题具体分析，'入山问樵、入水问渔'，一切以时间、地点、条件为转移，善于进行交换比较反复，善于把握工作的时度效"①。在地域广大、特色各异的中国，让绿水青山充分发挥经济社会效益，必须坚持具体问题具体分析的科学方法论，因地制宜地践行"两山"理念，形成各具特色的生态文明建设模式。

（一）好山好水也是金山银山的模式

在我国许多地方，生态环境条件良好，生态优势特别明显，因此，就不宜大拆大建，应该走精雕细琢之路，将生态优势不断转化为经济优势。例如，浙江省"七山一水两分田"，许多地方"绿水逶迤去，青山相向开"，拥有良好的生态优势，那么，就不应该采用粗放式发展方式，而应该坚持绿色发展，把生态环境优势转化为生态农业、生态工业、生态旅游等生态经济优势，将浙江省建设成为生态省，这样，绿水青山也就变成了金山银山。浙江省丽水市多年来坚持走绿色发展道路，坚定不移保护绿水青山这个"金饭碗"，努力把绿水青山蕴含的生态产品价值转化为金山银山，因此，丽水市的生态环境质量、发展进程指数、农民收入增幅多年位居全省第一，实现了生态文明建设、脱贫攻坚、乡村振兴协同推进。再如，青山绿水、碧海蓝天是海南省最强的优势和最大的本钱，是一笔既买不来也借不到的宝贵财富，破坏了就很难恢复。因此，海南省必须坚持陆海统筹、河海兼顾、综合施策，突出做好海洋污染防控、红树林等典型生态系统和生物多样性保护、水土流失治理等工作，加强海洋生态文明建设，努力使海南省的青山更绿、海水更蓝、沙滩更美、空气更清新，为子孙后代留下可持续发展的"绿色银行"，将海南省建设成为生态岛。还有，当年修建密云水库是为了防洪防涝，现在它作为北京重要的地表饮用水源地、水资源战略储备基地，已成为无价之宝。北京市一万多平方千米的山区是首都重要的生态屏障和水源保护地，具有十分重要的地位。因此，北京市应该发挥好山好水的优势，继续守护好密云水库，把生态文明建设作为战略性任务来抓，坚持生态优先、绿色发展，加强生态涵养区建设，健全生态补偿机制，为建设美丽北京作出新的贡献，共同守护好祖国的绿水青山。

---

① 习近平.论把握新发展阶段、贯彻新发展理念、构建新发展格局 [M].北京：中央文献出版社，2021：106.

（二）穷山恶水也是金山银山的模式

在我国还有不少生态环境恶劣的地方，属于"穷山恶水"，存在着贫困和环境的恶性循环。通过加强生态环境建设，穷山恶水同样可以变为绿水青山，最终成为金山银山。"现在，许多贫困地区一说穷，就说穷在了山高沟深偏远。其实，不妨换个角度看，这些地方要想富，恰恰要在山水上做文章。要通过改革创新，让贫困地区的土地、劳动力、资产、自然风光等要素活起来，让资源变资产、资金变股金、农民变股东，让绿水青山变金山银山，带动贫困人口增收。"[①] 例如，福建省长汀县是水土流失严重的贫困地区。1941年，就有这样的记录："四周山岭皆是一片红色，树木很少看到，偶然也杂生着几株马尾松……不闻虫声，不见鼠迹，只有凄怆的静寂，永伴着被毁灭了的山灵。"由于山光岭秃、草木不存，夏天阳光直射下，一些地方地表温度可达76摄氏度。1983年，长汀县开始水土流失规模化治理。二十一世纪初，长汀县水土流失治理迈上规范、科学、有效的道路。通过采用人工植树种草、封山育林等措施，经过几十年的努力，现在，长汀县森林覆盖率突破79.55%，水土保持率从76.18%增加至93.56%，减少水土流失面积116.3万亩，农村居民人均可支配收入从1999年的2431元提高到2024年的25582元，实现了从"穷山恶水"向绿水青山的成功转型。山西省右玉县、甘肃省古浪县八步沙林场、河北省围场塞罕坝机械林场，都是将"穷山恶水"变为绿水青山进而变为金山银山的典范，由之形成的右玉精神、八步沙"六老汉"精神、塞罕坝精神就是这方面的宝贵精神财富。生态扶贫和生态脱贫，是我们取得脱贫攻坚战胜利的重要法宝之一。这表明，在中国共产党的领导下，中国人民通过弘扬"为有牺牲多壮志，敢教日月换新天"的伟大斗争精神，在科学治理的基础上，能够使穷山恶水变为金山银山。

（三）冰天雪地也是金山银山的模式

在青藏高原和"三北"地区，"冰天雪地"是其自然地理环境特色，一度被视为生态环境方面的劣势。其实，山水林田湖草沙冰雪是不可分割的生态系统，"冰天雪地也是金山银山"[②]，必须坚持山水林田湖草沙冰一体化保护和系统治理。在高寒地区，应该促进水资源节约集约高效利用、全力推动生物多样性保护、提升水土流失综合整治水平，加强雪山冰川、江源流域、湖泊湿地、草原草甸、沙地荒漠等生态治理修复；必须落实和深化国有自然资源资产管理、生态环境监管、国家公园建设、生态补偿等生态文明改革举措，探索更多可复制可推广经验；必须把发展冰

---

① 习近平.论坚持人与自然和谐共生[M].北京：中央文献出版社，2022：112.
② 同①142.

新疆新源那拉提草原

雪经济作为新的经济增长点，大力推动冰雪运动、冰雪文化、冰雪装备、冰雪旅游全产业链发展；必须统筹冰雪经济、林下经济、草原经济、海洋经济等生态经济的发展，坚持走生态优先、绿色发展为导向的高质量发展路子；必须改善边境地区基础设施条件，积极发展边境旅游，更好地促进兴边富民、稳边固边。这样，冰天雪地确实能够成为金山银山。我国成功举办的 2022 年北京冬奥会、2025 年哈尔滨第九届亚洲冬季运动会，充分证明了这一点。此外，对于像东北老工业基地这样的资源枯竭型地区来说，由于出现了较为严重的地表塌陷等问题，必须将生态修复摆在重要的位置。2010 年左右，"百年煤城"江苏省徐州市贾汪区由于生态环境破坏严重，出现了天灰、地陷、房裂、水黑等惨状，成为"黑山黑水"。近年来，贾汪区秉承"生态优先、绿色发展"理念，探索出了资源枯竭城市生态发展的特色之路。截至 2019 年 3 月，贾汪区先后实施了塌陷地治理工程 82 个，治理面积 6.92 万亩；全区森林覆盖率达32.3%,比2011年提高近20个百分点。这表明:只有恢复绿水青山,才能使绿水青山变成金山银山。我们必须按照恢复生态学科学原理,将自然恢复和人工修复有机地统一起来,这样,"黑山黑水"同样可以重新成为绿水青山,最终成为金山银山。

"两山"理念的意义不仅仅在于生态文明建设本身,还可以延伸到物质文明建设上。对于城市来说,工业化不是到处都办工业,应当是宜工则工,宜农则农,宜开发则开发,宜保护则保护。对于农村来说,农村也有农村的优势,始终要有人把绿水青山转化为金山银山。这样,这一理念就在生态文明方面发展了唯物辩证法,赋予了其生态辩证法的品格。

四、"两山"理念的价值观意蕴

人民性是马克思主义的本质属性,是马克思主义价值观的支点。我们发展经济是为了民生,保护生态环境同样也是为了民生。"良好的生态环境是最公平的公共产品,是最普惠的民生福祉。对人的生存来说,金山银山固然重要,但绿水青山是人民幸福生活的重要内容,是金钱不能替代的。"[1]只有实现绿水青山向金山银山的转化,绿水青山才能成为造福全体人民的幸福山水。

(一)绿水青山也是人民群众健康的重要保障

人类在大自然中生息繁衍,良好的生态环境是人类生存与健康的基础。长久以来,由于科技发展和生产发展水平有限,加上其他社会因素的影响,灾害、瘟疫等自然界的突变现象给人们的生命财产造成了严重的损失,因此,防灾减灾、防治瘟疫是人类文明发展的重要主题,是生态文明建设的重要课题。在资本主义制度中,资本主义生产方式造成的环境污染严重地威胁到工人阶级和劳动人民的身体健康和生命安全,发生在西方社会的"八大公害事件"就是明证。在社会主义制度中,确保人民群众生命安全和身体健康,是共产党人治国理政的一项重大任务,要求把人民群众生命安全和身体健康放在第一位。我们必须看到:"绿水青山不仅是金山银山,也是人民群众健康的重要保障。"[2]维护人民群众的生态健康和环境健康,是将绿水青山转化为金山银山的重要任务。我们必须坚持绿色发展理念,实行最严格的生态环境保护制度,建立健全环境与健康监测、调查、风险评估制度,重点抓好空

---

[1] 习近平. 习近平生态文明文选:第一卷 [M]. 北京:中央文献出版社,2025:3.
[2] 同[1] 101.

气、土壤、水污染的防治，加快推进国土绿化，治理和修复土壤特别是耕地污染，全面加强水源涵养和水质保护，综合整治大气污染特别是雾霾问题，全面整治工业污染源，切实解决影响人民群众健康的突出环境问题。我们必须统筹生物安全、生态安全、生命安全，把生物安全纳入国家安全体系，系统规划国家生物安全风险防控和治理体系建设，严格执行生物安全法，加快构建国家生物安全法律法规体系、制度保障体系，全面提高国家生物安全治理能力。我们必须坚持深入开展爱国卫生运动，发挥群众工作的政治优势和组织优势，在搞好清扫卫生工作的基础上，应该更多从人居环境改善、饮食习惯、社会心理健康、公共卫生设施等多个方面开展工作，特别是要坚决杜绝食用野生动物的陋习，提倡文明健康、绿色环保的生活方式。我们必须持续开展城乡环境卫生整洁行动，加大农村人居环境治理力度，建设健康、宜居、美丽家园，必须大力推进农村的"厕所革命"，让农村群众用上卫生的厕所。我们必须深入开展健康城市和健康村镇建设，形成健康社区、健康村镇、健康单位、健康学校、健康家庭等建设广泛开展的良好局面。

（二）坚持以生态保护补偿促进生态公平正义

良好的生态环境是大自然向所有人类提供的馈赠，理应为全体人民共享。我们既要创造更多的物质财富和精神财富以满足人民日益增长的美好生活需要，也要提供更多优质生态产品以满足人民日益增长的优美生态环境需要。我们之所以重视绿水青山转化为金山银山，之所以重视生态保护补偿，之所以重视生态产品价值的实现，根本目的应该放在促进实现生态公平正义上。生态保护补偿是生态产品价值实现的一种重要方式。"生态补偿过去也是有的，包括对欠发达地区的转移支付，对生态林提高补偿标准等，但必须建立一种逐步加大力度、逐步健全起来的机制。建立生态补偿机制是为了用计划、立法、市场等手段来解决下游地区对上游地区、开发地区对保护地区、受益地区对受损地区、末端产业对源头产业的利益补偿。要研究探索把财政转移支付的重点放到区域生态补偿上来，对生态脆弱地区和生态保护地区实行特殊政策。还要研究探索通过运用市场手段让社会各阶层之间进行生态补偿。"[1]在夺取扶贫攻坚战胜利的过程中，我们创造了"生态补偿脱贫一批"的经验，坚持加大贫困地区生态保护修复力度，增加重点生态功能区转移支付，扩大政策实施范围；结合建立国家公园体制，推动有劳动能力的贫困人口就地转成护林员等生态保护人员，从生态补偿和生态保护工程资金中划拨一部分资金，作为他们保护生

---

[1] 习近平. 干在实处，走在前列——推进浙江新发展的思考与实践[M]. 北京：中共中央党校出版社，2006：194-195.

态的劳动报酬。根据2021年3月的统计数据，国家林草系统共安排贫困地区林业和草原资金2000多亿元，带动2000多万人脱贫增收。在中西部22个省份选聘生态护林员110.2万名，带动300多万贫困人口脱贫增收，有效保护了森林、草原、湿地、沙地等生态资源。各项林草重点工程项目向中西部22个省份倾斜，覆盖建档立卡贫困人口3600多万人次，组建了扶贫造林（种草）专业合作社（队）2.3万个，吸纳了160多万名建档立卡贫困人口参与生态工程建设，林草生态产业带动1600多万贫困人口脱贫增收。"生态补偿脱贫一批"是我们夺取扶贫攻坚战取得胜利的重要法宝之一。生态保护补偿不仅是绿水青山转化为金山银山的重要目的和途径，而且是实现生态公平正义的必要选择，有助于实现生态共享和生态共富。

（三）坚持人与自然和谐共生的社会理想追求

资本主义不仅造成了资本家对无产者的剥削，而且造成了人与自然之间物质变换的断裂，因此，马克思恩格斯设想，在未来社会"所有人共同享受大家创造出来的福利""人直接地是自然存在物""自然史和人类史就彼此相互制约"①。换言之，共产主义社会是一个人与自然、人与社会双重"和解"（和谐）的社会。在现实当中，人与自然的关系不和谐，也往往会导致人与社会关系的不和谐。如果生态环境受到严重破坏、人们的生产生活环境恶化，如果资源能源供应高度紧张、经济发展与资源能源矛盾尖锐，人与社会的和谐也难以实现。因此，我们追求的发展必须是和谐的、全面的发展，包括人与自然的和谐发展。我们建设的和谐社会，必须是全面发展和全面进步的社会，必须坚持安定有序、人与自然和谐相处。不和谐的发展和不和谐的社会，单一的发展和单面的社会，最终将遭到各方面的报复，例如自然界的报复等。在衡量社会经济发展时，我们既要看经济指标，又要看社会指标、人文指标和环境指标，切实从单纯追求发展的速度和数量变为综合考核发展的效益和质量。"两山"理念表明，存在着自然价值和自然资本，应该将环境指标纳入发展指标体系当中。只有坚持用环境指标衡量社会经济的发展，才能确保可持续发展，进而促进全面发展和全面进步。面向未来，按照"两山"理念，我们必须自觉实现人与自然和谐共生，促进人的全面发展。在物质财富极其丰富、人们精神境界极大提高的基础上，实现人的自由而全面发展的共产主义社会，是马克思主义崇高的社会理想。"人，本质上就是文化的人，而不是'物化'的人；是能动的、全面的人，而不是僵化的、'单向度'的人。人类不仅追求物质条件、经济指标，还要追求'幸

---

① 习近平.论把握新发展阶段、贯彻新发展理念、构建新发展格局[M].北京：中央文献出版社，2021：62.

广西桂林漓江风光

福指数';不仅追求自然生态的和谐,还要追求'精神生态'的和谐;不仅追求效率和公平,还要追求人际关系的和谐与精神生活的充实,追求生命的意义。"①实现人与自然的和谐、人与社会的和谐,是我们中华民族和我们共产党人的理想。

在建设中国式现代化的过程中,我们必须始终坚持人与自然和谐共生,牢固树立和切实践行"两山"理念,让人民群众在绿水青山中共享自然之美、生命之美、生活之美。这样,这一理念在生态文明方面丰富和发展了马克思主义价值观,赋予其生态价值观的品格。

当然,"两山"理念也以唯物史观为哲学基础,尤其是按照唯物史观的生产力理论科学阐明了保护生态环境就是保护生产力、改善生态环境就是发展生产力的道理,进而创造性地提出"新质生产力本身就是绿色生产力"的科学论断,丰富和发展了唯物史观生产力理论当中的自然力和自然生产力的思想。限于篇幅,我们只能论及上述几个问题,没有详细展开唯物史观方面的论述。总体上,这一理念是基于马克思主义哲学提出的科学理念,同时突出了马克思主义哲学的生态向度,推动形成了马克思主义生态哲学新范式。

---

① 习近平. 之江新语 [M]. 杭州:浙江人民出版社,2007: 150.

05

「两山」理念蕴含的源自中国智慧的新山水观探析

张孝德

中共中央党校（国家行政学院）社会与生态文明部教授，博士生导师。原国家行政学院经济学部副主任，兼任国家气候变化专家委员会委员。主要从事生态文明、生态经济、乡村生态文明建设研究。编著出版 6 部专著；发布文章 300 多篇。

[摘要]本文分析研究了"两山"理念从源头上蕴含着的中华民族传统山水观和山水智慧。从中国传统文化看，"以自然为母""以自然为师""以自然为本"的观念，体现了对自然敬畏与辩证思考的哲学思想，形成了天地人一体的整体观和辩证的智慧。"两山"理念是立足时代高度将中国传统山水智慧与当代实践相结合、融合科学与人文的新山水观，它突破了工业文明将天人对立的自然观，创造性地将自然资源作为绿色经济发展新要素，对指导生态文明建设、推动实现保护与发展的统一具有重大意义。在新山水观的指导下重新认识山水价值，是以新思维推动高质量发展的过程，也是在与自然的互动中传承中国智慧的过程。

[关键词]"两山"理念、中国智慧、新山水观、人文山水

一、"两山"理念蕴含的新山水观：从科技山水到人文山水

20年前，时任浙江省委书记的习近平同志在余村考察，当听到村党支部书记汇报余村通过民主决策关停了污染环境的矿山时，他表扬与肯定了余村的做法，认为这是"高明之举"，并以饱含深情、用老百姓容易听得懂的比喻的话语，首次提出了"绿水青山就是金山银山"的科学论断。

20年过去，在习近平"两山"理念的指导下，呈现在我们面前的是一个绿色经济快速发展与环境更好、绿色科技创新与生态文化自觉并行的山更绿、水更清的美丽中国。"两山"理念在当代中国之所以形成如此重大的改变力，是因为"两山"理念蕴含了符合自然与人类发展规律的哲学思想与自然观以及指导生态文明建设的新山水观。

20年过去，随着时间的推移，我们越来越发现，"两山"理念所讲的金山银山，不仅仅是实现物质财富的"两山"，还是融物质财富与文化财富、科学山水与人文山水、保护与发展为一体的"两山"。

在主导工业文明的天人对立的自然观的范围内，发展与保护是一种对立与矛盾的关系。而保护与发展统一的"两山"理念，则将长期以来被认为是被征服、被改造的山水自然变成了绿色经济发展的资源来对待，从而有效地化解了这一矛盾。

习近平提出的基于"两山"理念的绿色经济发展思想，是一个具有原创性的经济思想。将自然资源作为经济发展新要素纳入生态文明时代绿色经济发展的范畴之中，这在传统经济学中是没有的。围绕绿色经济发展，2014年联合国环境规划署（United Nations Environment Programme，UNEP）发表《迈向绿色经济发展的报告》，这是联合国首次在世界范围内提出将自然资本纳入经济发展的新经济思想。而在

2005年，早于联合国6年，习近平不仅首先提出绿色经济思想，而且在浙江启动了全面的实践。为此，2020年11月联合国环境规划署发布《绿水青山就是金山银山：中国生态文明战略与行动》报告，高度评价习近平"两山"理念的贡献和成就，并向全世界推广。

"两山"理念破解保护与发展难题背后的深层原因，是突破了人文山水与科学山水的分立、提出了人文山水与科学山水融合的新山水观。正是这种新山水观，使得我们发现了自然山水的新价值，使得自然山水不仅可以成为满足生产生活的物质财富来源的金山银山，而且还是满足当代社会对健康、文化和艺术的需求的金山银山。

在农耕文明时代，虽然中国古人很早就形成了将山水看成与人的生命具有同等价值的人文山水观，但在当时科技条件下，对山水资源的利用，主要局限为对具有耕地资源的利用。在工业文明时代，利用现代科技力量，形成了水力发电，水力运输、开发矿产资源等对山水资源的利用。但在天人对立的自然观作用下，山水所具

有的生命价值和人文价值被忽视，由此形成了我们为获得对自然物质需要的满足而对山水资源竭泽而渔的过度开采的行为，这不仅导致了生态环境的污染和破坏，而且也造成了对包括人类自身在内的多样化生命与生态系统的破坏。

在这样的背景下，融科学山水与人文山水为一体的"两山"理念的最大贡献就是唤醒了人们对人文山水价值的再度发现。人文山水价值再发现，不仅让我们像保护自己生命一样来自觉保护山水，而且将人文山水与科学山水相结合，从而让山水成为满足人民物质需求与精神需求的新山水经济。在习近平新山水观的指导下，我们既可寄情于山水，让山水成为满足我们精神、文化、艺术生活的山水，又可以利用现代技术，在充分利用人文山水价值的前提下，实现山水为我们服务的物质价值。

总之，习近平的"两山"理念是立足时代的高度，将中国古人山水智慧与当代人民群众伟大实践相结合的活化创新。要从源头全面认识与践行"两山"理念蕴含的山水观且最需要我们深度挖掘、认识与传承的，是中华民族的自然观与山水智慧。

北京颐和园春和景明

二、以自然为母：在绿水青山中找到回家的路

面对同样的山水自然，古老的中华民族把山水自然看成是像母亲一样的给予、尊重与敬畏，而在今天的工业文明时代，自然却成为人类征服、改造的对象。究其根源，这是由中华文明与西方文明源自两种不同的生产方式决定的。

养育中华五千年文明的生产方式是农耕经济。农耕经济是依靠天、地、人三大要素资源滋养的经济。为了最大程度地利用自然资源为生计服务，在上万年的农耕探索中，中华民族形成了特有的对待天地的自然态度和自然观。这个自然观就是顺应天道、借力自然、追求人和的自然观。而近代兴起的工业化经济，所依靠的资源是土地、劳动力、资本三大要素。工业化经济的要素决定了工业化经济主要依靠的是人造力，而不是自然力。而人造力作用的对象，恰恰是自然中不可再生的资源，因此，人与自然对立、以人造力征服自然成为工业文明的自然观。近代以来，在追赶西方式现代化过程中，中华民族古老的"天人合一"的自然观失去其价值，甚至成为被批判的对象。

在党的十八大提出迈向生态文明新时代的大背景下，习近平总书记提出的"两山"理念最具有原创性的突破就是将工业化经济时代作为被征服对象的自然看成是生态文明时代绿色经济发展的新要素来对待。在"两山"理念指导下的山水自然，不仅蕴藏不可再生的资源，更蕴含着可再生的资源。党的十八大以来，在"两山"理念指导下，在当代中国兴起的生态旅游，就是对自然本有的可再生资源的利用。正是在这样的背景下，我们发现，自然在生态文明时代获得了与在中国古代具有的同等地位与价值，传承几千年的中华民族古老的自然观与山水智慧在生态文明时代再度发光。结合时代的要求，学习传承、激活中国古代自然观与山水智慧为现代服务，就成为时代发展的必然需求。

当我们回到中国古老文明的时空时，我们首先发现的是，自然在中华民族的心目中是孕育我们的文明与文化、给予我们物质与精神滋养的母亲。

有父母才有家，那么我们父母的父母是谁？如果沿着这个话题一直追问下去，就触及了一个我们从哪里来的终极问题。现代人类学认为人类是从猿猴进化来的，但对这个问题，中华民族从我们文明创世开始就有了自己的答案，这答案就是：我们共同的父母是天地自然。

首先，这个答案来自《易经》。《易经·易辞》："天行健，君子以自强不息。""地势坤，君子以厚德载物。"乾卦在《易经》中代表天、阳、刚健、主动的特性，这个特性就是父亲；而坤卦代表地、阴、柔顺、包容等特性，这个特性就是母亲。可以说，中华民族是将天地作为人类共同的父母来对待的。

其实一个完整的家仅有父母还不够，还必须有第三个角色出现，这就是儿女。因为只有有了儿女之后，儿女成家再变成父母、父母再生儿女，我们的文明才能一代又一代生生不息地繁衍下去。

由父母和儿女组成的这个家，就具备了保证人类文明和社会可以自我繁殖的能力。从家的视角看，对于人类文明的起源，中国文明古老智慧还给予了另一种解释。这就是《道德经》所讲的"道生一，一生二，二生三，三生万物"。这个过度抽象的一、二、三代表什么，对此有多种解释。如果把《道德经》所讲的"三生万物"，与构成《易经》逻辑起点的"三爻"结合起来看，我们就会发现，能够成为"三生万物"的这个"三"就是中国古人讲的"天地人"。

如果说天地是我们共同的父母，处在天地之间的人，就是天地父母孕育、抚养的儿子，这个儿子就是处在天地之中的人。天地人这三大要素，不仅形成了满足农耕生产需要的三大要素，而且成为万物之源。如果只有天地，没有人，那么地球只是纯粹的自然星球，正是因为有了人类，我们生活的地球才成为一个有文明、有文化的星球。

天地人构成的这个大家，包含人类文明和社会演化的一切。从这个角度看，《易经》一点也不神秘，作为构建起《易经》体系的逻辑起点，就是我们先民将服务于农耕生产的天、地、人三大要素经过理性智慧抽象的结果。按照阴阳交替与天地交合的组合，就形成了显化万物演化规律的64卦。但是，无论《易经》的卦象进行了怎样的抽象总结，古人将天地所代表的父母的位置始终没有变。《周易》的"坤"象征母亲大地，其卦辞"至哉坤元，万物资生"，就是将大地比作孕育万物的母体。"坤为地，为母"，强调了大地的包容与滋养之德。

其实，将天地作为我们父母的这种认识，并不是从《易经》开始的，《易经》只是我们对天地宇宙认识到一定阶段的产物。如果追溯下去，将自然看成是养育我们的父母的认识可以追溯到我们的创世神话。

我们大家都熟悉女娲抟土造人的远古神话，作为中华文明创世神的女娲就是一位伟大的母神形象。相传女娲造人，一日中七十化变，以黄泥仿照自己抟土造人，由此建立了中华民族最早的婚姻制度，开启了生生不息的中华文明。

女娲抟土造人的神话故事告知我们，土在中国文明的地位极高。从女娲抟土造人开始，一直到黄帝时代，将土称为"后土神"予以祭祀，前后持续五千年从未中断过。

为什么叫"后土神"呢？"后土"信仰源自先民对天和地的自然崇拜，先民认为"地"是万物的根源。所以，人们用"后"字尊地，"后土"意味着对土地的崇拜。在远古氏族部落中，"后"指的是有权威的女性长辈。在甲骨文的卜辞中，

云南丽江黑龙潭公园日照金山

"后"还经常用来代指氏族中的女性首领，因而被引申为帝王的正妻等含义。随着人类对土地滋养万物功能认识的不断深入，逐渐产生了对"土地"的顶礼膜拜。人们像敬重帝王一样敬重土地，并在"土"字前冠以帝王之辞"后"，后即厚也，古字"后""厚"通用，即"后土"。直到如今，在中华文明发祥地之一的山西万荣县，仍然保留一座为历代皇帝祭祀的后土庙，又称万荣后土祠，古称汾阴后土祠。万荣后土庙，是中国现存最古老的祭祀女娲的神庙。从传说中的轩辕黄帝平定天下，在汾阴扫地设坛，祭祀后土地母开始，一直到尧、舜之时，夏、商、周三代，都在这里举行祭祀活动。从汉武帝元狩二年（公元前121年）在这里建立后土祠之后，历代帝王对后土祭祀活动一直延续至清朝。大家到北京来旅游，都会到故宫去看看，其实在古代的北京，除了故宫之外，还有天坛、地坛、月坛、先农坛。这些坛都是每年皇帝进行祭祀天地的重要场所。特别是如今位于北京的天坛，就是600年前的明朝将对后土神的祭祀从万荣后土庙转移到北京后建的。由于皇帝每年到万荣后土庙祭祀，路途远且不方便，从明朝开始对后土神的祭祀就迁移至北京的地坛。

正是有了这样的山水观，才有了中华民族对自然山水的敬畏心和感恩心，才有了中华民族对山水自然像保护自己父母一样给予保护。从这种山水观出发，我们则可以发现，习近平总书记提出的"两山"理念，不仅仅使我们找到了破解保护山水与利用山水的难题，其更大的意义是要唤醒我们不要忘记山水自然是中华民族的共同母亲，是我们共同的家园，让绿水青山变成金山银山的过程，也是我们回家的过程。

三、山水孕育了中华民族特有的寄情于山水的情感生活与审美追求

几千年来，在天地父母的哺育下，不仅形成了中华民族特有的具有天下胸怀的天下观，还形成了中华民族特有的情感与生活方式，即寄情于山水、追求诗意之美的生活方式。

正是这种寄情于山水的情感生活，才使得中国成为世界上历史悠久的诗词大国。从3000年前风雅颂的《诗经》到华丽磅礴的汉赋，从雄浑壮阔、意境深远的唐诗到细腻温婉、情感真挚的宋词，将与山水共生融合的情感，以诗词的方式来表达，成为几千年来中华民族从平民到文人、从民间到皇室特有的情感、思想、情趣的表达方式。

寄情于山水的生活方式，还孕育了中国特有的与山水融为一体的山水画与书法艺术。可以说墨水与毛笔就是山与水的有机组合，中国古人进行书画创作的过程，就是一个将山之刚与水之柔浓缩于一支小小毛笔中，将心中的山水展现于画与字的过程。

特别是在长年累月的四季循环中形成的乡土生活方式，也升华为一种自在与自足的诗意生活方式，正是这种诗意的生活方式，才给我们留下了深藏于中国山水中的"富春山居图""桃花源"这样的诗意古乡村，才有了将天地山水浓缩于庭院的山水园林。正是对中国古代诗意乡村的赞叹，习近平总书记才提出中国美丽乡村建设的高度与目标就是要打造各具特色的现代版"富春山居图"式的美丽乡村。

截至2004年年底，我国已有8155个村落被列入《中国传统村落保护名录》。我国尚有可开发保护的古村落2万多个、古镇2800多个。作为中华文明的重要遗产，山水古村、园林古镇在今天已经成为乡村旅游的宝贵财富。

总之，当我们进入天地自然父母的怀抱中，我们是否发现，养育我们生命的不只有一个父母、一个家，我们还有一个孕育了中华文明的共同的大家。如果将我们的视野再推展到能够包容一切的无垠苍穹的天、能够承载万物的厚广无私的地时，他们作为我们的父母，不仅孕育了中华文明，而且还孕育了整个人类文明。从这个意义上讲，不仅中华民族是一家，而且所有生活在地球上的人都是一家。正是在这种立于天地之间大家庭的格局中，才孕育出"天下为公""天下一家""天下大同"等中华民族一直追求的理想的社会模式。

党的十八大以来，习近平总书记向全球提出的构建人类命运共同体、构建人与自然和谐共生的生命共同体的思想，正是根源于中华民族天下是一家的宇宙观与家庭观。

江苏苏州盘门古镇

由此，我们可以认识到，党的十八大以来，在习近平"两山"理念指导下的山水旅游，是一个让我们重新回到母亲怀抱、重建与山水爱的连接、寄情于山水的回家之旅。

四、以自然为师：在青山绿水中寻觅中华智慧

将我们的视野拓展到天地山水之时，我们不仅找到了回家的路，还知道了我们是谁、从哪里来的生命之源。其实，自然山水给予我们的远不止于此，自然山水的慈悲与无私不仅养育了我们，还承担了教化我们的责任。

我们个人心目中的老师或许就是在课堂上给我们讲课的老师，然而，中华民族所尊重的老师，首先是自然中的山水，然后才是我们课堂上的老师。

《易经》中有一卦叫《蒙》。蒙卦由山与水构成。蒙卦上卦为艮，象征山；下卦为坎，象征泉。山下有泉，泉水喷涌而出，这是蒙卦的卦象。蒙卦的卦辞讲："亨。匪我求童蒙，童蒙求我。"这个"蒙"就是我们所讲的启蒙教育。这个源自山水教育的启蒙教育，与我们今天的教育有很大不同，因为这个蒙卦包含了以下三个方面的教育内涵。

一是蒙卦作为《易经》中的继乾、坤、屯之后的第四卦，所表现出的由山下的水蒸腾形成雾气、形成山水蒙蒙的自然景致告知我们，在开天辟地之后、新文明开启之时，让我们心智走出混沌必须要做的一件事就是启蒙教育。蒙卦告知我们，教育是人类从混沌走向开明、开慧的路径。

二是蒙卦告知我们迈向新文明的教育，必须从儿童启蒙开始。蒙卦所讲的教育理念是"匪我求童蒙，童蒙求我，志应也"。这是说，不是我要去求那些蒙昧的学童来接受教育，而是学童来求教于我，我才给予教育。只有这样的教育才能启迪儿童，让他们具有像山一样的高远与像水一样的源远流长的远大志向。这充分说明，山水在中国人心目中不仅是儿童启蒙的第一老师，也是中华民族共同的启蒙老师。儒家所讲的"智者乐水、仁者乐山"也从另外一方面，说明了儒家所崇尚的仁爱、智慧的教育之源也是来自山水这位老师。

三是山与水合成的蒙卦，蕴含着中国古代特有的教育观。这种教育观就是道法自然、以自然为师的教育观。《道德经》第七十九章讲："夫天道无亲，常与善人。"山水自然在中国人的心目中是一种具有强大感染力、无形却有形的无言教育，正是大自然这种无言的教育，不仅孕育了中国人像山一样的胸怀与自强不息的精神，而且孕育了像水一样的上善之德。正是大自然这种无声无言的教育，才使得中国人在天地阴阳变化中，感悟出自然的太极智慧。自然在中国古代的教育中是中国人免费

使用的老师，为了求得对山水蕴含的自然智慧的感悟，才有了中国古代文人在读万卷书、行万里路中学习的方式。

不仅《易经》告知我们山水是我们的老师，老子《道德经》也是如此。《道德经》讲："人法地、地法天、天法道、道法自然。""道法自然"，就是要遵循自然之道，以自然为师。

对此，最值得我们反思的是，我们今天的许多学生有了心理障碍，其深层原因之一就是我们今天的教育缺失了中华民族传承几千年的以自然为师、山水为书的教育。目前，在大中小学开展的自然教育、耕读劳动教育，正是让我们补上以自然为师的教育。

当然，古代要以山水自然为师，并不是不要以人为师，"天地君亲师"中由多位老师构成的中国古代教育体系，更看重自然为第一老师的重要性。为什么中华民族被誉为是世界上最有智慧的民族，就是因为我们有自然这位老师；为什么我们今天学的知识越来越多，而智慧却不足，原因就是我们忘记和远离了开启我们智慧的山水老师。自然山水给予了我们许多智慧，以下这两个方面的认识和思维方式，正是我们老祖宗从自然的感悟中获得的。

一是以自然为师，形成了中华民族特有的天地人一体的整体山水观。在中国远古的农耕生产中，在长期进行的仰观天文、俯察地理、中看人和中，中国古人发现，天地人不仅各有其位、各有其能，而且是融合一体的整体关系。天地人不仅是农耕经济的三大要素，而且还是中华民族立足天地间，观宇宙、观世界、观人生、观社会的世界观。作为中国智慧结晶、诸经之首的《易经·说卦》讲："是以立天之道，曰阴与阳；立地之道，曰柔与刚；立人之道，曰仁与义。"天道的阴阳，地道的刚柔，人道的仁义，这种整体的自然观，不仅将天地人联成了一体，而且将自然之道与社会也融为一体。

2013年11月，习近平总书记在党的十八届三中全会上对《中共中央关于全面深化改革若干重大问题的决定》作出说明时指出："山水林田湖是一个生命共同体，人的命脉在田，田的命脉在水，水的命脉在山，山的命脉在土，土的命脉在树。"习近平总书记所阐述的山水整体观，正是中华民族特有的山水观的体现。

可以说，中国古代农业就是一个融山水林田湖为一体的多样化生态农业。比如，在"九山半水半分田"的黔东南苗族侗族自治州从江县，稻鱼鸭共生、鱼米鸭同收的复合农业就是一个山水林田一体的多样性化的生态农业。由于这样的生态农业是发生在山水林田一体形成的梯田体系中，满足这个复合农业的条件正是山水林田湖相互共生的结果。《黔东南州志》中如此总结凝练了梯田稻作系统的特点："梯田造在山间，山林涵养水源，山涧流灌梯田；田坎边坡割草，牛圈上坡沤肥，就近施肥培土……"可以说正是在这种特定地的山水中，传统业态与民族文化的高度和谐，才是稻、鱼、鸭共生系统得以长久保持、风行千年而不衰的密码。2022年12月，有人在加拿大举行的联合国《生物多样性公约》第十五次缔约方大会第二阶段会议上介绍了贵州省黔东南苗族侗族自治州"从江县稻鱼鸭复合系统"典型案例，向世界展示千百年来中国古老的农耕智慧和生物多样性保护经验。

二是在以自然为师中，形成中华民族辩证统一的太极智慧。中国古人在天地人构成的整体世界中，不仅形成了天地人一体的整体世界观，还形成了中国特有的具有辩证思维的太极智慧。蕴含着阴中有阳、阳中有阴、阴阳交变、生生不息的宇宙生命变化之理的太极图，不仅是中国古人观察宇宙运行模式的全息浓缩图，也是贯穿于中国人生活中的具有包容、辩证、变通思维方式的智慧。

可以说，整部《道德经》就是一部充满辩证思维的智慧经典。在只有五千言的《道德经》中，通篇所讲的都是如何认识与对待无与有、无为与有为、舍与得、刚与柔、丑与美、善与恶、福与祸、满与亏、高与低等一系列辩证关系的智慧。老子所讲的这些覆盖到我们生活方方面面的辩证关系，并不是老子拍脑袋想出来的，而是老子在中华民族几千年以自然为师、观察自然、感悟自然、与自然和谐相处中发现的自然之道，这就是老子所讲的"人法地、地法天、天法道、道法自然"的道理所在。

正是这种辩证统一的太极智慧，才孕育了中国辩证施治的中医思想，才有了我们既要敬天尊地、保护山水自然，也要借用、巧用、妙用天地之力，让山水之力为

贵州从江加榜生态农业

生产和生活服务的辩证山水观。

在远古中国的神话故事中，既有《愚公移山》《精卫填海》《夸父追日》等展现中国古人所具有的像"天行健"那样生生不息改变自然的进取精神等故事类型，也有大禹治水、都江堰、郑国渠等顺应自然并巧借自然之力让自然为我们服务的水利工程等故事类型。公元前246年秦王嬴政时期，由郑国主持兴修的大型灌溉渠，是一条利用关中平原西高东低的自然地势修建的西引泾水东注洛水的水利工程，长达300余里（1里=500米，下同），灌溉面积达280万亩，是我国古代最大的一条灌溉渠道。另外，还有被称为世界奇观的云南元阳县哈尼梯田，面积约7万亩，覆盖3个乡镇及82个村寨，是全国首个同时被列入全球重要农业文化遗产与世界文化遗产的"双遗产"胜地。

如果说哈尼梯田等人工造田工程是古代的愚公移山，那么新中国成立之后我们在一穷二白的条件下所进行的一系列重大水利和生态修复工程，则是现代版的愚公移山，其中，最值得我们学习的就是塞罕坝的故事。塞罕坝位于河北承德市围场满族蒙古族自治县北部，这里曾是清王朝木兰围场的一部分，同治年间开围放垦，致使千里松林被砍伐殆尽，到新中国成立之初，过去的原始森林已变成"飞鸟无栖树、黄沙遮天日"的高原荒丘。二十世纪五十年代中期，毛泽东同志发出了"绿化祖国"的伟大号召。1961年，林业部决定在河北北部建立大型机械林场，并选址塞罕坝。1962年，塞罕坝机械林场正式组建，来自全国18个省（自治区、直辖市）的127名大中专毕业生，与当地干部职工一起组成了一支369人的创业队伍，拉开了塞罕坝造林绿化的历史帷幕。他们"天当房，地当床，草滩窝子做工房"，一代代塞罕坝人薪火相传，用半个多世纪的时间，筑起为京津阻沙涵水的"绿色长城"和作为重要生态屏障的百万人工林海。

总之，来自山水之师的"天人合一"整体观、系统观和辩证思维方式，恰恰是生态文明建设最需要的智慧。与古人相比，我们拥有更多的知识，又将知识转化为改造自然的具体的科技力量，但是我们失去了能够与自然和谐相处的智慧，可以说这是造成我们今天环境污染、生态破坏的深层根源。迈向生态文明新时代，我们不仅需要知识，更需要智慧。我们要获得智慧，就要以自然为师。

从这个意义上看，习近平总书记所讲的"绿水青山就是金山银山"，蕴含着极其丰富的内涵。绿水青山不仅是绿色经济的资源，也是我们迈向生态文明的老师。我们依托绿水青山的生态之旅，也是一场以自然为师开启智慧的旅行。

五、以自然为本：让绿水青山成为新财富之源

在习近平"两山"理念指导下的绿色经济发展，改变的不仅仅是我们的山和

水，还深度改变了我们的财富观。作为习近平"两山"理念诞生地的浙江省安吉县，展现出的就是一个生态文明时代的新财富故事。

改革开放四十多年的发展历程使安吉县从工业污染的困境走向在全国乃至全世界闻名的以绿色发展为特色的美丽安吉。在二十世纪八九十年代，安吉县致力于工业发展，造纸、化工、建材、印染等污染严重的行业企业纷纷涌入，严重污染了安吉县境内的西苕溪，导致流入太湖的西苕溪水质变得浑浊不堪，甚至呈现黑色。2005年8月15日，习近平同志在浙江省安吉县首次提出"绿水青山就是金山银山"之后，安吉县开始了从工业到绿色的艰难转型。20年过去了，如今安吉县的绿色转型向全世界证明，工业不是唯一的经济发展之路，只要方向对，绿水青山就可以转变成金山银山。

如今，独特的竹林资源所形成的竹林经济，不仅给安吉县带来了有形的物质财富，还带来了美丽山水、幸福生活、文化繁荣、社会和谐的无形财富。安吉县对绿色资源的全面利用不断拓展为竹林旅游、"以竹代塑"的竹产业、"中国白茶之乡"的茶产业、"竹林鸡"的养殖业、安吉竹博园的文化与教育产业等。

安吉县的大竹海旅游2007年跻身于"大杭州"的游乐版图，成为安吉县距杭州最近的绿色窗口。2024年，全县竹产业总产值突破190亿元。到2025年，新建"竹林鸡"标准化生产基地30个以上，初步建立安吉县"竹林鸡"养殖—屠宰—加工的产业发展体系，"竹林鸡"出栏300万羽以上，总产值3亿元以上。安吉竹博园占地600多亩，拥有300多个竹种，被国内外专家公认为世界最大、品种最全的"竹子王国"，是中国唯一的专业竹子博物馆。2024年年底，安吉全县立竹量、商品竹年产量、竹业年产值、竹制品年出口额、竹业经济综合实力五个指标均名列全国第一。

安吉县竹林经济的故事告诉我们，依托绿水青山的发展之路，是实现物质与精神、文化与科技、发展与保护、生产与生活和谐发展的新文明之路。

这些现代版的山水故事告诉我们，绿水青山是我们迈向生态文明的新财富之源。要让自然山水成为新财富之源的源头，我们必须充分认识与领会习近平"两山"理念中所蕴含的新山水观，只有在正确的山水观指导下，我们才能获得自然山水给予我们像母亲那样的爱，才能获得未来生态文明建设最需要的自然智慧，我们才能走向回家的路。在这样的一种我们与自然山水的关系中，自然山水成为我们新时代的新财富之源。为此，面对绿水青山，我们需要做好以下几件事。

一是重新认识山水的价值，在读懂山水中、敬畏与热爱山水中，唤醒民族文化自信，在山水中找到回家的路。道法自然、以自然为母、以自然为师的中华文明，是镶嵌在山水中、与山水为一体的文明。由此也可以理解为什么我们要把长江、黄河比作孕育中华文明的母亲河。所以，如果我们不认识山水的价值，我们就无法读懂中国的文化与历史，就无法读懂古老乡村的价值，无法读懂中国独特的山水艺术。一个不能读懂与领悟中国山水智慧与文化的中国人，不是一个合格的中国人，也无法真正从深层的情感中生发民族文化的自信和自强。

对山水价值的重新认识，不仅会唤醒我们对自然山水的敬畏之心，还会将我们导向一条回家的路。从这个角度看，在习近平总书记提出的"两山"理念指导下的山水旅游、乡村旅游正是回归我们山水文化与山水艺术之旅，也是一条我们在绿水青山中回归家乡的路。

随着时间的推移，我们越来越发现，绿水青山不仅仅是新时代新财富之源，也是提升中华文明高度、让生态文明建设升级、化解诸多危机所需要的新生态文化、自然智慧之源。在新山水观指导下，让未来的绿色经济高质量发展，让未来的生态旅游成为以自然为师的教育之旅、以山水为母的精神提升之旅、寄情山水陶冶情操的诗意之旅，成为一个全民自我学习、自我教育、自我提升的精神之旅，这是未来生态文明发展的大趋势。

二是在新山水观的指导下，我们需要以新思维、新认识来推动中国的高质量发展。传统的工业经济是依靠土地、劳动力、资本三大要素的经济。由此就可以理解为什么支持现代工业化经济的自然观是天人对立的自然观，因为依靠土地、劳动力、资本的现代经济是最大限度发挥人力作用的经济，而不是使用自然之力的经济。正是在这样一种经济方式中，形成了对自然的征服与不尊重，在这种天人对立的自然观的作用下，我们只看重了与物质财富生产相关的土地、劳动力、资本价值，而忽视了大自然赐给我们的山水价值。

在这样的背景下，习近平总书记提出的"两山"理念，是对传统经济理论的重大突破。迈向生态文明新时代的新经济，是需要重新回到天地之间，将绿水青山作为经济发展新要素、新资源、新条件所进行的经济。这样的新经济，追求的是环境保护与经济发展统一、物质与精神均衡、科技与文化协同、城市与乡村融合的新经济。在这样高质量发展的新经济中，自然山水是一个不可缺少的重要角色。

令我们欣喜的是，仅仅20年的时间，在习近平总书记提出的"两山"理念的指导下，在中华大地上，一场源自绿水青山的新经济大势真正兴起，绿色经济真正成为引领中国经济转型、高质量发展的新引擎。在蕴含着中国山水智慧、马克思主义哲学思想的山水观指导下的高质量经济，将不是单纯的高技术经济，也不是单纯的高增长经济，而是源自山水文化、遵守山水规律的融技术与文化、物质与精神、保护与发展有机协同发展的高质量经济。

在新山水观的指导下，回归自然、寄情山水、以自然为师的过程，也是一个在新时代的时空中与古圣贤对话、学习中华优秀传统文化、传承中国智慧的过程。

　　山水蕴藏着中华民族的文化与智慧的遗产，需要我们必须在对马克思主义与中国智慧的结合中，在生态文明建设的实践中，让山水为生态文明建设服务。

　　道法自然、以山水为师形成的中国智慧与文化，决定了我们对中国优秀传统文化

江苏南京月牙堤秋天的清晨

的学习必须在理论与实践相结合中学习。这个学习就是读万卷书与行万里路相结合的学习，这个学习就是孔子所讲的"学而时习之"的学习，这个学习就是要将自然作为老师、将山水变成教室、将生态旅游变成迈向新时代的自然教育的学习之旅。

"两山"理念
20 周年
20 人谈生态文明建设

第 2 篇
践行"两山"理念的转化机制

"两山"理念提出 20 年来,全国各地积极推进生态优势转化为发展优势,探索形成了一系列有特色、可借鉴、可推广的转化模式。

大熊猫国家公园卧龙片区（摄影：徐卫华）

06

以新质生产力驱动「绿水青山就是金山银山」的转化

周宏春

国务院发展研究中心社会和文化发展研究部原副巡视员，研究员，国务院政府特殊津贴获得者，雾霾治理总理专项顾问组 16 人成员，中国循环经济 50 人成员，国家林业和草原局应对气候变化专家委员会成员。研究领域为资源环境、可持续发展、循环经济、低碳经济。编著或参与编著出版《循环经济学》《低碳经济学》《美丽中国建设之路》等专著 20 余部；发表论文 600 余篇。

[摘要]新质生产力已在我国高质量发展实践中形成，需要进行理论概括用以指导新的高质量发展实践。新质生产力本身就是绿色生产力，绿色生产力具有资源效率高、环境污染少、气候友好、发展可持续等特点。绿水青山兼具特殊性和一般性，特殊性指空间分布上的这里有但不是所有地方都有，一般性指每个地方都有自己的资源优势或生态优势。"绿水青山就是金山银山"包含两层含义："就是"和"转化为"，转化的途径主要包括守护好绿水青山、生态系统的可持续经营、推动生态产业化和产业生态好、发展碳汇产业等。在"两山"价值转化和价值实现中，人才是第一资源，创新是第一动力，产业是重要载体，机制设计是关键，市场认可是标尺。

[关键词]"两山"理念、新质生产力、绿色生产力、高质量发展

习近平总书记在主持二十届中共中央政治局第十一次集体学习时指出："加快发展新质生产力，扎实推进高质量发展。"①"绿色发展是高质量发展的底色，新质生产力本身就是绿色生产力"，以新质生产力驱动并支撑"绿水青山就是金山银山"理念的价值实现，需要明确什么是新质生产力、为什么要有价值转化、怎么进行转化、能转化多少以及新质生产力在"两山"价值实现中的作用和表现形式等。诸如此类的问题，需要我们认真研究并用于指导新的转化实践。

一、新质生产力与绿色生产力的主要特征

马克思指出："生产力，即生产能力及其要素的发展。"生产力包括劳动者、劳动对象和劳动资料等三个要素，一般指人类征服自然和改造世界的能力，也是在人和自然之间实现物质变换、物质调控的能力。习近平总书记指出，新质生产力是创新起主导作用，摆脱传统经济增长方式、生产力发展路径，具有高科技、高效能、高质量特征，符合新发展理念的先进生产力质态。它由技术革命性突破、生产要素创新性配置、产业深度转型升级而催生，以劳动者、劳动资料、劳动对象及其优化组合的跃升为基本内涵，以全要素生产率大幅提升为核心标志，特点是创新，关键在质优，本质是先进生产力②。习近平总书记的论述，丰富和发展了马克思主义生产

---

① 新华社.习近平在中共中央政治局第十一次集体学习时强调：加快发展新质生产力,扎实推进高质量发展
[EB/OL].(2024-02-01)[2025-05-10].https://www.gov.cn/yaowen/liebiao/202402/content_6929446.htm.
② 同①。

力理论，是我国高质量发展的理论创新，是习近平经济思想的最新成果，为新时代全面推进经济持续健康高质量发展、整合科技创新资源、引领发展战略性新兴产业和未来产业，提供了理论指导和行动指南，为推进中国式现代化指明了生产力发展方向。

新质生产力，是符合新发展理念的先进生产力。习近平总书记指出："高质量发展，就是能够很好满足人民日益增长的美好生活需要的发展，是体现新发展理念的发展，是创新成为第一动力、协调成为内生特点、绿色成为普遍形态、开放成为必由之路、共享成为根本目的的发展。"①创新是发展的第一动力，必然渗透到经济社会发展的各方面和全过程。劳动力、技术、资本等要素跨区域自由流动和优化配置有利于解决发展不协调不充分的问题。在对外开放中，要以高水平开放的姿态用好两种资源和两个市场，构建国内国际循环相互促进的新发展格局，以共享发展解决社会公平正义问题，使发展成果更多更公平惠及全体人民。

新质生产力，在高质量发展的已有实践中产生，又要回到高质量发展的新的实践中。习近平总书记指出："新质生产力已经在实践中形成并展示出对高质量发展的强劲推动力、支撑力。"②高质量发展，要求经济发展的资源利用效率更高、生态环境代价更小，以尽可能少的资源环境代价支撑经济社会发展，以尽可能少的经济投入改善生态环境质量；要求经济发展质量和效益不断改善，生态文明建设水平不断提高，实现更高质量、更高效益、更加公平、更可持续和更加安全的发展，形成人口、资源与环境相互协调和良性循环的发展态势。

新质生产力本身就是绿色生产力，绿色生产力是支撑绿色发展的生产力。新质生产力为绿色发展提供了技术支持和推动力，绿色发展也对新质生产力的发展提出了更高的要求和发展的方向。绿色发展，既强调生态保护的极端重要性，又强调经济发展的基础性；既强调在发展经济的同时不能污染环境、破坏生态，不能以资源环境为代价取得一时一地的发展，又强调不能只顾生态环境保护而不发展经济，而要从根本上解决人与自然和谐共生问题。

绿色生产力，是发展与保护协调的先进生产力③。绿色发展本质上是要处理好经济发展和环境保护的关系。改革开放以来，我国取得了举世瞩目的发展成就，但粗放的增长方式也带来了资源利用效率不高、环境污染严重、生态系统退化等问题。党的十八大以来，以习近平同志为核心的党中央高度重视生态环境保护，高度重视

---

① 陈雨露.深刻理解和把握高质量发展（人民要论）[N].人民日报，2023-08-30(9).
② 新华社.习近平在中共中央政治局第十一次集体学习时强调：加快发展新质生产力，扎实推进高质量发展[EB/OL].(2024-02-01)[2025-05-10].https://www.gov.cn/yaowen/liebiao/202402/content_6929446.htm.
③ 周宏春."新质生产力就是绿色生产力"的内涵特征与产业载体[J].生态经济，2024，40(7)：13-19.

位于云南省与贵州省交界处的世界第一高桥——北盘江大桥

经济发展与环境保护的协调，高度重视人与自然和谐共生的美丽中国建设，提出了一系列政策措施，经济发展与环境保护的关系由从属关系走向相互融合、相互协同、相互促进的关系，实现了经济高质量发展与生态环境高水平保护的齐头并进，实现了生态环境保护与经济高质量发展的双赢。实现更为安全的发展，要逐步增强经济韧性、保障能源、粮食安全，提升产业链和供应链的稳定性。

绿色生产力，注重资源的高效利用。从经济学角度看，提高效率就是用同样的资源生产更多的产品，或生产同样的产品使用更少的资源。构建绿色低碳循环发展经济体系，要求加大绿色科技创新力度，研发应用绿色低碳技术，发展绿色低碳产业及其供应链。效率提升可以推动产业转型，减少能源和原材料消耗，进而降低对生态环境的不利影响；还可以促进生态系统的稳定性、多样性和可持续性。通过创新要素集聚，从项目协同走向区域一体化，将生态优势转化为经济社会发展优势，

实现经济、社会和资源环境的协调发展、共享发展。

　　绿色生产力，注重环境的承载力。从经济学角度看，生产中排放的污染物要小于生态环境的自净能力或环境容量。环境就是民生，青山就是美丽，蓝天也是幸福。破坏资源环境就是破坏生产力，保护生态环境就是保护生产力，改善生态环境就是发展生产力。生态环境治理恢复是一项关系国计民生、关系民族未来的百年大计。

阳光产业进山村

　　加强环境治理，改善环境质量，满足人民群众日益增长的生态环境需求，是提高人民群众生活质量和幸福感的必要条件。绿色生产力是建设人与自然和谐共生的美丽中国的可持续生产力，美丽中国建设也将激活更多的绿色生产力。

　　绿色生产力，注重气候的友好性。绿色低碳发展是世界潮流，碳中和已成为国际社会的共识，世界主要国家制定了碳中和的时间表和路线图。实现2020年9月我国提出的碳达峰碳中和目标，就要积极稳妥实施碳达峰碳中和"1+N"政策体系，能源是重中之重。工业文明时代的生产生活主要依靠化石能源，在加工、燃烧、使用过程中排放大量污染物和二氧化碳等温室气体，影响人类生存和可持续发展。绿色生产力在推动经济发展的同时，关注气候变化及其影响，在造福人民的同时也支撑人类命运共同体建设，以展示负责任的大国形象和担当。

绿色生产力，注重发展的持续性。科技创新，特别是数字技术和绿色技术的创新，不仅为企业工艺流程改进、技术升级、绿色产品创新创造提供了空间，也为降低资源能源消耗规模和强度提供了新路径。以 5G/6G、物联网、大数据、云计算、人工智能、区块链等新一代信息技术作为生产工具，以数据作为关键资源，以信息网络作为重要载体，在能源结构优化以及能源生产、转化、传输、存储和消费全过程，实现能源绿色低碳转型高质量发展。通过感知控制、数字建模、决策优化等方式，实现经济发展与资源利用、污染物和二氧化碳等温室气体排放脱钩。绿色生产力，不仅关注当代人的公平性，也为后代人留有足够的资源和空间。

二、深化对"新质生产力本身就是绿色生产力"的认识

绿色生产力是驱动和支撑绿色发展的生产力。如何理解习近平总书记提出的"新质生产力本身就是绿色生产力"这一重大判断呢？正如对"绿水青山就是金山银山"的理解一样，可谓见仁见智。作者认为，这句话的内涵非常丰富，可分为多个层次[①]。

一是从大多数专家认为的"就是"来理解：其基本内核是新质生产力具有绿色生产力性质。这一点可以从"符合新发展理念的先进生产力"的论断中引申出来，因为新发展理念包含创新、协调、绿色、开放、共享五大发展理念。不少专家还从正反两个方面加以论证：新质生产力为绿色发展提供了强劲推动力、支撑力，绿色发展则对新质生产力的发展提出了更高的要求和发展方向。这些内容在环保界一些专家撰写的文章中还有专门论述。在全球碳中和竞赛中，绿色生产力是决定谁有希望最终胜出并跻身世界前列的关键因素之一。

二是从政治高度对绿色发展的强调，而不是从技术层面关于内涵"是与否"的界定角度来理解。正如绿色发展与高质量发展的关系一样，绿色生产力是新质生产力的应有之义；也如生态文明建设排在"五位一体"的最后却强调要放在突出位置一样。从实际出发，发展新质生产力需要以绿色低碳为出发点，以便与国际潮流相

---

① 周宏春. 新质生产力就是绿色生产力的产业涵义 [J]. 资源与产业, 2024, 26(3): 1-5.

衔接；我国经济发展由粗放式向集约化转变、由以要素投入为主向以创新驱动为主转型，人与自然和谐共生的美丽中国建设要求加强生态环境保护。

三是从相关文件的字里行间来理解。从新华社通稿的行文角度看，"新质生产力本身就是绿色生产力"这句话是工作部署的领句，对应的工作是新质生产力可以发挥作用的领域，包括碳达峰碳中和、加快绿色科技创新和先进绿色技术推广应用、构建绿色低碳循环经济体系、持续优化支持绿色低碳发展的经济政策工具箱、倡导绿色健康生活方式等。这些领域工作的推进都离不开新质生产力或绿色生产力的支撑。

四是从产业载体角度看，新质生产力和绿色生产力的载体均应落在产业发展上，两者虽有重叠，但侧重点仍有不同。新质生产力载体，包括改造提升传统产业、培育壮大战略性新兴产业，谋划布局建设未来产业，完善现代化产业体系。而绿色生产力驱动或支撑的产业包括：节能环保产业、综合利用产业、清洁生产产业、新能源产业、碳汇产业等。

由于"新质生产力本身就是绿色生产力"这一论述思想深邃、内涵丰富，本文将新质生产力与绿色生产力的关系简化为表1。

表1 新质生产力与绿色生产力及其相互关系

	新质生产力	绿色生产力
发展理念	创新、协调、绿色、开放、共享	
驱动的发展特质	高质量发展（更高质量、更有效率、更加公平、更可持续、更为安全）	绿色发展（生产方式转型、碳达峰碳中和、生态环境保护修复）
产业载体	现有产业转型、大力发展战略性新兴产业、布局未来产业	节能环保产业、综合利用产业、清洁生产产业、新能源产业、碳汇产业等

三、"两山"理念的内涵特征与实现路径

"两山"理念是我国重要的发展理念，需要用来指导我国绿色转型发展的实践。习近平经济思想为我们思考、梳理、挖掘和发展新质生产力指明了前进方向，而新质生产力为绿水青山转化为金山银山提供了动力；绿水青山只有转化为金山银山，才能使美丽中国建设者、生态环境保护者有所得，美丽中国建设才能有可持续性。

（一）"绿水青山就是金山银山"的内涵特征

绿水青山、金山银山以及"绿水青山就是金山银山"的内涵，需要从经济学角度界定。习近平总书记所指的绿水青山，应是山也美水也美、植被茂盛、水体清澈

之所在，或生态环境优良之地，地形地貌、气候条件有特色的地方，习近平总书记关于黑龙江的"冰天雪地也是金山银山"的重要论断就是佐证①。绿水青山兼具特殊性和一般性：特殊性指山也美水也美的独特性并非各地都有；一般性指每个地方都有资源优势或生态优势。一般地，绿水青山是结构、功能和质量处于良好状态的自然系统，并具有稀缺性；在我国现阶段，优良生态环境、冰天雪地等均具有一定的稀缺性，而稀缺性才是经济学关于资源要素配置的研究对象。

绿水青山可以从资源、环境和生态角度加以考察（以自然科学视角考察，还可以从哲学、历史、文化等社会科学角度考察），因而是资源、环境、生态的"一体多面"。绿水青山属于地球生态系统；而地球生态系统类型众多，其中的森林、湿地、海洋被联合国称为地球上最重要的三大系统。受人为活动影响最大的城市和农田，是自然和人类作用下形成的复合型生态系统。在联合国《千年生态系统评估报告》②中，地球生态系统被分为供给、调节、文化、支持四类23种功能。地球生态系统无处不在，而绿水青山则是被认为有开发利用价值的地方，即绿水青山与地球生态系统的侧重点并不完全吻合。

金山银山不仅是能以货币度量的财富，还是能反映人均收入的民生福祉，是满足人民群众美好生活需要的有价值产品的统称。货币是对财富多少的衡量，民生福祉或福利水平是人们生活水平的体现。金山银山，从财富角度看，包括经济、社会、自然类财富；从产品角度看，包括生态、物质和文化型产品。绿水青山具有本源性、基础性、间接性和潜在性等特征③；金山银山具有人为性、知识性、增值性和现实性等特征。承认了自然价值和自然资本，就为资源定价、污染赔偿、生态补偿等提供了科学依据。

"绿水青山就是金山银山"包含了"就是"和"转化为"两层含义。"就是"指绿水青山本身就是有价值的，包括经济、社会和生态的价值。在经济学语境下，自然价值呈现为自然系统的经济价值，并表现为自然恢复能力或自然红利、可更新资源的更新量以及生态环境质量改善对劳动、资本和技术等要素的提升或改进。自然资本是自然资源在价值增值过程中形成的资本，让自然资源增值要靠产业发展和制度设计以便能产生经济收益。马克思主义政治经济学中的资本是可以带来剩余价值的价值，现代经济学中的资本是能够带来价值增值的所有要素，包括人力资本、货币资本、技术进步、数据等要素。"转化为"包含转化原理、转化路径等，将在后

---

① 习近平参加黑龙江代表团审议：冰天雪地也是金山银山 [N]. 人民日报, 2016-03-07(1).
② 赵士洞. 千年生态系统评估报告集（一）[M]. 北京：中国环境科学出版社, 2007.
③ 黎祖交. 关于树立和践行"两山"理念的十个观点 [J]. 中国生态文明, 2018(5): 91-96.

河北雄安郊野公园航拍图

面详细讨论。

　　绿水青山需要转化为生态产品或服务，才能有价值实现的可能。生态环境主要属于公共产品，部分属于公共资源，部分属于公共产品。根据国务院印发的《全国主体生态功能区规划》界定，生态产品指维系生态安全、保障生态调节功能、提供良好人居环境的自然要素，包括清新的空气、清洁的水源和宜人的气候等[1]。《关于建立健全生态产品价值实现机制的意见》将投入人的劳动产出的产品[2]，如生态农产品、林产品、生态旅游产品等，均纳入生态产品的范畴。

　　生态产品属于社会产品范畴，社会产品可分为公共产品和私人产品两类。按照萨缪尔森对公共产品的界定：每个人消费的纯粹公共产品不会减少别人的消费。纯粹的公共产品有两个基本特征：非竞争性和非排他性。非竞争性指随消费者人数增加所引起的社会边际成本为零，非排他性指产品一旦生产出来就不能排除社会中任何一个人免费享用的权利。公共产品在使用中容易出现两个问题："公地的悲剧"和"搭便车"。1968年，美国环保主义者加勒特·哈丁在《科学》杂志上讲了一个故事："一片草原上生活着一群牧羊人，他们工作勤奋，牛羊不断增加，终于达到草原能

① 国务院.国务院关于印发全国主体功能区规划的通知[FB/OL].(2011-06-20)[2025-05-10].https://www.gov.cn/gongbao/content/2011/content_1884884.htm.
② 新华社.中共中央办公厅、国务院办公厅印发《关于建立健全生态产品价值实现机制的意见》[EB/OL].(2021-04-26)[2025-05-10].https://www.gov.cn/zhengce/2021/04/26/content_5602763.htm.

够承受的极限，即如果再增加一头牛羊，草原就会受到损害。但每个聪明的牧羊人都明白，增加牛羊的收益全部归自己，而由此造成的损失由大家承担。于是，牧羊人都扩大各自的畜群，结果这片草原毁灭了。""搭便车"问题早在1740年就由休谟提出。他认为有公共物品就会有免费搭车者；如果全体社会成员均是免费搭车者，结果是谁也享受不到公共产品。这便是"搭便车"的含义。简言之，非竞争性导致"公地的悲剧"，即过度使用；非排他性导致"搭便车"行为，即供给不足①。

避免公共产品被过度使用，需要一定的制度安排。1960年，科斯的《社会成本问题》一文认为②，在产权明确、交易成本为零或很低的情况下，只要产权被明确界定并受到法律的有效保护，通过双方谈判就能自动出现资源最优配置的结果，即市场可以自动纠正"外部性"；这里包含交易成本和产权确定两个经济学概念。科斯定理强调产权的重要性，认为在市场经济条件下，一切经济活动均以明确的产权为前提：产权是决定权益人获利或受损并因此获得补偿的依据。清洁的空气、清澈的饮用水等，因缺乏明确的产权容易被过度使用。制度安排可以对劳动者起到激励或约束作用，提高要素投入的产出效率。公共物品之所以无法进入市场，根本原因在于无法有效确定产权；缺乏有效产权就难以按照市场法则交换，难以形成价格，也就无法纳入市场经济的轨道。

利用自然、保护自然，是经济发展在不同阶段的不同任务；即使是发达国家也同样存在发展需要利用自然的问题。当然，如果只是利用自然而不保护自然，难免造成生态退化、环境污染；同样，如果只是保护自然而不发展经济，人类发展就无从谈起。经济系统对生态系统的利用方式分为耗竭性利用和非耗竭性利用两类。传统的发展方式主要是自然系统的耗竭性利用乃至"杀鸡取卵"，从而导致生态系统稳定性、多样性下降，系统良性循环难以持续。只有非耗竭性利用自然资源，才能以资源的可持续利用支撑经济社会的可持续发展。资源利用的经济效益分为存量和流量两类。例如，砍伐森林、开发矿产、旅游业门票收入、茶叶销售等都会产生流量性收益。一般地，存量资源的耗竭性利用将导致流量性资源的急剧减少，流量性资源的过度利用会导致存量资源功能的下降。例如，森林砍伐会产生连带效应：生物栖息地遭到损害破坏、生物多样性降低、游人减少，相关收益也随之下降；游人过多会影响景点设施的使用寿命、降低存量资源功能。自然资源、生态环境的生态效益、生态价值是大自然赋予人类的最丰厚的自然资本和经济效益，人类应当珍惜；如果只考虑利用，肆意征服、掠夺自然，会造成生态系统新陈代谢的破坏和断裂，

① 周宏春，刘燕华，等.循环经济学[M].北京：中国发展出版社，2008.
② 同①。

自然界会反过来报复人类，最终危及人类社会的健康持续发展。

生态系统的回报有短期、中长期乃至超长期之分，"十年树木"是古人的植树理念，追求的是中长期回报。从投入回报看，维护自然资本的投入、生态设施建设的人造资本投入、生态产品经营的人力资本投入等，是投资回报的三大来源。生态产品价值实现的经济学机制是将生态系统不易"兑现"的生态产品和服务纳入价值体系，并转化为可核算可交易的商品。其原理在于：一是市场价值属于生态产品内在价值的显性化。能在市场反映的价值一般是消费性资源产品的使用价值，生态产品的非使用价值难以通过市场交易来反映。二是生态产品价值能在市场上显现，意味着消费者福利得到了改善，如游人愿意到负氧离子高的地方去游玩，消费者愿意为生态产品带来的福利改善支付费用，这也是计算生态产品价值的道理之所在。三是纯粹的自然资本很难实现消费者的福利改善，因而需要相应的生态设施建设、生态产品经营等的有力支撑。生态环境设施包括服务于文旅产业发展的道路桥梁等基础设施、住宿餐饮等设施①，这些均可在生态资产中累积。生态产品价值实现不仅需要自然资本，也需要与自然资本、人造资本以及人力资本等的有机结合。

（二）"绿水青山就是金山银山"的实现路径分析

从经济学角度回答绿水青山转化为金山银山的路径，让生态系统为人类提供服务功能并产生经济效益。2018年4月，习近平总书记在深入推动长江经济带发展座谈会上的重要讲话中指出："要积极探索推广绿水青山转化为金山银山的路径，选择具备条件的地区开展生态产品价值实现机制试点，探索政府主导、企业和社会各界参与、市场化运作、可持续的生态产品价值实现路径。"②从生态系统服务功能出发寻求价值转化途径，关键是守护绿水青山，做大金山银山。

一要守护好绿水青山。没有绿水青山哪能有金山银山？对于山清水秀的地方，要守好绿水青山，让山川秀美，让河水清澈；对于受到污染或生态退化的地方，"只有恢复绿水青山，才能使绿水青山变成金山银山"。以改善环境质量为主线，以群众健康为出发点和落脚点，坚持山水林田湖草沙一体化和系统治理思路，打好打赢污染防治攻坚战，保护修复生态系统弹性和可持续性。从宏观看，推动经济社会发展全面绿色转型升级，协同推进降碳减污扩绿增长，不仅要精准治污、科学治污、依法治污，还要将推进重点放在增长方式绿色低碳转型上，以发展节能环保低碳产业的思路方法治理环境污染、生态退化，降低二氧化碳等温室气体排放，形成

---

① 石敏俊.生态产品价值实现的理论内涵和经济学机制 [N].光明日报，2020-08-25(11).
② 习近平.在深入推动长江经济带发展座谈会上的讲话 [N].人民日报，2018-06-14(1).

云上风车

资源节约型、环境友好型的生活方式和消费模式。从中观看，要优化产业结构、能源结构、空间结构，大力发展生态经济，促进产业生态化和生态产业化，大力发展战略性新兴产业，超前谋划布局未来产业，不断提高战略性新兴产业比重，降低能源资源消耗多、环境污染重、二氧化碳等温室气体强度大的行业比重，推动工业特别是制造业迈向高端化、智能化与绿色化。从微观看，企业要依靠技术进步、工艺和模式创新增加绿色产品供给，培育新质生产力，淘汰落后技术、工艺和产能，提高产品科技含量和附加值，守护好绿水青山，给子孙后代留下天蓝、地绿、水净的宜居家园。生态系统服务具有系统性和多样性，也有一定的规模要求。这就是为什么生态环保设施建设不能完全依靠个体或企业的原因，而要政府统筹规划，甚至相关建设资金也要政府投入。鉴于此，要发挥有效市场和有为政府的两手作用，引导绿水青山的价值回归。

二是生态系统可持续经营①。生态系统必须可持续经营，既包括对原有生态系统的保护，也包括对已经遭到破坏的生态系统的修复重建。生态系统的服务功能多种多样，既有经济功能，也有生态功能和文化功能；既有现实功能，也有潜在功能；既包括可量化功能，也包括不可量化功能。"两山"转化的价值实现，就是要把金山银山做得更大，实现经济发展与生态环境保护、物质文明与精神文明的高度统一、人口资源环境协调和良性循环，这是实现人与自然和谐共生的中国式现代化，迈向国家富强、民族复兴、人民幸福、永续发展的基础②。生态系统的可持续经营，不是要完全干扰和破坏生态系统的良性循环，而是要保持其多样性、稳定性和可持续性；这既是生态系统可持续经营的重要原则，也是"树立和践行'两山'理念"的题中之义。要科学保护和高质量开发利用森林、草原、湿地、荒漠等自然生态资源，培育新产业、新技术、新业态和新模式，各地积累了不少成功经验，例如南方的茶叶生产、沙漠区的滑沙、冰天雪地的相关活动等，既不影响生态环境质量，又能产生经济社会效益。生态系统可持续经营，要形成新的经济发展模式，不能以浪费资源、破坏生态环境为代价；生态环境保护也不能舍弃经济发展，而要保护自然价值并使自然资本增值，保护经济发展的潜力和后劲。要健全以生态系统良性循环为重点的生态安全体系，形成体制合理的组织结构、景观和谐的生态环境，让生态系统的结构、功能和多样性持续处于良好状态。

三是推进生态惠民和绿色产业发展。经过顶层设计和试点探索，我国绿水青山转化为金山银山，已形成了一系列成熟做法。要因地制宜地发展生态农业、生态工

---

① 黎祖交. 关于树立和践行"两山"理念的十个观点 [J]. 中国生态文明, 2018 (5): 91-96.
② 孟根龙，杨永岗，贾卫列. 绿色经济导论 [M]. 厦门：厦门大学出版社，2019.

业和绿色服务业，宜农则农，宜工则工，宜商则商①；要转变自然资源利用方式，提升技术水平，减少存量资源消耗性利用。围绕产业富民，因地制宜地发展经济林、林中养殖种植等林下经济、休闲观光、健康养生等富民产业，培育生物制药等新兴产业，以地役权使用、交易机制、资金机制（如公益组织付费、公众付费、政府购买及捐赠等）实现"两山"转化。围绕创业增收，让居民就地就近就业。大力建设森林城市、美丽乡村等，让城乡环境更宜居。不仅山川秀美的地方可以转化，穷山恶水的地方也可以转化。内蒙古、新疆等地有着辽阔的沙漠，用好这些宝贵的资源可以发展沙产业造福于民。例如，在沙漠中种植沙棘，其根蔓等可以固沙，其果实可以用来制作饮料、果丹皮，其枝蔓可以用来制作胶合板；利用日照强的自然资源优势发展"光伏+"产业，并带动旅游产业的发展。冰天雪地也可以成为群众致富、乡村振兴的"绿水青山"。生态产品价值取决于质量而不是数量；生态产品千差万别，因而需要差异化市场、差异化竞争，而不是同质产品数量竞争，否则，难免会出现"内卷"问题。生态系统作为发展要素，每个人都有享用生态系统要素以提升自己能力的平等机会。要以产权清晰、激励约束并重、系统完整、多元参与为原则，健全生态系统考核奖励机制，体现"绿水青山就是金山银山"要求的目标、监测、评价、考核、奖惩机制。如果因部分人的利用而剥夺了其他人公平利用的机会，就应该进行利益调整，补偿是其途径之一。

四是发展碳汇产业，开辟"两山"转化的新途径。我国碳市场从清洁发展机制（clean development mechanism，CDM）起步，经历了繁荣发展期，后来因我国CDM项目失去国际市场需求，交易量急剧下降。2023年8月，全国温室气体自愿减排交易系统上线开户功能，与注册登记系统互联互通。《温室气体自愿减排交易管理办法（试行）》于2023年10月发布。自愿碳减排交易市场重启，生态环境部批准了中国核证自愿减排量（China certified emission reduction，CCER）入市，不仅有助于绿水青山变成金山银山，也对碳市场交易品种丰富、我国碳减排目标实现、企业碳减排战略安排部署产生积极影响。新质生产力开拓了我国海洋经济的崭新空间，实现从"耕海牧渔"到"智驭深蓝"的升级②。红树林、海草床和滨海盐沼等海岸生态系统可捕获储存大量碳并将其永久地埋藏在海洋沉积物里。红树林是滨海湿地守护者，被誉为"海岸卫士"和"海洋绿肺"。滨海盐沼湿地分布着众多芦苇、碱蓬、柽柳等植物，有着巨大的碳捕获和封存潜力。因此，应科学运营管理海洋生态系统资源，并将海洋碳汇纳入全国碳市场，探索"蓝碳交易"板块；利用海洋生态系统功能，

① 张云飞."绿水青山就是金山银山"的丰富内涵和实践途径[J].前线，2018(4)：13-15.
② 周宏春.我国碳市场发展评价与促进建议[J].中国发展观察，2025(Z1)：60-66.

发展碳循环经济大有作为。

显然，"绿水青山就是金山银山"的实现需要前提条件：当地经济地理条件是客观条件，当地干部群众的努力是主观条件。将绿水青山的资源优势转化为经济优势，在转化过程中不能超出生态系统的承载能力；而不具备转化条件的地方也不能"一刀切"盲目"转化"。否则，不仅得不到金山银山，还会毁坏绿水青山。当然，产业发展和机制设计不可或缺。要破除生态产品不是产品、"绿水青山不能当饭吃"等片面观念，自觉地将良好的生态环境看成最公平的公共产品，因地制宜地选择发展适合当地条件的绿色产业。

四、由"两山"理念引申出的一些粗浅认识

（一）"两山"理念体现了习近平生态文明思想和经济思想的逻辑自洽性

习近平生态文明思想隐含的经济学，是马克思主义中国化时代化的最新成果。"两山"理念对经济学的贡献主要体现在以下方面。

一是超越了传统价值理论。传统价值观认为，自然和人类劳动是财富的主要构成。马克思认为，"劳动并不是它所生产的使用价值即物质财富的唯一源泉""劳动和自然界在一起才是一切财富的源泉"。生态价值在生态文明时代是多尺度的，基本准则虽然是"劳动价值理论"，但是强调了生态环境的极端重要性。习近平总书

海南海口红树林

记指出，"生态环境是人类生存和发展的根基""留得青山在，才能有柴烧"[1]，反映人类劳动离开自然资源及自然价值将一事无成，人类的一切财富将成为无源之水、无本之木。

二是颠覆了传统财富观。"两山"理念要求探索"两山"价值转化路径，而加大生态文明建设和生态环境治理修复的投入，不仅可以将绿水青山转化为金山银山，而且还能将金山银山转化为绿水青山。塞罕坝机械林场经过几代人几十年的持续投入，包括林场人力物力和资金投入，才有现今的美丽。"两山"理念不仅是对工业文明范式下西方经济学的价值理论体系的创新，也为实现经济发展和环境保护协同提供了新路径新方向，开辟了超越西方、引领文明未来的发展道路。

三是拓展了生产力范畴。过去，生产力被认为是人类征服自然、改造自然的能力，事实上也是实现人和自然之间的物质变换、要素调配的能力。习近平总书记提出，保护环境就是保护生产力，改善生态环境就是发展生产力；从历史唯物主义的理论高度丰富了生产力理论，生态环境不仅是生产力三要素的物质基础，也是影响生产力要素组合和生产力水平的关键因素[2]。习近平总书记创新性地提出新质生产力理论，新质生产力本身就是绿色生产力；我国的绿色发展必须由绿色生产力来支撑。发展新质生产力，对经济社会发展全面绿色转型的体制机制、法规政策、市场特征等方面提出了改革要求，对生产关系变革作出了指引。

---

[1] 习近平.从"两座山"看生态环境[N].浙江日报，2006-03-23(1).
[2] 潘家华.构建生态文明范式下的新经济学[N].浙江日报，2020-08-17(4).

四是分配理论创新。生态文明视野下的分配理论不仅将超越资本主义的分配理论，而且也是新时代分配理论的创新。在资本主义社会，劳动剩余价值被土地所有者、资本家和企业主以地租、利息和利润等占有。社会主义社会，不仅将数据纳入生产力要素，还按照劳动、土地、资本、知识、管理、数据等要素的市场贡献率确定报酬。与工业文明时代的"劳动价值论"相比较，现代"劳动价值"中含更多的"知识价值"[1]。习近平总书记将良好的生态环境看作是"最普惠的民生福祉"，作为最普惠的公共产品，"共同富裕"成为党的执政理念，超越了西方资本主义追求利润最大化的本性和制度缺陷。

五是拓展了中国特色社会主义经济学研究领域。资本主义生产目的是资本增殖，追逐利润最大化的社会制度必然导致生态破坏和环境污染。马克思从制度上揭示了生产过剩危机的根源在于生产社会化与资本主义私有制的矛盾，其中隐含着人与自然对立的西方价值观和思维方式。中国式现代化不仅丰富了西方经济学的内容，而且更要形成中国特色经济学。进行"两山"理念的经济学分析可以发现，绿水青山需要保护修复，这是我国生态文明建设的重点任务，也是习近平生态文明思想的重要内核。"绿水青山就是金山银山"理念，一头连着生态环境保护，一头连着绿色发展，既是习近平生态文明思想的重要原则之一，也是习近平经济思想的重要组成部分，反映了习近平生态文明思想与经济思想具有严密的内在逻辑性和思想一致性。

（二）人与自然和谐共生的美丽中国建设呼唤绿色生产力赋能

我国生态文明建设现仍处于压力叠加、负重前行的关键期。应加快构建绿色低碳技术创新体系、环境科技支撑体系、美丽中国治理体系，建设人与自然和谐共生的美丽中国。要统筹短期与中长期、整体与局部关系，避免放松管制和过分严格两个极端，既要避免重要生态区、生态系统或生物多样性遭到破坏，也要避免"一刀切"禁止开发。要建设信息平台，推进供需对接、促进权益交易、价值增值。通过绿色金融服务、试点示范等方式践行"两山"理念。

建设美丽中国，要将生态优先、绿色发展理念融入经济社会发展全过程。"两山"理念阐述了经济发展和环境保护关系，揭示了保护和改善生态环境就是保护和发展生产力的理论与实践逻辑，彰显自然规律和经济发展规律的辩证统一。要站在人与自然和谐共生的高度谋划发展，自觉把经济活动、人的行为限制在资源环境可承受的限度之内。只有采取源头预防、过程控制、末端治理相结合的政策措施，才能从根本上解决环境污染、生态退化等方面的问题。要处理高质量发展和高水平保

---

① 石敏俊. 生态产品价值实现的理论内涵和经济学机制 [N]. 光明日报，2020-08-25(11).

护、重点攻坚和协同治理、自然恢复和人工修复、外部约束和内生动力、"双碳"承诺和自主行动等重大关系,以治理能力现代化为保障的生态文明制度体系不断塑造发展的新动能、新优势。

实施山水林田湖草沙一体化保护和系统治理,以产业化方式治理生态环境是通行做法,行之有效。必须坚持精准治污、科学治污、依法治污,从快速降低污染物排放的原来目标转向以较低的投入实现环保设施的高效运转。坚持山水林田湖草沙系统治理;以细颗粒物控制为主深入打好蓝天保卫战,推进多污染物协同减排;打好碧水保卫战,统筹水资源、水环境、水生态治理,建设美丽城乡、美丽河湖、美丽海湾;持续深入打好净土保卫战,深入打好农业农村污染治理攻坚战;强化固体废物和新污染物治理。协同推进降碳减污扩绿增长,从源头减少污染物和温室气体排放,赢得发展主动权。

发展绿色生产力,生态环境质量的改善需要绿色生产力支撑。发挥集中力量办大事的制度优势,完善绿色低碳技术创新体系。随着新一代信息技术的广泛渗透和应用,生态环境治理效率的提升有赖于数据资源的采集、流通、集成、共享和综合利用。要用最严格的制度、最严密的法治保护生态环境,实现生产过程清洁化、资源利用循环化、能源消费低碳化、产品供给绿色化、产业结构高端化,以高品质生态环境支撑新时代的高质量发展。拓展生态产品价值实现的市场化路径,催生新产业和新业态。习近平生态文明思想是对马克思主义生产力学说、价值论的丰富和发展,是绿色发展和生态文明建设的行动指南。

要将生态系统功能转化成金山银山,应落到产业发展上。绿水青山变现途径众多,包括财政转移支付,政府购买,市场交易,林权或水权赎买、租赁、置换以及地役权合同等。需要构建"两山"转化的长效机制。让生态资源发挥生产性功能,让自然资源作为要素参与生产,让生态系统提供更多的服务功能,需要相应的产业载体和机制设计。生态系统运营收益主要来自政府财政转移支付、生态补偿、慈善性捐赠、消费者付费。要坚持以共同富裕为导向,健全产权界定机制,完善价格核算制度,实现价值多样性和生态赔偿多元化,完善党政同责、离任审计、终身追责等制度,形成政府主导、企业运作、公众参与的发展模式。只有生态文明建设者、生态环境保护者能得到合理回报,生态文明建设或生态环境保护才能持续下去。

在"两山"转化中,人才是第一资源,创新是第一动力,产业是重要载体,机制设计是关键,市场认可是标尺。要让人民群众共享自然之美,看山望水忆乡愁,持续增进生态福祉,久久为功,让生态惠民动能更强劲、成效更显著,实现生态美与百姓富的有机统一。

07

建立生态产品总值核算与应用机制，促进人与自然和谐共生

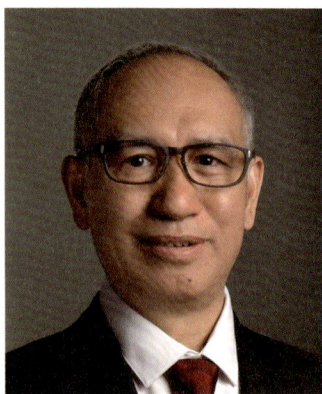

欧阳志云

中国科学院生态环境研究中心研究员、国家公园研究院院长，美国国家科学院外籍院士。主要从事生态系统评估与保护、生物多样性保护、城市生态等方面研究，率先建立生态功能区划与生态产品总值核算的理论和方法、探索生态产品价值实现机制。主持完成全国生态调查评估、全国生态功能区划、国家公园空间布局等生态保护修复项目。

[摘要]生态系统为人类生存和发展提供了不可或缺的物质基础和条件，是经济社会可持续发展的物质基础。生态产品总值是指生态系统为人类提供的产品与服务价值的总和，包括生态物质产品价值、生态调节产品价值与生态文化产品价值。生态产品总值核算可用来评估生态系统对于社会经济发展的支撑作用和对人类福祉的贡献，还可用来评估或考核一个地区或国家生态保护的成效。国家有关部门与地方政府在推动生态产品总值核算、探索应用机制中，积累了许多成功经验。建立健全以生态产品总值核算为基础的生态效益、生态保护成效评估与考核机制，拓展其应用领域，对落实"两山"理念、建立健全生态产品价值实现机制、促进人与自然和谐共生具有重要意义。

[关键词]生态产品、生态资产、生态系统、人类福祉、考核评估机制

一、生态系统与人类福祉

习近平总书记提出的"两山"理念内涵丰富。从生态学角度理解，绿水青山是高质量的森林、草地、湿地、海洋等自然生态系统的统称。这一理念阐明了生态系统及其产品具有多重价值属性，既是重要的自然财富，也是宝贵的社会财富和经济财富。生态系统不仅可为人们提供丰富的、不可或缺的生态产品，还具有巨大的经济价值，可为人们带来经济效益。

在生态学中，生态系统是指一定地域范围内的生物与其环境形成的功能整体。生态系统由生物组分与非生物组分构成，生物组分主要包括以植物为主的生产者、以动物为主的消费者和以微生物为主的分解者；非生物组分包括气候、土壤、水和营养物质等非生物因子。生态系统的主要功能包括有机物合成、能量流动、物质循环、自我维持、反馈调控以及演化发展，生态系统通过组分间的相互作用，结构从简单到复杂，生态功能不断完善，实现生态系统的生物群落与环境之间的协同。

根据结构和功能，生态系统可以被划分为森林生态系统、草原生态系统、湿地生态系统（如沼泽生态系统、湖泊生态系统、河流生态系统）、荒漠生态系统、海洋生态系统、农田生态系统、城市生态系统等。生态系统为人类提供丰富的生态产品，既包括生活与生产所必需的粮食、水资源、药材、木材、生态能源及工农业生产的原材料等生态物质产品，又包括调节气候、水源涵养、土壤保持、洪水调蓄、防风固沙等维持人类赖以生存与发展的自然环境条件的生态调节产品，以及提升人

们生活质量、促进精神健康的生态文化产品。

自二十世纪九十年代以来，科学家开始认识到生态系统对人类生存与发展的支撑作用，开展了生态系统服务研究[1][2]，联合国启动了"千年生态系统评估"计划，旨在通过在全球范围开展生态系统服务评价，将自然保护目标整合到经济社会决策之中[3]。目前，生态系统服务评估与生态系统核算已成为生态学和生态经济学的前沿领域和全球热点领域[4][5]，许多研究对全球、不同国家和地区、区域开展了生态系统服务价值的评估[6][7][8]。这些研究初步建立了生态系统服务评价理论框架，探索了不同生态系统、不同服务功能类型评估方法，为定量评估生态系统提供产品与服务奠定了方法基础。

二、生态产品与生态资产

生态系统核算包括生态产品核算与生态资产核算[9]。生态产品是指生态系统为人类生存、生产与生活所提供的环境条件与物质资源，是人类从生态系统中得到的惠益[10]，生态资产是指提供生态产品的各类自然资源。通俗地说，生态资产是生产与提供生态产品的"工厂或车间"。

（一）生态产品

根据生态产品的性质，可将其划分为三大类（表1）。

---

① DAILY G C. Nature's Services: societal dependence on natural ecosystems[M]. Washington: Island Press, 1997.
② COSTANZA R D, ARGE R, RUDOLF DE GROOT, et al. The value of the world's ecosystem services and natural capita1[J]. Nature, 1997, 387: 253-260.
③ MA. Millennium Ecosystem Assessment[M]. Washington: Island Press, 2001.
④ SUKHDEV, et al. Mainstreaming the Economics of Nature: a synthesis of the approach, conclusion and recommendations of TEEB[R]. Geneva: United Nations Environment Programme, 2010.
⑤ UNITED NATIONS STATISTICS COMMISSION. System of environmental-economic accounting-ecosystem Accounting[R]. New York: United Nations Statistics Division, 2021.
⑥ OUYANG Z Y, ZHENG H, XIAO Y, et al. Improvements in ecosystem services from investments in natural capital[J]. Science, 2016, 352(6292): 1455-1459.
⑦ IPBES. Summary for policymakers of the global assessment report on biodiversity and ecosystem services[R]. Bonn: IPBES Secretariat, 2019.
⑧ HANLEY N. National Ecosystem Assessment Technical Report (2011): understanding nature's value to society[R]. Wallingford: UK NEA, 2011.
⑨ 同⑤。
⑩ 同①。

表1 生态系统产品类型

类型	生态产品（举例）
生态物质产品	食物：粮食、蔬菜、水果、肉、蛋、奶、水产品等
	原材料：淡水、药材、木材、纤维、遗传物质等
	能源：生物能、水能、太阳能、风能等
	其他：花卉、苗木、装饰材料等
生态调节产品	调节功能：涵养水源、调节气候、授粉、固碳、保持土壤、净化大气环境、净化水环境等
	防护功能：防风固沙、调蓄洪水、控制有害生物、预防与减轻风暴灾害、降低噪音等
生态文化产品	美学价值：旅游价值、景观价值、精神价值、精神健康等
	文化价值：狩猎、垂钓、文化认同、知识、自然教育、艺术灵感等

一是生态物质产品，如粮食、油料、木材、水资源与生态能源等，体现生态系统为人们提供物质资源的功能。

二是生态调节产品，包括气候调节、固定二氧化碳、释放氧气、授粉、洪水调蓄、水质净化、空气净化等，体现生态系统在形成与支撑人类生存环境中的作用。

三是生态文化产品，如休闲娱乐、美学体验、精神健康等，体现生态系统为提升人们健康与生活质量等非物质方面的贡献。

生态产品通常有以下三个基础性特征[①]。

第一，生态产品源自自然或人工管理的生态系统。它们来源于森林、草地、湖泊、河流、海洋、荒漠等自然生态系统，以及农田、牧场、人工林等人工管理的生态系统，这些生态系统通过自身的结构和功能为人们提供丰富多样的产品和服务。

第二，生态产品能够改善人类福祉。其对人类的惠益通常表现在四个方面，一是提供人类生存生活需要的物质资源，如食物、水、氧气、医药等；二是维持人类生存生活的环境条件，如气候调节、环境净化、防风固沙、洪水调蓄等；三是提升人们的生活质量，如旅游观光、精神健康、自然教育；四是支撑经济社会发展，提供水资源、生态能源、基因与木材等资源。

第三，生态产品是最终的生态系统服务。生态产品仅包括直接提升人类福祉、带来效益的服务。生态产品通过支持其他产品或服务对人们间接产生效用的过程或功能，被视为中间产品或服务，不计入生态产品核算范畴。以土壤保持为例，其本身是一种生态过程，主要通过防止土壤流失、防控灾害、维持土壤肥力等多种社会与生态效益，这些间接服务不应单独计值，以避免重复计算。

此外，部分生态调节产品还往往具有以下四个特征。

---

① 姚昱浓，肖燚，欧阳志云. 生态产品的定义、特征与分类[J]. 生态学报. DOI:10.20103/j.stxb.202505231290.

贵州镇宁黄果树瀑布

第一，公共产品属性。主要体现在非排他性和非竞争性两个方面。非排他性是指无法将任何人排除在生态产品的受益范围之外。例如，气候调节服务可以让一定区域所有人受益，而不是某人受益后该区域其他人就无法受益。

第二，多维度价值。生态产品不仅具有经济价值，还具备社会、生态和文化等多重价值。这些价值共同构成了生态产品对人类福祉的贡献。其中，经济价值体现在可为人们带来经济效益，如水资源交易、木材生产等；社会价值包括改善公共健康、提供就业机会等；生态价值包括生态产品在维持生态系统自身结构和功能方面的作用，如授粉、土壤保持等；文化价值包括生态旅游、自然文化遗产保护等。

第三，显著的外溢性。生态产品的生态效益往往超出生产者或拥有者的直接利益范围。例如，森林的碳汇功能不仅惠及当地居民，还对全球气候变化缓解产生积极影响。由于这些外溢效益难以通过传统市场机制体现到市场交易中，通常需要政府和社会机制进行干预和补偿。

第四，许多生态产品缺乏有效的市场交易机制。由于生态产品的许多效益无法通过传统市场机制体现，如水源涵养、土壤保持、防风固沙等服务，其价值通常是公共的，缺乏市场激励机制，这是生态系统破坏与退化的主要原因。

（二）生态资产

自然资源资产包括矿产资源、土地资源、气候资源与生态资源资产等，其中，生态资产是自然资源资产的重要组成部分。生态资产是指提供生态产品的各类自然资源资产[①]，通俗地说，生态资产是生产与提供生态产品的"工厂或车间"，包括森林、灌丛、草地、湿地、荒漠、海洋等自然生态系统与野生动植物资源，以及农田、人工林、人工草地、水库、城镇绿地等以自然生态过程为基础的人工生态系统（表2）。

表2　生态资产类型

类别	生态类型	分类（举例）
自然生态系统	森林	热带雨林、常绿阔叶林、常绿—落叶混交林、针阔混交林、针叶林、落叶针叶林、灌丛等
	草地	草甸草原、典型草原、荒漠草原、高寒草甸、高寒草原、草丛等
	湿地	湖泊、河流、沼泽、滩涂、红树林等
	海洋	河口、海草床、珊瑚礁、海洋、岛屿等
人工生态系统	农田	水田、旱地、果园、热带作物种植园等
	人工森林	人工阔叶林、人工针叶林
	人工湿地	水库、水塘、人工湖泊
	城市绿地	城市森林、城市草地、城市水体
生物资源	野生动植物	常见物种、珍稀物种、濒危物种、特有物种

生态资产除了具备权属明确、能带来经济效益或社会效益、可交易等一般资产特征外，还有四个方面的特质。

第一，所有权属特殊。我国的生态资产所有权主要分为全民所有和集体所有两种类型，但其经营权与收益权可以由国家、集体、企业或个人享有。

第二，再生性。生态系统是生命系统，基于生态系统形成的生态资产能够自我发育、发展演替与修复再生。

第三，增值性。随着生态系统的发展演替和功能的提升，生态资产提供生态产

[①] 欧阳志云、靳乐山，等．面向生态补偿的生态系统生产总值（GEP）和生态资产核算[M]．北京：科学出版社，2017．

品的能力不断提高。

第四，多功能性。一个类型的生态资产通常提供丰富多样的生态产品，如一片森林，既可以提供木材、薪柴、种子、食物等生态物质产品，固碳、释氧、涵养水源、保持土壤等生态调节产品，又可以提供生态旅游、景观价值等生态文化产品。

（三）生态建设—生态资产—生态产品的关系

生态建设的措施主要有生态保护、生态恢复等，生态保护主要是通过控制人类活动对生态系统的干扰和破坏，来提高生态系统的质量进而增强生态系统提供产品的能力。生态恢复通常是通过人类干预，如植树造林、种草、建设人工绿地和湿地等措施，来扩大生态系统的面积进而增强生态系统提供服务的能力。因此，生态建设本质上就是通过提高生态资产数量与质量，来保障或增强国家或区域生态产品的供给，支撑经济社会发展和保障生态安全（图1）。

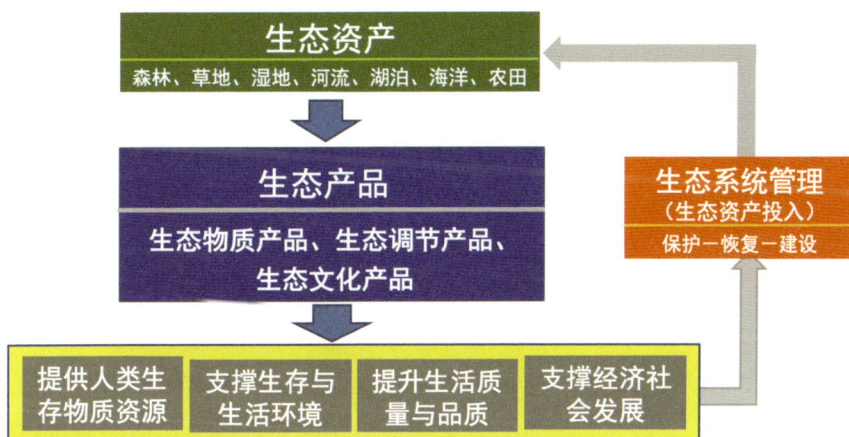

图 1　生态建设—生态资产—生态产品的关系

三、生态系统核算方法

生态系统核算包括生态产品总值核算与生态资产核算两个层面（图2）[①]。生态资产核算主要关注的是生态资产的面积与质量及其货币价值，生态产品的核算主要关注生态系统提供产品的功能量及其货币价值。

---

① UNITED NATIONS STATISTICS COMMISSION. System of environmental-economic accounting-ecosystem Accounting[R]. New York: United Nations Statistics Division, 2021.

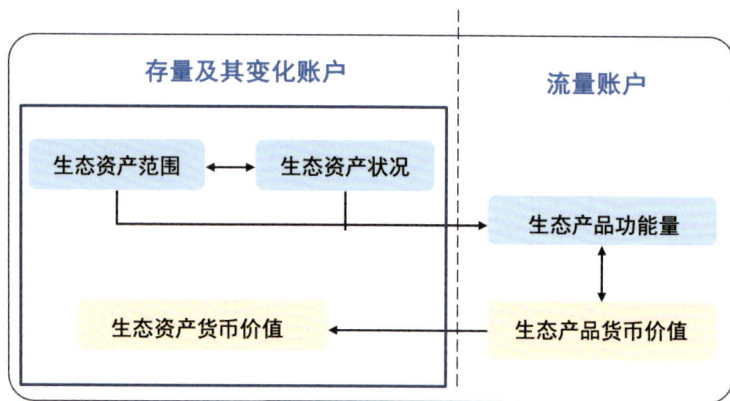

图 2　生态系统核算：生态资产核算与生态产品核算的关系

（一）生态产品总值核算

生态产品价值是指生态产品的货币价值。生态产品总值，也称生态系统生产总值（GEP），是指一个地区的生态系统为人类福祉和经济社会发展提供的所有最终生态产品与服务（简称"生态产品"）价值的总和，是评估该地区生态系统对人类福祉贡献的综合表征指标，包括生态系统提供的生态物质产品价值、生态调节产品价值和生态文化产品价值，一般以一年为核算时间单元[①]。

生态产品可以从功能量和价值量两个角度核算。功能量用生态产品产量表达，如粮食产量、水资源供给量、污染净化量、土壤保持量和自然景观吸引的旅游人数等，其优点是直观，可以给人明确具体的生态产品实物的定量数据，但由于计量单位与量纲不同，不同生态产品产量不能加和。为了获得一个地区生态产品的经济价值，就需要借助价格，将生态产品产量转化为货币单位表示，从而可以将该地区生态系统提供的所有生态产品货币价值加和。

1. 生态产品总值核算准则与方法

生态产品总值核算准则主要有三个方面，一是核算生态产品的使用价值，包括直接使用价值和间接使用价值，不核算生态产品的存在价值等非使用价值；二是核算最终生态产品的价值，不包括中间生态产品的价值；三是在核算生态产品功能量的基础上核算价值量。

陆地生态产品总值核算主要包括以下七个工作程序[②]。

[①] 欧阳志云,朱春全,杨广斌,等.生态系统生产总值核算:概念、核算方法与案例研究 [J].生态学报,2013,33(21):6747-6761.

[②] 国家发展和改革委员会,国家统计局.生态产品总值核算规范[M].北京:人民出版社,2021.

（1）确定核算的区域范围：根据核算目的，确定生态产品总值核算的空间范围。核算区域可以是行政区域，如村、乡、县、市或省，也可以是功能相对完整的生态系统或生态地理单元，如一片森林、一个湖泊或不同尺度的流域，以及由不同生态系统类型组合而成的地域单元。

（2）明确生态系统类型与分布：调查分析核算区域内的森林、草地、湿地、荒漠、农田、城镇等生态系统类型、面积与分布，绘制生态系统空间分布图。

（3）编制生态产品清单：根据生态系统类型及生态产品总值核算的用途，如生态效益评估、生态补偿、生态保护成效评估、考核、离任审计、生态产品交易，调查核算范围内的生态产品的种类，编制生态产品清单。当核算目标为评估生态保护成效时，可只核算生态系统调节服务和生态系统文化服务价值。

（4）收集资料与补充调查：收集开展生态产品总值核算所需要的相关文献资料、监测与统计等信息数据以及基础地理图件，开展必要的实地观测调查，进行数据预处理以及参数本地化。

（5）开展生态产品功能量核算：选择科学合理、符合核算区域特点的功能量核算方法与技术参数，根据确定的核算基准时间，核算各类生态产品的功能量。

（6）开展生态产品价值量核算：根据生态产品功能量，运用市场价值法、替代成本法等方法，核算生态产品的货币价值；无法获得核算年份价格数据时，利用已有年份数据，按照价格指数进行估算。

（7）核算生态产品总值：将核算区域范围的生态产品价值加总，得到生态产品总值。

$$GEP=EMV + ERV + ECV \tag{1}$$

式（1）中：GEP 表示生态产品总值；EMV 表示生态物质产品价值；ERV 表示生态调节产品价值；ECV 表示生态文化产品价值。

$$GEP=\sum_{i=1}^{n} EM_i \times P_i + \sum_{j=1}^{m} ER_j \times P_j + \sum_{k=1}^{l} EC_k \times P_k \tag{2}$$

式（2）中：EM_i 表示第 i 类生态物质产品功能量；P_i 表示第 i 类生态调节产品的价格；ER_j 表示第 j 类生态调节产品功能量；P_j 表示第 j 类生态调节产品的价格；EC_k 表示第 k 类生态文化产品功能量；P_k 表示第 k 类生态文化产品的价格。

2. 生态产品总值核算实践

自2013年生态产品总值方法提出以来，各地做了大量的核算实践。全国几乎

云南德钦白马雪山第四纪冰川遗迹山谷秋色

所有的省（自治区、直辖市）全域或部分市（县）都开展了生态产品总值核算，如北京市、贵州省、青海省、内蒙古自治区、海南省等，以及深圳市、丽水市、抚州市、普洱市等。还有许多学者开展了全国生态产品总值核算研究[①]。国家发展和改革委员会、国家统计局出版了《生态产品总值核算规范》，浙江、北京、江西等省（直辖市），深圳、丽水、黄山等市印发了当地的生态产品总值核算技术标准。

（二）生态资产核算方法

生态资产核算包括实物量和价值量核算两个方面。实物量即森林、草地、湿地等各类生态系统的资源存量。价值量是通过估价的方法，将实物量转换成货币的表现形式。此外，生态系统质量直接影响生态系统提供生态产品的能力。不同质量等级的森林、草地、湿地等生态系统提供土壤保持、水源涵养、水质净化等调节服务产品的量具有显著差别。所以，可以依据生态系统的质量等级分别核算生态资产的实物量和价值量。

可以运用生态资产综合指数（EAI）评估森林、草地、湿地等生态资产实物量和质量综合特征，即不同质量等级的生态资产实物量和质量等级指数的乘积与生态资产总面积和最高质量等级指数的比值。

$$EAI = \sum_{i=1}^{n} \left[\frac{\sum_{j=1}^{5}(EA_{ij} \times j)}{(EA_i \times 5)} \right] \qquad (3)$$

式（3）中：EAI 表示生态资产综合指数；EA_i 表示第 i 等级生态资产面积；i 表示生态资产质量等级指数，即 1~5 级；EA 表示生态资产总面积。

$$V_t(EA) = \sum_{i=1}^{i=S} \sum_{j=t+1}^{j=t+N} \frac{ES_t^{ij}(EA_t)}{(1+r_j)^{(j-t)}} \qquad (4)$$

式（4）中：V_t 表示核算周期 t 期末单个生态资产的价值；ES_t^{ij} 表示特定生态资产 EA_t 在第 t 年产生的生态产品 i 在 j 周期内的预期价值；S 表示生态产品总数量；r_j 表示第 j 年的贴现率；N 表示生态资产经营期限（年）。

核算中，根据核算区域生态环境特征建立生态资产核算表，计算生态资产指数（EAI）的年度变化，比较不同年度 EAI，评估生态保护成效。当生态资产综合指数

[①] 肖燚，欧阳志云，杜傲，等. 全国陆地生态资产与生态产品总值(GEP)评估(2000—2020 年)[M]. 北京：中国林业出版社，2024.

三江源国家公园藏野驴

增加时，表明生态系统面积与质量在改善，生态保护取得成效；反之，当生态资产综合指数下降时，生态系统受到破坏。以青海省为例，2000—2010年青海省生态资产综合指数从198.15增长到223.35，提高了12.7%。其中，草地生态资产指数增加最多，增幅达到13.6%，青海省草地质量明显提升是草地生态资产指数增加的重要原因；河流生态资产指数增幅为12.1%，主要原因是10年间青海省河流水质有所提高；灌丛生态资产指数涨幅为2.3%，原因是青海省灌丛生态资产面积和质量均有小幅度增加；由于森林面积的增加以及质量的提高，森林生态资产指数增加1.1%。青海省生态资产指数增加的主要原因是生态保护与恢复工程的实施，生态保护措施提高了森林、草地生态系统的质量，"退耕还草"工程使1068.5平方千米农田转变成草地，"退耕还林"工程使3.46平方千米农田转变为森林，湿地生态补偿政策使荒漠和裸地转变为湿地生态资产。生态补偿政策对青海生态资产提升发挥了重要作用[1]。

---

[1] 欧阳志云，靳乐山，等.面向生态补偿的生态系统生产总值（GEP）和生态资产核算[M].北京：科学出版社，2017.

生态资产价值量是由直接价值和间接价值两部分组成。直接价值是生态系统直接产生的经济价值，如森林木材的价值。间接价值是指除了产品供给以外，人类从生态系统获取的调节服务和文化服务的价值，如水源涵养、水土保持、水质净化等。

四、生态产品总值核算的应用探索

生态产品总值核算可为深化认识"两山"理念提供定量化的科学方法，还可以作为评估生态环境对人类福祉的贡献、将生态效益纳入经济社会评估体系的指标[①]。

生态产品总值核算不仅可用于认识和了解生态系统提供生态产品的能力，还可以通过分析生态产品总值的增长、稳定或降低情况，评估一个地区或国家的生态保护成效。

同时，可以通过分析GDP与GEP增长趋势，评估经济社会发展与生态环境保护的关系。在核算期间，若GDP增长，而GEP下降，表明经济发展以牺牲生态环境为代价；反之，若GEP增长，而GDP下降，则说明生态环境保护可能制约了经济发展；当GDP与GEP均增长，表明经济发展与生态环境协调发展。因此，核算一个地区的GEP，并分析GEP与GDP之间的变化关系，可以评估人与自然和谐发展的程度，以及生态文明建设的进展。

（一）国家关于生态产品总值核算的相关部署

2021年中共中央办公厅、国务院办公厅印发的《关于建立健全生态产品价值实现机制的意见》明确要求，建立生态产品价值评价体系，探索构建行政区域单元生态产品总值，建立覆盖各级行政区域的生态产品总值统计制度，探索将生态产品价值核算基础数据纳入国民经济核算体系；并要求推动生态产品价值核算结果应用，包括推进生态产品价值核算结果在政府决策和绩效考核评价中的应用。探索在编制各类规划和实施工程项目建设时，结合生态产品实物量和价值核算结果，采取必要的补偿措施，确保生态产品保值增值。推动生态产品价值核算结果在生态保护补偿、生态环境损害赔偿、经营开发融资、生态资源权益交易等方面的应用。建立生态产品价值核算结果发布制度，适时评估各地生态保护成效和生态产品价值。

该文件还要求建立生态产品价值考核机制。探索将生态产品总值指标纳入各省

---

① OUYANG Z Y, SONG C S, ZHENG H, et al. Using gross ecosystem product (GEP) to value nature in decision making[J]. PNAS, 2020, 117(25): 14593-14601.

（自治区、直辖市）党委和政府高质量发展综合绩效评价。推动落实在以提供生态产品为主的重点生态功能区取消经济发展类指标考核，重点考核生态产品供给能力、环境质量提升、生态保护成效等方面指标；适时对其他主体功能区实行经济发展和生态产品价值"双考核"机制。推动将生态产品价值核算结果作为领导干部自然资源资产离任审计的重要参考。对任期内造成生态产品总值严重下降的，依规依纪依法追究有关党政领导干部责任。党的二十大报告关于建立健全生态产品价值实现机制的部署，推动了全国各地生态产品总值核算与应用工作的广泛开展。

（二）生态产品总值核算应用的地方探索

根据中央统一部署，各地对生态产品总值核算结果的应用机制方面做了大量探索，积累了许多成功经验。

北京市为落实"两山"理念，推进建立生态产品价值实现机制[①]，2022年，北京市委、市政府印发了《北京市建立健全生态产品价值实现机制的实施方案》《北京市关于深化生态保护补偿制度改革的实施意见》《关于新时代高质量推动生态涵养区生态保护和绿色发展的实施方案》等文件。文件明确要求"加快建立生态产品总值统计制度，探索将生态产品价值核算基础数据纳入国民经济核算体系，定期发布全市及分区生态产品总值核算结果"；"建立健全以生态产品总值核算结果为依据的市级生态保护补偿转移支付制度，率先在生态涵养区开展综合性生态保护补偿，逐步实现转移支付资金与生态产品总值挂钩"；"先在生态涵养区与结对平原区之间试点探索利用结对协作资金实施生态产品总值和地区生产总值交换补偿机制，进而探索在不同功能定位的区之间开展交换，促进区域优势互补；探索基于生态产品总值考核的跨区横向生态保护补偿机制"；"探索将生态产品总值核算结果及生态产品价值实现情况适时纳入各区高质量发展综合绩效评价体系。适时在生态涵养区以外其他区实行经济发展和生态产品价值'双考核'制度；将生态产品总值核算结果作为领导干部自然资源资产离任审计的重要参考。对任期内造成生态产品总值严重下降的，依规依纪依法追究有关党政领导干部责任"。

内蒙古自治区通过开展生态产品总值核算以评估生态系统提供的生态效益。深圳市通过建立生态产品核算技术标准、智能平台核算和统计报表制度、生态产品核算管理办法的"1+3"生态产品总值核算制度体系，将生态产品总值全面应用于政府绩效考核中，提出GDP与GEP双核算、双考核，促进深圳生态文明建设；浙江省

---

① 韩宝龙，王琪，王浩琪，等.北京市生态系统调节服务的价值变现与提升路径研究[J].中国科学院刊，2025，40(7): 1295-1305.

丽水市建立生态产品总值核算实施机制，通过将生态产品总值核算"进规划、进考核、进项目、进交易、进监测"，探索基于 GEP 核算的生态产品价值实现机制，促进丽水的高质量绿色发展；云南省普洱市探索基于 GEP 核算完善生态补偿制度；浙江省德清县基于 GEP 构建数字"两山"决策支持平台，服务于生态保护修复空间识别、生态保护红线监管、生态保护绩效考核以及未来的决策推演；蚂蚁森林将 GEP 核算用于评估企业生态恢复公益项目生态效益。2021 年 3 月，联合国统计委员会正式将生态产品总值纳入最新的"环境经济核算系统－生态系统核算框架（SEEA-

夏季的四川若尔盖花湖

EA）"中，将生态产品总值作为生态系统服务和生态资产价值核算指标，并推荐作为评估自然对人类贡献的指标以及联合国"可持续发展2050目标"的评估指标。

当前生态产品总值核算的应用可以概括为如下九个方面。进评估，将生态产品总值作为生态效益、生态系统对人类贡献的评估指标，以及生态保护政策与工程项目成效的评估指标；进规划，在国家或地区的发展规划中，明确生态产品总值和增长的目标；进项目，将生态产品总值增长的目标落实到生态保护与生态恢复的具体项目上；进决策，在政策制定和重大项目立项决策中，评估对生态产品总值的影响；进补偿，将生态产品总值作为评估生态效益与生态补偿的依据；进赔偿，将工程开发与建设导致的生态产品总值损失作为生态损害赔偿的依据；进交易，将生态产品总值作为森林、草地、湿地等生态资产交易和水资源、固碳等生态产品交易的依据；进考核，将生态产品总值增长或降低作为各级政府或部门政绩评价指标；进监测，将生态产品总值核算所需要的数据纳入国土、生态环境与资源的监测体系。

五、建立健全生态产品总值核算与应用机制

虽然，各地在生态产品核算与应用实践中取得重要进展，但是还存在如下四个方面的问题。

一是缺乏主管部门统一组织管理GEP与生态资产的核算，目前有的省（自治区、直辖市）GEP与生态资产核算由发展和改革主管部门组织，有的省（自治区、直辖市）由生态环境主管部门组织，也有由林草主管部门组织的。

二是尚未建立生态产品总值核算的统计制度，由于当前的国土、资源、生态环境等的监测体系是针对资源生态环境要素管理需要建立的，尚不能为生态产品总值核算提供系统性的数据体系。

三是缺乏统一的生态产品总值与生态资产核算结果发布机制，以及在生态绩效考核与生态效益评估中的应用机制。

四是核算的方法与本地化参数还不能满足精细化核算要求，制约了生态产品总值核算结果的应用。

为了落实习近平总书记的"两山"理念，贯彻党中央、国务院"将生态效益纳入经济社会评价体系"和建立健全生态产品价值实现机制的要求，加快建立生态产品总值核算应用机制的具体措施包括如下四个方面。

（1）建立生态产品总值统计制度。已有核算实践表明，生态产品总值与生态资产核算不仅适合政府部门开展，在金融机构、企业、非政府组织等均有较大的应用潜力，建议在已有生态产品总值与生态资产核算实践的基础上，建立包括国家生态产品总值核算标准、数据获取、核算平台、核算结果应用与发布办法等内容的生态产品总值统计制度。

（2）建立生态产品总值核算的应用机制。以重点生态功能区（县）为重点，建立基于生态产品总值与生态资产核算的生态保护成效评估机制，完善生态补偿和生态损害赔偿机制，鼓励地方基于生态产品总值完善横向生态补偿政策。鼓励优化城市化区实施GDP与GEP双增长政策，并将生态产品总值增长的要求进规划、进考核、进决策。将生态产品总值增长纳入社会经济发展五年规划，落实到具体的生态保护

修复项目上，将生态产品总值增长要求纳入各级政府考核指标中，将提升生态产品总值变成各级政府的日常工作任务；并在经济和保护决策中，尤其是重大建设项目的审批中，将评估政策与项目对生态产品总值和生态资产的影响，作为落实生态文明建设的一个抓手。

（3）加强生态产品总值核算数据监测与整合。首先，加强部门数据的整合，建立生态产品与生态资产数据平台，整合共享自然资源主管部门的土地利用、林业、生态环境、农业与文旅的监测数据；其次，根据生态产品总值核算的数据要求，将GEP与生态资产核算所要求的指标和参数纳入现有森林、湿地、草地、生态环境、水文、气象、农业统计、旅游统计监测体系、统计指标和方法，为各级政府GEP与生态资产核算提供统一的、可靠的和稳定的数据来源，为将GEP与生态资产核算纳入社会经济考核评估体系提供基础。

（4）加强GEP与生态资产核算的科技支撑。进一步加强生态产品与生态资产核算理论与方法研究，充分吸收国内和国际生态产品与服务研究领域的最新研究成果，不断完善核算指标和核算方法，加强生态调节产品与生态文化产品的定价理论和方法研究；开展将生态产品总值与生态资产核算成果应用在政府绩效考核、生态效益评估、生态金融和乡村发展中的研究。

（特别感谢中国科学院生态环境研究中心徐卫华研究员、肖燚副研究员等团队成员对本文的全力支持。）

08

建立以国家公园为主体的自然保护地体系

杨锐

清华大学建筑学院景观学系联合创始人、教授，国家林业和草原局清华大学国家公园研究院院长，现任中国风景园林学会副理事长，教育部高等学校建筑类教学指导委员会副主任兼风景园林专业教学指导分委员会主任，国家林业和草原局自然保护地标准化技术委员会主任。

[摘要]本文从六个方面系统阐述了建立以国家公园为主体的自然保护地体系的最新思考：其一，国家公园在中国式现代化中占据不可替代的战略地位，是中国式现代化的生态基础设施与生态安全屏障；其二，国家公园具有原真价值、生态系统公共服务价值和直接经济价值等三重价值，分别对应"两山"理念的三个层面；其三，中国式现代化国家公园具备"保护第一"与"天人大美"两大特征，它们之间是辩证统一关系；其四，高质量国家公园总体规划具有四大特性——鲜明的国家公园特色、以原真价值识别为根基、问题导向与目标导向相结合、空间规划与发展规划相兼容；其五，国家公园的主体性体现为首要性、主导性、先进性和示范性，"以国家公园为主体、自然保护区为基础、各类自然公园为补充"的结构具有合理性，但需强化中国特色；其六，中国国家公园应站在全球生态治理高度进行认知，并开展四个方面的行动。

[关键词]"两山"理念、国家公园、自然保护地、中国式现代化、原真价值、全球生态治理

20年前，2005年8月15日，"两山"理念发源于浙江安吉余村，这是大家都熟知的事情。大家可能不太知道的是，"两山"理念诞生前4天，2005年8月11日，时任浙江省委书记的习近平同志在实地考察距离余村400多千米外的丽水黄茅尖——浙江省第一高峰时，提出"国家公园就是尊重自然"。那么，"两山"理念与国家公园之间有什么联系？中国国家公园治理中如何贯彻落实"两山"理念？如何认识国家公园在中国式现代化，尤其是在人与自然和谐共生的现代化中的地位、作用和可能贡献？如何走出中国式现代化国家公园之路？如何以国家公园为主体构建约占国土面积18%的自然保护地体系？如何将国家公园的试点经验推广普及到自然保护区和各类自然公园？如何从全球治理，尤其是全球生态治理的高度认识中国国家公园、建设中国国家公园？本文将就上述问题，结合工作经历，阐述一些个人思考。

一、大幅提升对国家公园战略重要性的认知

1998年，我开始在云南西北部地区从事国家公园的探索、研究和实践。当时，中国正处于如火如荼的城市化和基础建设热潮之中，"国家公园"属于绝对的冷门研究。2002年，我在考察梅里雪山时，在无比纯净的自然环境中经历过一次精神层

面的极乐体验，从此我下定决心，从当时的热门专业建筑设计、城市规划转向自然保护，因为我希望尽可能多的中国人能够像我一样体验到同梅里雪山一样原真、纯净的自然以及由此触发的明亮、鲜活而无比愉悦的精神享受。2003 年，我完成了博士论文《建立完善中国国家公园和保护区体系理论和实践研究》，希望为中国未来的国家公园和自然保护地体系建设奠定一些较为系统的理论基础。我估计这个"未来"时间尺度一定将很长，也就是说"国家公园"将长时间处于"冷门"研究之中，这些理论研究未必能够在我退休之前，甚至有生之年付诸实践。当时，这样考虑的原因是：中国是人口规模如此巨大的发展中国家，在温饱问题解决之前，在城市化蓬勃发展之际，"国家公园"这种占地巨大、花费不小且经济利益有限的极致型生态产品和精神产品，短期内不会成为国家重大战略举措。

如今回头再看，我必须坦率地承认，22 年前，我对中国国家公园启动建设时间点的判断太过悲观。我没有想到，仅仅在我的博士论文完成 10 年后的 2013 年，党的十八届三中全会就提出"建立国家公园体制"，党的十九大报告中提出"建立以国家公园为主体的自然保护地体系"；2017 年和 2019 年，中共中央办公厅、国务院办公厅分别印发了《建立国家公园体制总体方案》和《关于建立以国家公园为主体的自然保护地体系的指导意见》；2018 年，组建国家林业和草原局同时加挂国家公园管理局牌子，其后在国家林业和草原局的持续努力下，中央机构编制委员会办公室、财政部和相关省级人民政府在编制和财政日益紧张的情况下，统筹协调越来越多的人力、财力专项用于国家公园建设；2021 年 10 月 12 日，习近平主席宣布中国建立首批五个国家公园，面积达 23 万平方千米（美国 63 个国家公园的面积总和为 21 万平方千米），时隔不到三个月，2022 年 1 月，宣告中国正在建设全世界最大的国家公园体系。至此，中国用不到 10 年的时间完成了其他国家通常需要几十年才能完成的工作。习近平总书记亲自谋划、亲自部署、亲自推进中国国家公园建设，"国家公园"和"以国家公园为主体的自然保护地体系"出现在党的十八届三中全会之后的每一次党和国家重要文件之中，中国国家公园建设的政治领导力、魄力和定力、建设速度、强度和支持力度远远超出了我的预期。

惊喜和兴奋的同时，作为一个长期从事国家公园研究和实践的专业工作者，我反思：为什么中央对国家公园和"以国家公园为主体的自然保护地体系"重要性的认识远远超过技术工作者？在国家重大战略需求下，国家公园究竟应该发挥什么样的作用，作出什么样的贡献，处于什么样的地位？对这些问题的认知高度和深度，决定了中国国家公园的建设路径、建设质量和建设效率。

党的二十大报告提出："从现在起，中国共产党的中心任务就是团结带领全国各族人民全面建成社会主义现代化强国、实现第二个百年奋斗目标，以中国式现代

海南热带雨林国家公园（摄影：朱睿佳）

化全面推进中华民族伟大复兴。"其中，"第二个百年奋斗目标"是指：到本世纪中叶，把我国建成富强民主文明和谐美丽的社会主义现代化强国。大幅提升对国家公园战略重要性的认知就是要在"中国式现代化""中华民族伟大复兴""社会主义现代化强国"框架内找出国家公园的位置，明确其作用，发现其潜在贡献。

在上面三个关键词之中，"中国式现代化"既是目标，也是手段；既是结果，也是过程。它是未来四分之一个世纪内，党和国家一切工作的核心要务。那么"国家公园"与"中国式现代化"之间究竟是什么关系呢？

要搞清楚这个问题，首先需要分析中国式现代化五个特征之间的关系。深入思考中国式现代化的五个特征，我们会发现"人口规模巨大"（简称特征一）是现实特征，是基础国情，其余四个则是规划特征，是未来的奋斗目标。后四个特征分别就中国式现代化的两对重要关系，即人与人的关系、人与自然的关系进行了规定："全体人民共同富裕"（简称特征二）、"物质文明和精神文明相协调"（简称特征三）、"走和平发展道路"（简称特征五）基本属于人和人关系的范畴，特征二是对人与人之间经济关系的要求，特征三是对中华文明发展的总体要求，特征五则对应国家之间的关系。五个特征中，只有一个特征是对人与自然关系的要求，即"人与自然和谐共生"（简称特征四）。那么这是否意味着人与自然关系的重要性不如人与人的关系，人与自然关系在中国式现代化中的分量轻于人与人的关系呢？答案是否定的。马克思、恩格斯论断，自然是先于人的存在，"人靠自然界生活"。习近平总书记指出，"生态环境是人类生存和发展的根基"，更进一步，他从文明兴衰的高度论述了生态的重要性，"生态兴则文明兴，生态衰则文明衰……生态环境变化直接影响文明兴衰演替"。因此，我们有理由认为，人与人的关系是人与自然的关系的延伸和扩展，后者是更为基础性、支撑性和决定性的一对关系。在"人口规模巨大""环境容量有限，生态系统脆弱""生态环境状况还没有根本扭转"的"基本国情"下，特征四"人与自然和谐共生"成为中国式现代化的根与基，离开"人与自然和谐共生的现代化"的根基，"全体人民共同富裕""物质文明和精神文明相协调"，甚至"走和平发展道路"都可能成为无源之水、无本之木。

那么，国家公园在"人与自然和谐共生"中拥有什么地位，发挥什么作用？我们从"质"和"量"两个方面来分析。首先，从"质"的层面看，中国的自然基底大体分为以下四个层级：国土生态空间，约占国土面积的三分之二；生态红线，约占国土面积的三分之一；自然保护地，约占国土面积的五分之一；国家公园，约占国土面积的十分之一。从层级一到层级四，自然品质逐级升高。因此，国家公园是中国最高品质的自然，是"含金量"最高的自然，是原真性和完整性最好的国土自然空间，是自然中最自然的部分，是美丽中国中最美丽的国土。我们再看看"量"：规划中的中国国家公园占地面积将达到陆域面积的10%以上，管辖海域面积约11万平方千米。综合国家公园"质"和"量"两个方面的优势，我们推断国家公园将成为"人与自然和谐共生的现代化"中的基石，成为绿色生产力的源泉。因此，国家公园将在中国式现代化中具有不可替代的战略地位。

国家公园在中华民族伟大复兴、中国特色社会主义强国建设，以及人类命运共同体构建等方面同样具有重大意义：它是当代中国人为中华民族子孙后代留下的珍贵自然资产，是中华民族伟大复兴的标志性成果；它彰显了中国特色社会主义的制度优势，以及中国建设生态文明、美丽中国的战略决心、定力和魄力；它是以人民为中心的发展思想的生动体现；它是在全球气候变化日趋严峻、生物多样性快速丧失的时代背景下，中国为全球生态治理提供的中国方案，贡献的中国智慧，践行的中国承诺。

二、深刻理解国家公园三重价值

"两山"理念具有三个层面的含义："金山银山买不到绿水青山"[1]；"绿水青山就是金山银山"[2]；"绿水青山可带来金山银山"[3]。这三个层面的含义可以帮助我们深刻理解国家公园的三重价值：原真价值、生态系统公共服务价值、直接经济价值。

原真价值是国家公园的第一层价值。国家公园的原真价值是指其本身固有的、内在的、处于原真状态的自然和文化品质。它的载体是国家公园生态系统、生物生态过程、生物多样性，以及可能存在的原生文化。它是非功利性、非工具性的独立价值，本身就是目的而非手段。"两山"理念的第一层含义"金山银山买不到绿水青山"所指的就是像三江源、大熊猫、东北虎豹、海南热带雨林、武夷山国家公园这样最高品质的绿水青山的原真价值。国家公园是世代传承的中华民族遗产，哪一个是金山银山可以买到的？国家公园的"原真价值"是"金不换"价值，不能用金钱衡量，也无法用金钱衡量。就像保护"传家宝"一样，每一代中国人、每一个中国人都有责任"像保护眼睛一样"[4]保护这些"传家宝"，"像对待生命一样"[5]对待国家公园的原真价值。在这个层面上，"宁要绿水青山，不要金山银山"[6]。

生态系统公共服务价值是国家公园的第二层价值。它虽是工具性和功利性价值，但不必通过市场转换来实现。国家公园的生态系统公共服务价值包括公共性供给、调节、公共性文化服务和支持等四个方面。公共性供给是指国家公园给人民提供洁净空气、干净水源等公共生态刚需品的功能；调节是指国家公园在缓解全球气候变暖、减轻自然灾害、抵抗传染病等公共领域的功能；公共性文化服务方面是指国家公园给国民提供审美、文化认同和情感价值的功能。在这里，我想重点强调一下国家公园生态系统公共服务价值中的支持价值。国家公园所承载的生态系统是中国各类生态系统中最原真、最完整、最具代表性的部分，是中国生

[1] 习近平.绿水青山也是金山银山[N].浙江日报,2005-08-24(1).
[2] 习近平.绿水青山就是金山银山[M]//习近平.论坚持人与自然和谐共生.北京:中央文献出版社,2022:40.
[3] 同[1].
[4] 习近平.要像保护眼睛一样保护生态环境,像对待生命一样对待生态环境[M]//习近平.论坚持人与自然和谐共生.北京:中央文献出版社,2022:87-91.
[5] 同[4].
[6] 同[2].

武夷山国家公园（摄影：赵智聪）

物多样性最丰富的地区，包含了各种珍贵的生物生态过程，同时区位分布较为均衡，占地面积巨大，因此，国家公园在旗舰物种栖息地，食物链营养级完整性，土壤有机质积累，碳、氮、磷循环等方面至关重要，是中国这片土地上人类以及其他生物生存、繁衍及发展的生态基础设施，是中国经济、社会和环境可持续发展的物质基础，是国家生态安全的"压舱石"。因此，这些最高品质的绿水青山"本身，它有含金量"[1]，其为人类和其他生物提供的公共服务价值不必转化即已实现。"两山"理念的第二层含义"绿水青山就是金山银山"形象诠释了国家公园的生态系统公共服务价值。

直接经济价值是国家公园的第三层价值。直接经济价值在很大程度上可以理解为国家公园生态系统市场服务价值，一般通过市场手段来实现。它是指在不破坏国家公园固有价值及其载体的原真性、完整性和连通性，最小影响国家公园生态产品公共服务价值的前提下，国家公园原有居民、入口社区或乡镇以及受一定约束的市场主体，在国家公园边界内部或外部，通过市场手段可以直接用货币交换的市场性供给服务和市场性文化服务的价值。市场性供给服务和市场性文化服务大体包括生态友好型农副特色产品，高附加值在地手工艺品，低影响生态游憩产品，国家公园相关影视、书籍及文化类衍生商品，以及主要发生在国家公园周边的为国家公园访客提供的市场化吃、住、行、游、购、娱等服务。"两山"理念的第三层含义"绿水青山可以源源不断地带来金山银山"生动概括了国家公园的经济价值。

国家公园的三重价值不是重要性相等、持久性相同的关系，也不是双向依赖的关系（图 1）。第一层价值——原真价值不依赖任何外部因素而成立，也无须任何外部条件或过程而实现；第二层价值——生态系统公共服务价值依赖第一层原真价值

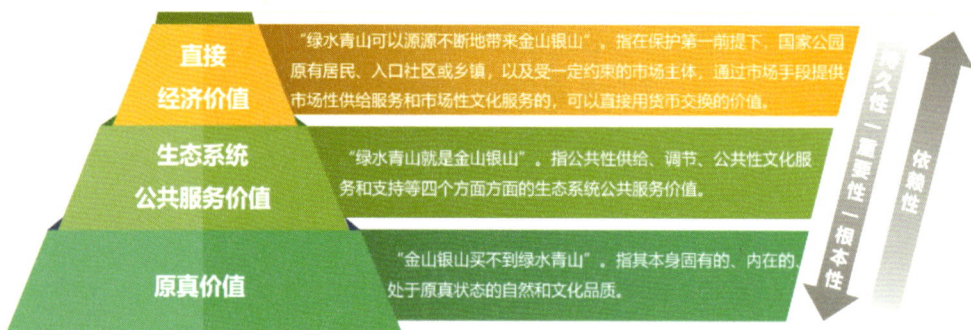

图 1　国家公园的三重价值

① 赵腊平. "两山"理论的历史、理论和现实逻辑 [EB/OL]. (2020-08-16)[2025-06-09]. https://www.mnr.gov.cn/zt/xx/xjpstwmsx/zypl_36556/202008/t20200816_2542131.html.

才能成立或实现；第三层价值——直接经济价值，必须依托前两层价值才能变现。因此，在国家公园的三重价值中，从三到一，其根本性、重要性和持久性是层层递进的；从一到三，依赖性是层层递进的。第一层原真价值是最根本、最持久、最重要的价值。所谓"皮之不存，毛将焉附"，离开原真价值，国家公园的其他两层价值将不复存在。

三、保护第一，天人大美：中国式现代化国家公园的两大特征

我想用八个字描述中国式现代化国家公园的两大特征——保护第一，天人大美。这八字方针针对的是中国国家公园治理中两对重要关系或者说主要矛盾。"保护第一"指向保护与发展之间的矛盾；"天人大美"勾勒自然与人之间的关系。

"保护第一"是指中国国家公园治理的首要任务是保护国家公园的原真价值及其载体的完整性，除此之外，没有并列第一的目标。这一点与美国等大多数国家公园设立动机截然不同。美国的国家公园从1872年开始至今始终将保护（preservation）和享受（enjoyment）作为并列第一。2014年，我受国家发展和改革委员会邀请参加《建立国家公园体制总体方案》的研究和起草工作，当时提出的国家公园建设理念是"保护优先，全民共享"。中共中央办公厅、国务院办公厅正式文件发布时，明确了"生态保护第一、国家代表性、全民公益性"是中国国家公园建设的三大理念。我们当时提交的草案是对国家公园实行"更严格的保护"，中共中央办公厅、国务院办公厅文件修改为"最严格的保护"。从"保护优先"到"保护第一"，从"更严格的保护"到"最严格的保护"，在中央文件中，生态保护的重要性从比较级达到了最高级。中央为什么如此强调国家公园生态保护的重要性？为什么"保护第一"是中国国家公园的第一项特征，我想读者在本文的第一部分和第二部分可以清晰地找到答案。这里不再赘述。

天人大美是指中国国家公园自然和人的关系应该"谐"而"和"、"真"而"美"，而且这种美不是"小美"而是"大美"。在国家公园这样巨大的国土空间内，原真自然是本底，人类或长或短、或多或少、或好或坏的各类活动在自然本底上留下了各式各样的活动印记。有些印记与自然相容，就成为大浪淘沙后的原生文化，成为国家公园原真价值的有机组成。有些印记与自然本底不相容，就需要通过"调谐"走向"和合"，也就是管子所说的"人与天调，然后天地之美生"。注意，管子这里说的是"人与天调"，而不是"天与人调"，也就是说，在国家公园人与自然关系中，虽然自然是根基，但人是关键！只有人主动地"尊重自然、顺应自然、保护自然"，中国国家公园才能实现"天"美、"人"美、"天人大美"。

　　这里需要强调的是，保护与发展、人与自然的关系不是相互割裂、彼此对立的关系，而是辩证统一的关系。在"保护第一"的前提下，国家公园因其原真价值的空间差异性和生态韧性，在特定空间范围内可以承载与之和谐相容、有一定限度的人类活动（包括原有居民活动、国民公益性游憩活动、科研活动、文化活动等）、人工设施和人类土地利用方式。我们要防止将"保护第一"极化为"保护唯一"，防止将"最严格的保护"极化为"排斥人的保护"。国家公园治理要实现的是"生态保护、绿色发展、民生改善"等多重目标，而不是生态保护单一目标。

　　如果将中国国家公园治理比喻成一间房屋，那么"保护第一"就是这个房屋的地基或者说地板，而"天人大美"则是天花板。"保护第一"是中国国家公园治理

大熊猫国家公园（摄影：栗夏林）

的基本要求，是底线，而不是上限，"天人大美"才是最具挑战性、最富中国特色、最具中国智慧、最能彰显中国贡献的特征。

四、以高质量总体规划支撑国家公园高质量管理

国家公园高质量管理依托法律法规、体制机制、资金、人才、技术、规划等多方面的保障。通过过去几年的努力，中国国家公园体制建设的"四梁八柱"初步建成。作为国家公园高质量管理的全面性、系统性支撑工具和综合性抓手，我认为国家公园总体规划的质量还有很大的提升空间。

本人本科学习建筑设计，硕士阶段获得城市规划与设计的学位，博士攻读风景园林方向。1991年工作后，我先后参加了亚龙湾、尖峰岭、镜泊湖等风景名胜区、国家森林公园的总体规划编制。1999年起，作为项目负责人，我主持了泰山、黄山、五台山、九寨沟、梅里雪山、千湖山、老君山、滇西北、北京市风景名胜区体系、内蒙古自治区自然保护地战略规划等十多个自然保护地总体规划或体系规划。其中，梅里雪山总体规划获得联合国世界遗产专家莱斯·莫洛伊（Les Molloy）的高度评价："（梅里雪山总体规划）是我所评估的全球几十个世界遗产规划中做得最好的规划，规划内容的丰富度和深度比美国国家公园同类规划还要高。"2013年"建立国家公园体制"以来，我虽然没有机会主持完整的国家公园总体规划，但先后开展了武夷山国家公园与自然保护地群落规划研究、三江源黄河源片区规划、三江源国家公园自然教育与生态游憩专项规划等相关研究和探索。作为一个规划设计科班出身的技术工作者，我深知一个高质量的国家公园总体规划对国家公园保护、管理的重要性。记得2023年，我在访问新西兰西部泰普提尼国家公园（Westland Tai Poutini National Park）时，在其园长（Supervisor）韦恩·科斯特洛（Wayne Costello）先生的办公室发现了一本贴满了备注、几乎已被翻烂、像《辞源》和《辞海》一样厚的"大书"，仔细一看，原来是这个国家公园的总体规划（general management plan）。韦恩·科斯特洛先生告诉我，对于他来讲，国家公园总体规划是他每天都会看，甚至每天都会用到的技术文件，因为这个国家公园所有决策的技术依据都来源于总体规划。

高质量的国家公园总体规划至少应该具有以下四个特征。

第一，鲜明的国家公园总体规划特色。由于城镇、乡村规划本底基本为建设用地，变动相对频繁，因此，其总体规划期限相对较短，远期规划一般为15~20年，近期规划一般为5年。与此相比，国家公园的主要任务是生态保护，其规划本底是自然类用地，除非受到人类干扰，否则至少可以以百年为时间尺度，长期保持稳定。因此，国家公园的总体规划期限相对较长，宜增设无限期远景规划，规划内容为对原真价值及其载体的持久保护。远、近期规划期限可与同级国土空间规划一致。城镇、乡村规划建设开发密度大，规划内容主要满足建设需求，大体属于物质形态规划（physical plan）的范畴，对应的英文为master plan。国家公园总体规划内容主要为生态保护，兼容全民共享、绿色发展、民生改善等功能，因此，其本质是资源管理规划，而非建设规划，对应的英文为general management plan[①]。高质量国家公园总体规划应反映生态系统长期稳定性、巨大的空间尺度和以保护为导向的管理要求，做出自己的特色。

---

① 杨锐. 美国国家公园规划体系评述 [J]. 中国园林, 2003(1): 45-48.

第二，以原真价值识别为基础。这种识别包括原真价值识别、载体识别、完整性（包括连通性）识别三个部分。原真价值识别要求以高度精练、准确的语言描述国家公园在生物多样性、生物生态过程、地质过程、自然美以及原生文化等方面的特征，并通过国际国内比较，明确价值的重要性级别；载体识别是对原真价值的空间定位和对保护对象的类型细分；完整性识别是对价值载体空间结构、生态功能以及景观斑块之间连通程度的评价。价值识别属于定性范畴，载体识别属于空间定量范畴，完整性识别属于功能评价范畴，以上三者共同组成了国家公园总体规划的基础。离开了高水平的原真价值识别，其他规划内容只会是空中楼阁，经不起推敲。

第三，问题导向与目标导向相结合。总结30多年规划设计经验，我认为总体规划的精华就是两句话：发现问题，创造性地解决问题；设定目标，创造性地实现目标。发现"真问题""真矛盾"，并找到问题和矛盾背后的根源，因地制宜、因时制宜，创造性地解决这些问题和矛盾是高质量国家公园总体规划的标配。总体规划要避免"图上画画，墙上挂挂"，必须直面问题和矛盾，不回避，不逃避，迎难而上，否则就会给国家公园后续管理带来层出不穷、各种各样的困难与障碍。目标导向要求国家公园总体规划设定理想的目标体系，大体包括生态保护、社区治理和公众服务三个方面。国家公园总体规划目标体系可以包括使命目标（总目标）、政策目标（定性目标）和管理目标（定量指标）三个层面。如果说现状问题瞄准的是国家公园的基线，则目标体系代表了国家公园治理的理想状态。国家公园总体规划是从现状问题出发，创造性地架梯搭桥迈向规划目标的过程和成果。

第四，空间规划与发展规划相兼容。中国首批国家公园平均占地面积达4.6万平方千米，约为北京市域面积的3倍、建成区面积的31倍。高质量完成占地如此巨大的特殊用途的国土空间总体规划，必须"顶天立地"，兼具政策性与落地性，打通宏观与微观。目前，国家公园总体规划中"发展规划"的特点更明显，相对来说，空间规划的内容较为缺乏，所以，总体规划内容偏政策、偏宏观，需要加强空间准确落地、偏中微观的内容。国家公园总体规划成果较为简单，不太适合国家公园精细化、科学化、法治化管理的趋势。加强国家公园总体规划的空间性，首先，要加强国家公园规划与国土空间规划的衔接；其次，要重视总体规划的图纸表达，改变目前国家公园总体规划中存在的图面比例小、矢量化少、图纸量少等问题；此外，准确地综合现状底图、规划图则、两级区划法等也是可行的空间规划技术手段。

五、以国家公园为主体建立中国特色自然保护地体系

2017年9月，中共中央办公厅、国务院办公厅文件《建立国家公园体制总体方

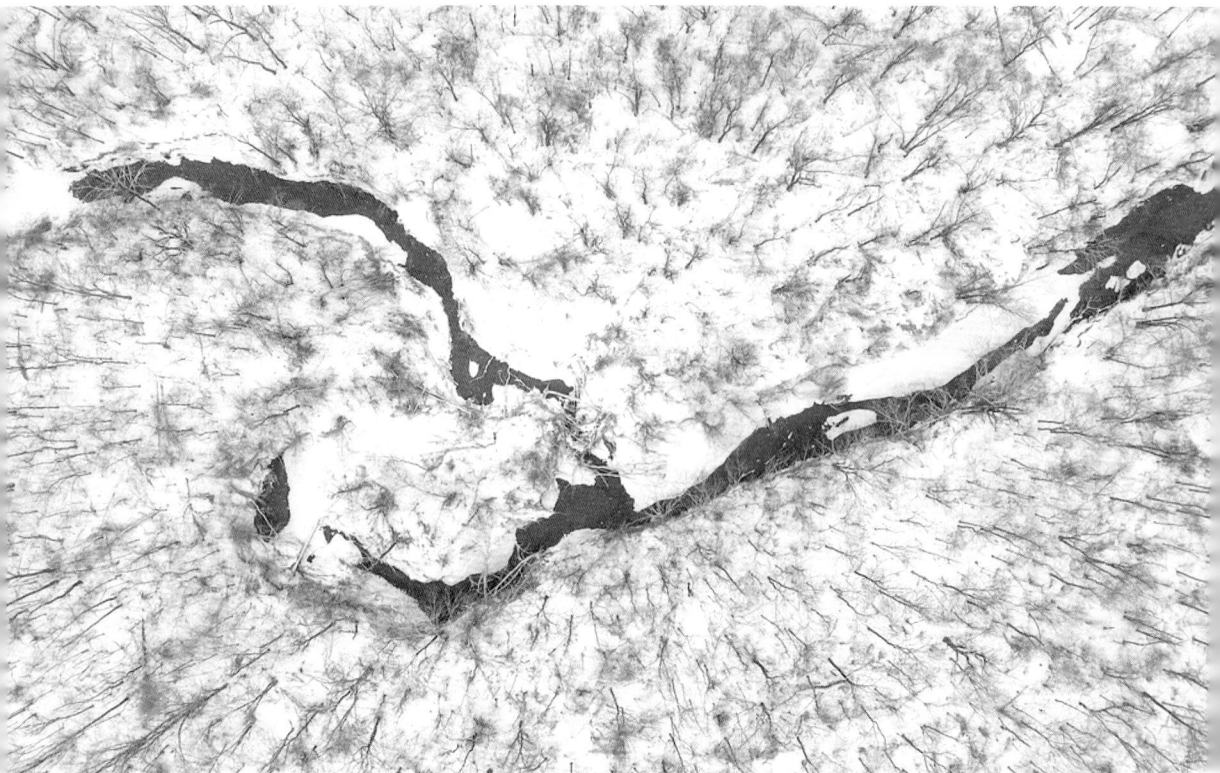

东北虎豹国家公园

案》中提出"构建以国家公园为主体的自然保护地体系"①，它是对"建立国家公园体制"的进一步扩展。党的十九大报告和之后的历次党和国家重要文件反复强调了这一重大改革任务。2019年6月，中共中央办公厅、国务院办公厅又专门印发了《关于建立以国家公园为主体的自然保护地体系的指导意见》。

　　关于国家公园在自然保护地体系中的"主体性"，目前在学界缺乏充分的讨论。一般认为这种"主体性"体现在面积规模上，即国家公园的占地面积达到自然保护地总占地面积的50%以上，就可称之为"以国家公园为主体"。如果按照中国国家公园规划面积占陆域国土面积10%以上计算，那么未来国家公园占自然保护地的面积比例约为55.6%，超过了50%。这是否意味着国家公园的主体性就得到充分体现了呢？我认为并不充分。因为对国家公园的"主体性"的认知应放在中国自然保护

---

① 中共中央办公厅，国务院办公厅. 建立国家公园体制总体方案 [EB/OL]. (2017-09-26)[2025-06-09]. https://www.gov.cn/zhengce/202203/content_3635275.htm.

地改革的大背景中去理解，放在改革所要解决的问题、实现的目标上来理解。改革开放以来，中国的自然保护地类型快速增加，保护地数量与占国土面积规模迅速攀升。2013年国家公园和自然保护地体制改革之前，与数量形成鲜明对比的是自然保护地管理质量低下：认识、立法、体制、技术、资金、能力等全面缺位；重圈地、轻管理；重经营、轻保护；空间交叉、多头管理。提高自然保护地体系的"系统性、整体性和协同性"成为自然保护地体系建设的重要方向。理解了上述背景，我们就可以进一步深刻理解国家公园的"主体性"：除面积占比外，国家公园的"主体性"还应体现为首要性、主导性、先进性和示范性。首要性和主导性是指国家公园是自然保护地体系中最为重要的、发挥引领作用的类型，拥有"维护国家生态安全关键区域中的首要地位……保护最珍贵、最重要生物多样性集中分布区中的主导地位"①。因此，国家公园的建设、发展要走在其他类型自然保护地的前面，吸收最新的科学知识，应用最新的技术手段，这就是它的先进性。国家公园建设也要直面自然保护地中普遍存在的保护与发展的矛盾、人与自然的矛盾，摸索出一条"生态保护、绿色发展、民生改善相统一"的道路，这就是它的示范性。

因此，建立以国家公园为主体的自然保护地体系，首要任务是高质量建设中国式现代化国家公园，以此为基础、为引领、为示范，以点带面，将国家公园建设中成功的经验推广到其他类型的自然保护地之中。这里需要注意的是，不同类型自然保护地的自然特征、面积规模各不相同，因此，在这种推广普及过程中也要注意因地制宜、因时制宜、因类制宜。当然，建立以国家公园为主体的自然保护地体系也要完成系统化、整体化和协同化的任务，让不同类型的自然保护地各得其位、各谋其事、相互补充、协同发展，成为坚实可靠的中国式现代化生态安全屏障和生态基础设施。与国家公园相比，目前的自然保护区在自然保护地体系中的定位相对模糊，甚至可以说是尴尬。作为新中国最早建设的自然保护地类型，2013年前，自然保护区一直是中国生态保护的中坚力量，作出过不可磨灭的贡献。国家公园建立后，自然保护区的"基础性"与国家公园的"主体性"之间是一种什么关系？自然保护区的"基础性"如何体现？自然保护区的保护对象、功能定位和治理政策如何调整？这些问题都有待进一步研究。另一方面，自然公园目前是将七小类（风景名胜区、森林公园、地质公园、海洋公园、湿地公园、沙漠/石漠公园和草原公园）捆绑放入这一新的自然保护地类型。但是很明显，这七小类在自然特征方面具有非常大的差异性。它们如何有机整合成一类新的自然保护地类型？如何差异化管理？这些也

---

① 中共中央办公厅，国务院办公厅. 关于建立以国家公园为主体的自然保护地体系的指导意见[EB/OL]. (2019-06-26) [2025-06-09]. https://www.gov.cn/zhengce/2019/06/26/content_5403497.htm.

是以国家公园为主体的自然保护地体系在建设过程中需要回答的理论和实践问题。

目前，自然保护地体系的顶层设计是"以国家公园为主体、自然保护区为基础、各类自然公园为补充"，这个结构是合理的，但需要强化中国特色。与美国、加拿大、新西兰等最早建立国家公园的国家相比，中国具有五千年的文明发展史，以及丰富的"人与天调""天人合一"等中国传统生态智慧，因此，中国的自然和文化珠联璧合、水乳交融。这一点得到了世界公认，最显著的例证就是中国是世界混合遗产最多的国家。建议进一步突出风景名胜区等独具中国特色的保护地类型，并在国家公园、自然保护区、自然公园建设中融入更多中国传统文化和在地民族文化，将以国家公园为主体的自然保护地体系不仅建设成全世界规模最大的，而且建

三江源国家公园（摄影：王沛）

设成最具中国特色的。除了传统文化外，中国特色还包括在国家公园和自然保护地展现中国式现代化的各项最新成果。

六、从全球生态治理高度认识和建设中国国家公园

伴随着人类文明的发展，人与自然的关系不断演进。采集狩猎文明期间，自然拥有绝对力量，是几乎完整的空间存在。人类在大自然面前是脆弱的，其空间分布星星点点。随着人类进入农业文明，农耕用地开始成片出现并逐渐增多，与城镇和道路一起形成点线面、日趋完善的人类生存空间，自然空间逐渐萎缩，但自然与人

类相对均衡。在这一阶段，人对自然的影响还是温和的，自然尚处于其韧性范围之内。工业革命之后，在蒸汽机、电力、计算机、核能等一系列技术的助力下，人类已经拥有足以毁灭大自然的能力，密密麻麻的人类发展用地在数量上已经超过孤岛式、破碎化的自然空间，人与自然的关系进入一个十分严峻、危险的阶段，在这一阶段，自然韧性越来越低，体现地球健康水平的九个指标中六个已经亮起了红灯。愈演愈烈的全球气候变化和生物多样性丧失，使得全球生态治理成为关乎人类生存和人类文明存续的必然选择。

与全球生态治理的极端迫切性相比，国际生态合作、资金投入等严重滞后，令人担忧。虽然《联合国气候变化框架公约》《生物多样性公约》等为全球生态治理提供了基础框架，也确定了宏大的气候和生物多样性保护远景，但由于美国新一届政府上台以来，气候治理和能源转型的政治意愿、科研经费投入都跌入谷底，这种趋势也影响了其他国家的立场和政策。在这种情况下，全球气候和生物多样性治理远景达成很不乐观。与此形成鲜明对比的是中国在生态文明建设领域的巨大进展。2007年，"建设生态文明"成为党的十七大报告的新要求。党的十八大以来，生态文明建设进入全面、系统、深入和快速扎实推进的新阶段。生态文明已经超越生态保护本身，嵌入中国经济、社会、环境发展的方方面面，中国正在进行"推动形成绿色发展方式和生活方式"这种发展观上的一场深刻革命①，并最终走上"人与自然和谐共生的现代化"的道路。正因为如此，在国际实践上愈来愈弱的"生物多样性保护主流化"在中国看到了希望。近几年来，尤其是最近几个月，我接触到的国外学者，无不对中国的生态文明、自然保护、绿色发展方面的进展表示赞赏，绝大多数学者也希望中国在全球生态治理中扮演更具领导力的角色。

国家公园在全球生态治理中地位突出。它的特殊地位源于高品质——国家公园是最原真、最完整、最具代表性和多样性、最美丽的自然空间；源于悠久的历史——国家公园诞生于1872年，是全球现代自然保护运动的起源；源于广泛深入的公众影响力——国家公园是公众最喜爱的自然保护地，是自然保护与公众之间的桥梁。因此，作为全球生态治理的"参与者、贡献者、引领者"，我们应在扎扎实实建设中国国家公园的同时，打开国际视野，开展四个方面的工作。

第一，严格准入标准。中国国家公园是生态文明——人类文明新形态的完美结晶，是中国式现代化的生动体现，代表中华人民共和国的国家形象。因此，国家公园应该采取最严格的准入标准，保持高门槛，成熟一个，进入一个。

---

① 习近平.推动形成绿色发展方式和生活发展方式是发展观的一场深刻革命[M]//习近平.论坚持人与自然和谐共生.北京：中央文献出版社，2022：167-177.

第二，开展前沿研究和高新科技应用。一方面，生态连通性、碳汇、陆生脊椎动物气候避难所等都是全球关注的热点。另一方面，中国是制造业强国，高新科技层出不穷。中国国家公园在前沿研究和科技应用方面的成果是中国持续参与、贡献于和引领全球生态治理的证明。

第三，加强国际合作。在"一带一路""南南合作"中增添更多绿色——国家公园和自然保护地的内容。与世界自然保护联盟（International Union for Conservation of Nature，IUCN）、世界银行等国际组织合作，扩大中国国家公园的影响力，吸收借鉴国际有益经验。与发达国家开展更多有关国家公园和自然保护地的人才交流和技术培训。

第四，讲好中国国家公园故事。中国自然景观丰富多样，传统文化和地方文化底蕴丰厚，各民族人民善良淳朴，因此，国家公园是最容易讲好的中国故事。《生物多样性公约》缔约方大会、《联合国气候变化框架公约》缔约方大会、IUCN世界自然保护大会等都是讲好中国国家公园故事的平台。

结束语

20年来，发源于浙江山村的"两山"理念催生出包括国家公园在内全面、系统、持久、深刻的中国生态文明实践，催生出人与自然和谐共生的美好愿景。20多年后，二十一世纪中叶，当我们实现中华民族伟大复兴，实现"富强民主文明和谐美丽的社会主义现代化强国"的时刻，我相信，以国家公园为主体的自然保护地体系必将成为美丽中国中最美丽的国土，成为人与自然和谐共生的现代化中最精彩的呈现，成为生态文明——这一人类文明新形态中的璀璨群星。

当然，其中最闪烁夺目的就是中国国家公园。

在这里，天苍苍、野茫茫。天似穹庐，笼盖四野。

在这里，山岳巍峨峻秀，河流自然流淌，森林生机盎然，灵兽奔腾于莽原，飞鸟翱翔于天际，群鱼嬉戏于海洋。白昼气象万千，夜晚星光璀璨。

在这里，最原真、完整的自然向你走来，天人合一的千年智慧向你展开。

你终会发现：原来山川是你，林原是你，万物是你。

这就是中国国家公园。*

---

* 此段文字为清华大学国家公园研究杨锐团队集体创作。

09
—

完善落实
「两山」理念的
体制机制

林震

北京林业大学马克思主义学院教授、北京林业大学生态文明研究院院长。毕业于北京大学政府管理学院，法学博士，现为北京林业大学生态文明建设交叉学科博士生导师。主要研究方向为生态文明、绿色治理、生态环境政策等。

[摘要]完善"两山"理念的体制机制是党的二十届三中全会对深化生态文明体制改革、完善生态文明制度体系提出的新要求,是建设人与自然和谐共生的现代化的必由之路。党的十八大以来,我国落实"两山"理念的顶层设计不断完善,随着"两山"理念在中央的确立,"两山"理念的制度化、法治化得以不断加强,"两山"实践创新基地建设也不断推广,积累了经验。新时期要推动完善落实"两山"理念的基础体制,需加强生态环境分区管控、国土空间用途管制、自然资源产权管理、生态安全协同管护和生态环境法典管治。要健全落实"两山"理念的统筹协调机制,包括加强和完善党对"两山"工作全面领导的统筹协调机制,加强和完善部门合作促进"两山"转化的统筹协调机制,加强和完善"两山"转化政策机制、市场机制和社会机制的统筹协调,以及加强和完善对落实"两山"理念统筹协调机制的管理。
[关键词]"两山"理念、制度创新、生态文明基础体制、统筹协调机制

"绿水青山就是金山银山"这一科学论断提出20年来,经历了一个从地方探索实践到全国全面推广的过程。进入新时代以来,"两山"理念不仅成为党和国家建设生态文明的核心理念,而且围绕践行"两山"理念构建起了系统完整的生态文明制度体系,为实现"两山"转化提供了坚实的制度保障。人们对"两山"理念一般有广义和狭义两个方面的理解。从广义上说,"两山"理念是我国生态文明建设的核心理念,践行"两山"理念就是生态文明建设的全部,那么"四梁八柱"的生态文明制度体系就都可以看作是落实"两山"理念的体制机制,当前深化生态文明体制改革的所有任务就都是在完善这一体制机制。从狭义上说,"两山"理念重点关注的是绿水青山向金山银山的转化,是生态产品的价值实现,是保护生态环境能否得到等值的生态补偿的问题。党的二十届三中全会针对新时代新征程上建设人与自然和谐共生的现代化的新任务,强调必须完善生态文明制度体系,加快完善落实"两山"理念的体制机制。这里实际上就包含了广义和狭义两个方面的"两山"理念的内涵,既包括生态的经济化、产业化,也包括经济和产业的生态化、绿色化。之所以要强调"加快完善",说明"两山"的体制机制已经取得了阶段性的成效,但距离党中央的期待和人民群众的期盼还有一定的差距,在实施过程中还有这样那样的瓶颈和障碍,需要通过深化改革来破除,为绿水青山更好地转化成金山银山拓宽通道、提供保障。

一、落实"两山"理念的顶层设计不断完善

顶层设计是新时代以来我国政治领域的一个热词，该词来源于系统工程学，本义是统筹考虑项目各层次和各要素，追根溯源，统揽全局，在最高层次上寻求问题的解决之道。"顶层设计"在中共中央关于"十二五"规划的建议中首次出现，建议在全面推进各个领域改革的同时，提出要"更加重视改革顶层设计和总体规划"。由此可见，所谓的顶层设计主要是指改革方案的规划设计要具备系统性、整体性、协同性、前瞻性等特征，要善于从全局角度对改革的各方面、各层次、各要素等进行统筹规划，对制约改革发展的全局性、关键性问题进行顶层判断，提出解决的整体思路和框架，以降低改革风险，化解改革阻力，确保改革顺利推进。可以说，顶层设计是在最高层面实现从理念创新到制度创新的过程。

（一）"两山"理念在中央的确立

《中共中央关于党的百年奋斗重大成就和历史经验的决议》指出："改革开放以后，党日益重视生态环境保护。同时，生态文明建设仍然是一个明显短板，资源环境约束趋紧、生态系统退化等问题越来越突出，特别是各类环境污染、生态破坏呈高发态势，成为国土之伤、民生之痛。"党中央认识到，如果不抓紧扭转生态环境恶化趋势，必将付出极其沉重的代价。随着世纪之交可持续发展理念在全球的兴起，我国也把可持续发展确立为国家战略，党的十六大报告强调经济发展要和人口、资源、环境相协调，要求促进人与自然的和谐，推动整个社会走上生产发展、生活富裕、生态良好的文明发展道路。党的十七大报告首次将"建设生态文明"纳入实现全面建成小康社会的奋斗目标，要求基本形成节约能源资源和保护生态环境的产业结构、增长方式、消费模式，同时要求在全社会牢固树立生态文明观念。党的十八大报告把生态文明建设上升为中国特色社会主义事业"五位一体"总体布局的高度，要求"必须树立尊重自然、顺应自然、保护自然的生态文明理念"，不仅要把生态文明建设放在突出地位，而且要融入经济建设、政治建设、文化建设、社会建设各方面和全过程，目标是建设美丽中国，实现中华民族永续发展。

党的十八大之后，习近平总书记多次论及"两山"关系，强调"我们既要绿水青山，也要金山银山。宁要绿水青山，不要金山银山，而且绿水青山就是金山银山"。2015 年 4 月，中共中央、国务院发布《关于加快推进生态文明建设的意见》，明确提出"坚持绿水青山就是金山银山""深入持久地推进生态文明建设"，这是首次将该理念写入中央文件。同年 9 月出台的《生态文明体制改革总体方案》把"树立绿水青山就是金山银山的理念"作为生态文明体制改革必须遵循的理念之一。

福建南靖田螺坑土楼群

2016年，联合国环境规划署发布《绿水青山就是金山银山：中国生态文明战略与行动》报告，向全世界推介"两山"理念。2017年，党的十九大把"树立和践行绿水青山就是金山银山的理念"写入中国共产党全国代表大会报告，同时把"增强绿水青山就是金山银山的意识"写进《中国共产党章程》。2020年，党的十九届五中全会通过的《中共中央关于制定国民经济和社会发展第十四个五年规划和二〇三五年远景目标的建议》，在"推动绿色发展，促进人与自然和谐共生"部分开宗明义提出要"坚持绿水青山就是金山银山理念，坚持尊重自然、顺应自然、保护自然，坚持节约优先、保护优先、自然恢复为主，守住自然生态安全边界"。2022年，党的二十大报告充分肯定了新时代十年我国坚持"两山"理念取得生态文明建设的历史性成就，同时要求全面推进美丽中国建设，"必须牢固树立和践行绿水青山就是金山银山的理念，站在人与自然和谐共生的高度谋划发展"。党的二十届三中全会强调建设人与自然和谐共生的中国式现代化，必须完善生态文明制度体系，加快完善落实"绿水青山就是金山银山"理念的体制机制。

（二）"两山"理念的制度化、法治化进程

进入新时代，党中央高度重视生态文明制度建设，坚持用最严格的制度和最严密的法治保障生态文明建设。生态文明制度体系的"四梁八柱"不断完善，这一过程也是"两山"理念的制度化进程，对我国生态文明建设产生了积极的推动和保障作用。

党的十八大报告从全面建成小康社会的目标出发，强调"必须以更大的政治勇气和智慧，不失时机深化重要领域改革，坚决破除一切妨碍科学发展的思想观念和体制机制弊端，构建系统完备、科学规范、运行有效的制度体系，使各方面制度更加成熟更加定型"。在生态文明领域，党的十八大报告在中央层面首次明确提出要"加快建立生态文明制度，健全国土空间开发、资源节约、生态环境保护的体制机制，推动形成人与自然和谐发展现代化建设新格局"。尽管报告没有出现"两山"理念的字眼，但从所列举的生态文明制度建设的清单中，我们可以清晰地看出"两山"制度所包含的内容：在评价考核方面，要求把资源消耗、环境损害、生态效益纳入经济社会发展评价体系，建立体现生态文明要求的目标体系、考核办法、奖惩机制；在严格保护方面，要求建立国土空间开发保护制度，完善最严格的耕地保护制度、水资源管理制度、环境保护制度；在价值补偿方面，要求深化资源性产品价格和税费改革，建立反映市场供求和资源稀缺程度、体现生态价值与代际补偿的资源有偿使用制度和生态补偿制度；在市场机制方面，要求积极开展节能量、碳排放权、排污权、水权交易试点；在监督管理方面，要求加强环境监管，健全生态环境保护责任追究制度和环境损害赔偿制度。党的十八届三中全会决定进一步要求加快生态文明制度建设，并且首次提出要建立系统完整的生态文明制度体系，实行最严格的源头保护制度、损害赔偿制度、责任追究制度，完善环境治理和生态修复制度，用制度保护生态环境。

2015年9月中共中央、国务院印发的《生态文明体制改革总体方案》（以下简称《方案》）对生态文明制度体系建设的时间表和路线图作出总体部署。《方案》要求到2020年，构建起由自然资源资产产权制度、国土空间开发保护制度、空间规划体系、资源总量管理和全面节约制度、资源有偿使用和生态补偿制度、环境治理体系、环境治理和生态保护市场体系、生态文明绩效评价考核和责任追究制度等八项制度构成的产权清晰、多元参与、激励约束并重、系统完整的生态文明制度体系，从而推进生态文明领域国家治理体系和治理能力现代化。2019年10月，党的十九届四中全会通过的《中共中央关于坚持和完善中国特色社会主义制度，推进国家治理体系和治理能力现代化若干重大问题的决定》在首轮生态文明体制改革即将收官之际，进一步将生态文明制度体系建设凝练为四个方面，即实行最严格的生态环境保护制度，全面建立资源高效利用制度，健全生态保护和修复制度，严明生态环境保

护责任制度。至此，我国生态文明制度体系的"四梁八柱"基本定型。这些制度都是广义上的落实"两山"理念的制度体系，既有保护绿水青山的体制机制，也有促进"两山"转化的体制机制。

在"两山"理念的法治化方面，2018年3月通过的宪法修正案将"生态文明"写入宪法，实现了党的主张、国家意志、人民意愿的高度统一。2019年年底修订的《中华人民共和国森林法》第一条就开宗明义地规定："为了践行绿水青山就是金山银山理念，保护、培育和合理利用森林资源，加快国土绿化，保障森林生态安全，建设生态文明，实现人与自然和谐共生，制定本法。"2020年5月全国人民代表大会通过的《中华人民共和国民法典》第九条规定"民事主体从事民事活动，应当有利于节约资源、保护生态环境"，在世界范围内首次把生态环境保护确立为民法的基本原则。《中华人民共和国长江保护法》和《中华人民共和国黄河保护法》都强调要加强流域生态环境保护和修复，促进资源的合理利用，保障生态安全，实现人与自然和谐共生、中华民族永续发展。自2024年6月1日起施行的《生态保护补偿条例》将党中央、国务院关于生态保护补偿的规定和要求以及行之有效的经验做法，以综合性、基础性行政法规形式予以巩固和拓展，确立了生态保护补偿基本制度规则，以充分发挥法治固根本、稳预期、利长远的作用。正在编纂的《中华人民共和国生态环境法典（草案）》（以下简称《草案》）充分体现了"两山"理念的原则要求，《草案》的第五条明确规定"完善落实绿水青山就是金山银山理念的体制机制"。《草案》在污染防治编之外，单独设立了生态保护编和绿色低碳发展编，为"两山"实践提供了制度保障。

（三）"两山"实践创新基地的创建与推广

榜样的力量是无穷的。通过政策的试点示范来总结经验教训是中国共产党治国理政的一大法宝。2015年，党的十八届五中全会把绿色发展纳入新发展理念。2016年，环境保护部将浙江省安吉县列为"绿水青山就是金山银山"理论实践试点县。2017年，为贯彻落实党中央、国务院关于加快生态文明建设的决策部署，充分发挥"绿水青山就是金山银山"的示范引领作用，环境保护部开始在全国开展实践创新基地的创建工作。2019年，生态环境部发布了《"绿水青山就是金山银山"实践创新基地建设管理规程（试行）》，就"两山"基地建设的顶层设计、总体部署和工作推进格局作出规定。2024年2月，《"绿水青山就是金山银山"实践创新基地建设管理规程》正式颁布，管理规程共6章27条，从总则、申报、遴选命名、建设实施、监督管理等方面对"两山"基地的建设管理进行了明确和规范。截至2024年，全国已经表彰命名了7批共240个"两山"实践创新基地。一些省份开展省级"两

山"实践创新基地建设，涌现的先进典型案例更是不计其数。此外，国家发展和改革委员会印发首批国家生态产品价值实现机制试点名单，自然资源部也推出了5批生态产品价值实现典型案例。各地积极探索"两山"转化的路径模式，形成了"守绿换金""添绿增金""点绿成金""借绿生金""数绿合金"等多种行之有效的转化模式。

浙江安吉递铺镇

二、完善落实"两山"理念的基础体制

"体制"指的是规则和制度,一般特指有关组织形式的制度,是指国家机关、企事业单位和其他社会组织在机构设置、领导隶属关系和管理权限划分等方面的体系、制度、方法、形式等的总称。党的十八届三中全会对生态文明体制改革作出明确部署之后,各地区各部门根据《生态文明体制改革总体方案》积极推进生态文明

江西婺源美丽乡村

制度体系建设，尤其是通过福建、江西、贵州、海南四个国家生态文明试验区，将顶层设计与地方实践相结合，开展改革创新试验，探索适合我国国情和各地发展阶段的生态文明制度模式。经过十年的改革实践，党的二十大报告做出了"生态文明制度体系更加健全"的结论。当然，与建设人与自然和谐共生的现代化的要求相比，党的二十届三中全会公报指出，我们仍需完善生态文明制度体系，加快完善落实"绿水青山就是金山银山"理念的体制机制，并为此做出了完善生态文明基础体制、健全生态环境治理体系和健全绿色低碳发展机制的任务部署。"生态文明基础体制"是一个新的提法，强调的是生态文明体制中的战略性、基础性部分，是构建和实施整个生态文明制度体系的前提和底线，包括生态环境分区管控、国土空间用途管制、自然资源产权管理、生态安全管护和生态环境法典管治五个方面。

（一）生态环境分区管控

生态环境分区管控是以保障生态功能和改善环境质量为目标，实施分区域、差异化、精准管控的生态环境管理制度，是中国特色生态文明制度体系和美丽中国空间治理体系的重要组成部分，为发展"明底线""划边框"，在生态环境源头预防体系中具有基础性作用。2024 年 3 月，中共中央办公厅、国务院办公厅印发《关于加强生态环境分区管控的意见》，明确提出到 2025 年生态环境分区管控制度基本建立，全域覆盖、精准科学的生态环境分区管控体系初步形成；到 2035 年体系健全、机制顺畅、运行高效的生态环境分区管控制度全面建立，为生态环境根本好转、美丽中国目标基本实现提供有力支撑。生态环境分区管控的实质是要加强源头治理、科学治理、精准治理，严守生态保护红线、环境质量底线、资源利用上线，科学指导各类开发保护建设活动。全面推进生态环境分区管控的首要任务就是制定以落实生态保护红线、环境质量底线、资源利用上线硬约束为重点，以生态环境管控单元为基础，以生态环境准入清单为手段，以信息平台为支撑的生态环境分区管控方案，以此作为加强生态环境分区管控、推进生态环境治理现代化的蓝图。要强化生态环境保护政策协同，在国家和省级层面设立统筹协调机构，依托分区管控方案协同推进区域和流域的降碳、减污、扩绿、增长，同时积极开展生态环境分区管控与环境影响评价、排污许可、环境监测、执法监管等协调联动改革试点，探索构建全链条生态环境管理体系，推动形成美丽中国建设的政策合力和全社会共同参与的良好氛围。

（二）国土空间用途管制

国土是生态文明建设的载体。构建生产空间集约高效、生活空间宜居适度、生态空间山清水秀，安全和谐、富有竞争力和可持续发展的国土空间格局，必须不断完善国土空间开发保护制度，建立健全覆盖全域全类型、统一衔接的国土空间用途管制和规划许可制度。2010年国务院印发的《全国主体功能区规划》将我国国土空间按开发方式分为优化开发区域、重点开发区域、限制开发区域和禁止开发区域，按开发内容分为城市化地区、农产品主产区和重点生态功能区，按层级分为国家和省级两个层面。党的十八届三中全会明确坚定不移实施主体功能区制度。2017年10月，中共中央、国务院印发《关于完善主体功能区战略和制度的若干意见》，要求尊重自然规律和发展规律，深入实施主体功能区战略，发挥主体功能区作为国土空间开发保护基础制度的作用，推动主体功能区战略格局在市县层面精准落地。2019年5月，中共中央、国务院又印发《关于建立国土空间规划体系并监督实施的若干意见》，要求将主体功能区规划、土地利用规划、城乡规划等空间规划融合为统一的国土空间规划，实现"多规合一"，强化国土空间规划对各专项规划的指导约束作用。2020年，国家发展和改革委员会与自然资源部联合印发《全国重要生态系统保护和修复重大工程总体规划（2021—2035年）》，主要在青藏高原生态屏障区、黄河重点生态区等"三区四带"布局重大工程。2024年1月出台的《主体功能区优化完善技术指南》在原有三类基础上，统筹能源安全、文化传承、边疆安全等空间安排，叠加划定能源资源富集区、边境地区、历史文化资源富集区等其他功能区，形成"3+N"主体功能分区体系。

（三）自然资源产权管理

产权是所有制的核心，产权制度是社会主义市场经济体制的基石。自然资源资产产权是自然资源资产的所有权、用益物权、债权等一系列权利的总称。自然资源资产产权制度是关于自然资源资产产权主体、客体、内容（权利义务）和权利取得、变更、消灭等规定的总和，对完善社会主义市场经济体制、维护社会公平正义、建设美丽中国起着重要的基础支撑作用。我国生态文明体制改革的原则之一就是要坚持自然资源资产的公有性质，创新产权制度，落实所有权，区分自然资源资产所有者权利和管理者权力，合理划分中央地方事权和监管职责，保障全体人民分享全民所有自然资源资产收益。《生态文明体制改革总体方案》把构建归属清晰、权责明

确、监管有效的自然资源资产产权制度作为改革的首要任务，致力于解决自然资源所有者不到位、所有权边界模糊等问题。2019年4月，中共中央办公厅、国务院办公厅印发《关于统筹推进自然资源资产产权制度改革的指导意见》，明确提出自然资源资产产权制度的主要任务，在推进统一确权登记、完善有偿使用、健全自然生态空间用途管制和国土空间规划、加强自然资源保护修复与节约集约利用等方面进行了积极探索。其中，农村集体产权、林权等制度改革加快推进，形成了一系列制度方案、标准规范和试点经验。2022年3月，中共中央办公厅、国务院办公厅又出台《全民所有自然资源资产所有权委托代理机制试点方案》，要求以所有者职责为主线，以自然资源清单为依据，以调查监测和确权登记为基础，以落实产权主体为重点，着力摸清自然资源资产家底，依法行使所有者权利，实施有效管护，强化考

广西桂林阳朔遇龙河

核监督，为切实落实和维护国家所有者权益、促进自然资源资产高效配置和保值增值、推进生态文明建设提供有力支撑。此外，还应建立健全生态环境保护、自然资源保护利用和资产保值增值等责任考核监督制度。

（四）生态安全协同管护

生态安全作为国家安全的重要组成部分，是推进人与自然和谐共生的现代化和实现可持续发展的必然要求，也是建设生态文明和美丽中国的安全底线。党的十八大以来，党中央高度重视生态安全保护与管理工作。2014年1月，中央国家安全委员会第一次会议明确将生态安全纳入国家安全体系之中，这是在准确把握国家安全形势变化新特点、新趋势下作出的重大战略部署。党的十八届五中全会决议提出，坚持绿色发展，有度有序利用自然，构建科学合理的生态安全格局。习近平总书记在2018年全国生态环境保护大会上提出要加快建立健全以生态系统良性循环和环境风险有效防控为重点的生态安全体系。在2023年全国生态环境保护大会上，习近平总书记再次强调，要守牢美丽中国建设安全底线，贯彻总体国家安全观，积极有效应对各种风险挑战，切实维护生态安全、核与辐射安全等，保障我们赖以生存发展的自然环境和条件不受威胁和破坏。2024年1月发布的《中共中央、国务院关于全面推进美丽中国建设的意见》提出要进一步健全国家生态安全体系，完善国家生态安全工作协调机制，加强与经济安全、资源安全等领域协作，健全国家生态安全法治体系、战略体系、政策体系、应对管理体系，提升国家生态安全风险研判评估、监测预警、应急应对和处置能力，形成全域联动、立体高效的国家生态安全防护体系，守牢美丽中国建设安全底线。生态安全建设与管理已然成为确保我国各项事业稳定、快速发展的基本保障。

（五）生态环境法典管治

编纂生态环境法典是全面加强生态文明法治建设，依法保障人与自然和谐共生的现代化的必然要求，是推进生态环境领域治理体系和治理能力现代化的必要举措。生态环境法典的编纂，是通过对现行生态环境法律制度规范进行系统整合、编订纂修、集成升华，将党的十八大以来生态文明建设理论、制度、实践成果以体系化、法典化的方式确认下来，形成一部具有中国特色、体现时代特点、反映人民意愿、系统规范协调的生态环境法典。生态环境法典编纂的一个时代背景就是"两山"理念已经深入人心，保护生态环境、形成绿色低碳的生产生活方式已经成为全社会的共识，人民群众对生态环境质量的期望值更高，希望用最严格的制度、最严密的法治保护生态环境、推动绿色发展。《中华人民共和国生态环境法典》颁布以后，将取代《中华人民共和国环境保护法》，统领生态环境法律法规体系。2025年5月公开征求意见的《中华人民共和国生态环境法典（草案）》（以下简称《草案》）分为5编，包括总则编、污染防治编、生态保护编、绿色低碳发展编、法律责任和附则编，共1188条。《草案》总则编规定生态环境领域的重要法律原则和基础性、综合性、普遍性的法律制度，统领其他各编。《草案》总则编分为基本规定、监督管理、规划和生态环境分区管控、标准和监测、生态环境影响评价、生态保护补偿、突发生态环境事件应对、保障措施、信息公开与公众参与共9章143条。污染防治编为《草案》的重点部分，分为9个分编525条。生态保护编一改以往以单一生态要素为保护目标的立法思路，突出系统保护理念，分为一般规定、生态系统保护、自然资源保护与可持续利用、物种保护、重要地理单元保护、生态退化的预防和治理、生态修复7章265条。绿色低碳发展编聚焦与生态环境保护密切相关的绿色低碳发展重要环节、重要领域，建立健全绿色低碳发展相关法律制度，分为一般规定、发展循环经济、能源节约与绿色低碳转型、应对气候变化4章113条。

三、健全落实"两山"理念的统筹协调机制

"机制"原指机器的构造和工作原理，或者机体的构造、功能和相互关系，泛指一个工作系统的组织或部分之间相互作用的过程和方式。如果说"体制"反映的是静态的组织结构形式，那么"机制"则指的是组织动态的运行方式。这样的"机制"通常也被称为管理机制，是指管理系统的结构及其运行机理，是一个组织达成目标的重要途径，一般包括运行机制、动力机制和约束机制三种形式。生态文明制度体系中包含着多种多样的机制，《生态文明体制改革总体方案》中"机制"一词出现了50次。党的二十届三中全会决定中"深化生态文明体制改革"部分出现的"机制"也有13次之多，包括健全山水林田湖草沙一体化保护和系统治理机制，建设多元化生态保护修复投入机制，强化生物多样性保护工作协调机制，健全生态产品价值实现机制，健全横向生态保护补偿机制，健全绿色消费激励机制等。中央《关于建立健全生态产品价值实现机制的意见》总体框架为"一个总体要求+六个机制"，这六个机制分别是：建立生态产品调查监测机制、建立生态产品价值评价机制、健全生态产品经营开发机制、健全生态产品保护补偿机制、健全生态产品价值实现保障机制、建立生态产品价值实现推进机制。本文不对这些具体的机制展开说明，而是从如何加强落实"两山"理念的统筹协调机制方面谈一些自己的想法。

（一）加强和完善党对"两山"工作全面领导的统筹协调机制

中国共产党领导是中国特色社会主义最本质的特征，是中国特色社会主义制度

茶山叠翠　美丽乡村

的最大优势。坚持党对生态文明建设的全面领导是我国生态文明建设的根本保证。从中央到地方的各级党委是生态文明建设的领导核心，要坚持党对生态文明建设的集中统一领导，发挥统筹规划、协调推进的作用，推动人民代表大会、政府、中国人民政治协商会议、监察机关、审判机关、检察机关、人民团体、企事业单位、社会组织等主体形成强大的生态文明建设合力，构建和落实党委领导、政府主导、企业主体、社会组织和公众共同参与的现代生态环境治理体系。建议在从中央到地方的各级党委和政府层面成立由党的主要负责人牵头的生态文明建设议事协调机构，把落实"两山"理念作为重要议题，统筹协调解决"两山"转化方面的重大事项，牵头起草和发布重要文件，指导全社会牢固树立和践行"两山"理念。

（二）加强和完善部门合作促进"两山"转化的统筹协调机制

政府在落实"两山"理念、促进"两山"转化中居于主导地位，政府作用的发挥主要是通过职能部门履行相应的管理职责来实现的。党的十八届三中全会决定提出按照所有者和管理者分开和一件事由一个部门管理的原则，落实全民所有自然资源资产所有权，建立统一行使全民所有自然资源资产所有权人职责的体制。党的十九大要求设立国有自然资源资产管理和自然生态监管机构，完善生态环境管理制度，统一行使全民所有自然资源资产所有者职责，统一行使所有国土空间用途管制和生态保护修复职责，统一行使监管城乡各类污染排放和行政执法职责，由此就有了 2018 年党和国家机构改革中自然资源部、生态环境部、国家林业和草原局等机构的整合设置。尽管如此，无论是生态文明建设还是落实"两山"理念都是一个系统工程，仍需要有关部门的通力合作，既各司其职，又协调配合。例如，2018年年底成文的《建立市场化、多元化生态保护补偿机制行动计划》就由国家发展和改革委员会、财政部、自然资源部、生态环境部、水利部、农业农村部、中国人民银行、市场监管总局、国家林业和草原局等九部门联合发布。其中规定由自然资源部牵头负责健全资源开发补偿制度，由水利部牵头，自然资源部、生态环境部参与完善水权配置；由生态环境部牵头，自然资源部、国家林业和草原局参与健全碳排放权抵消机制。2022年10月，生态环境部等18个部门联合印发了《关于推动职能部门做好生态环境保护工作的意见》，强调管发展的、管生产的、管行业的部门必须按"一岗双责"要求来抓好工作，推动职能部门更好履行生态环境保护职责、形成工作合力，进一步强化权责明晰、协调联动、齐抓共管的生态环境治理体系。

（三）加强和完善"两山"转化政策机制、市场机制和社会机制的统筹协调

要统筹政府与市场、国家与社会的关系，不断完善有利于加快推进"两山"转化的价格、财政、税收、金融等经济政策，建立更加全面的生态文明和绿色发展政绩考核体系。在生态保护补偿方面，国家不仅要加强财政纵向补偿，而且要鼓励、指导、推动地区间开展横向生态保护补偿。要强化"两山"转化的市场运行机制，统筹推进自然资源资产交易平台和服务体系建设，健全生态产品价值实现机制，完善市场化、多元化生态补偿，持续推进碳排放权、排污权、用水权、碳汇权益等市场化交易，引导生态受益者对生态保护者的补偿；积极发展生态产业，建立健全绿色标识、绿色采购、绿色金融、绿色利益分享机制，引导社会投资者对生态保护者的补偿。要完善社会参与机制，调动全民参与生态文明建设的积极性，普遍开展绿色生活创建活动，不断完善第三方治理机制，拓展公益诉讼范围，形成人人、事事、时时崇尚生态文明、践行"两山"理念的社会氛围。

（四）加强和完善对落实"两山"理念统筹协调机制的管理

机制不是独立运行的，而是依附于一定的制度和体制的。机制也不是越多越好，而是要能用、好用、管用，还要善用。要推动林长制、河湖长制、田长制等生态文明建设目标责任制和首长负责制走向"精准赋权、精准定责、精准履责和精准问责"，要"有名"又"有实"，既重治理形式又重治理效能，避免形式化、表面化、模糊化、概念化。要及时总结推广生态文明体制改革尤其是"两山"转化的成功经验，进一步理顺和健全体制，持续优化和搞活机制，充分发挥统筹协调机制对落实"两山"理念、推进绿色发展、建设美丽中国的功能和效用。

10

坚持『三绿』并举，推动森林『四库』联动

汪阳东

中国林业科学研究院院长、研究员，博士生导师，浙江省万人计划科技创新领军人才。兼任中国林学会栎树分会主任委员、全国经济林产品标准化技术主任委员、国家林业和草原局特色林木资源育种创新团队负责人。主要从事栎树等经济林木遗传育种研究。主持国家级项目 20 余项；在 *Nature Communications* 等期刊发表论文100 余篇；获发明专利12件、省级良种5个及省部级奖励2项。

[摘要]"三绿"并举、"四库"联动重要论述集中体现了习近平生态文明思想世界观与方法论的有机统一，系统构建了"生态优先—提质增效—系统治理—价值转化"的生态文明理论建设新范式，突破性地阐释了森林作为"生命共同体"的立体价值维度，深刻把握了提质、兴业、利民"三个更加注重"的核心要义，既构建起从资源保护到价值实现的闭环认知，又提出了以绿生金、点绿成金的创新实践路径，为破解生态保护与经济发展二元对立提供了根本遵循。文章通过系统梳理"三绿"并举与"四库"联动的生成机理、理论阐释及演化路径，构建了涵盖实践指导、关键举措和政策配套的完整理论框架与实践路径，有利于形成推动"两山"转化理论创新与实践突破的中国方案。

[关键词]"两山"理念、"三绿"并举、"四库"联动、生态文明建设、绿色发展

2024年4月3日，习近平总书记参加首都义务植树活动时强调，"绿化祖国要扩绿、兴绿、护绿并举""推动森林'水库、钱库、粮库、碳库'更好联动"，首次提出"三绿"并举与"四库"联动新观点新论述，进一步丰富了习近平生态文明思想。践行"三绿"并举、"四库"联动是深入落实"两山"理念的具体实践，为提升生态系统多样性、稳定性、持续性，全面推进美丽中国建设，加快推进人与自然和谐共生的现代化指明了方向。

一、重要论述的生成机理

（一）源于马克思主义生态哲学思想精髓的继承创新

马克思、恩格斯以辩证唯物主义视角揭示了森林与人类文明的深层关联，马克思主义生态哲学思想指出：人是自然界长期演化的产物，人类活动要遵循自然界的规律，不能超越自然，更不能凌驾于自然之上，要学会与自然和谐相处①。人与自然的关系植根于人与人的社会关系，生态环境问题的根源在于人与社会关系的不和谐。森林不仅是物质财富源泉，更是维系生态平衡的核心要素。资本主义的生产方式导致森林资源被掠夺性开发，其本质是异化劳动对自然规律的背离。"三绿"并举、"四库"联动等重要论述是在充分吸收马克思主义生态哲学思想中有关人与森林关系论述思想精髓的基础上创新发展而成的，是摆脱生态困境的科学路径。

---

① 罗贤宇，黄登良，王艺筱. 森林"四库"论：理论脉络、科学内涵与践行路径 [J]. 东南学术，2023(4): 81-91.

（二）源于中华民族传统营造林生态文化的智慧滋养

中华文明五千年传承不息，生态智慧始终贯穿其中，形成了独具东方特色的森林保护利用体系。先民们深谙"斧斤以时入山林"的生存之道，在长期实践中构建起以"天人合一"为核心的自然哲学观。从《礼记·月令》确立的"时禁"制度，到《孟子》"数罟不入洿池"的生态伦理，再到《齐民要术》总结的农林复合经营体系，无不彰显着先民们对自然规律的深刻认知。这种智慧不仅停留在思想层面，更是转化为制度约束——秦简《田律》首开森林保护法先河，唐律设"失火延烧林木"罪，宋元完善山林职官体系，明清推行补植补造制度[①]，构建起覆盖资源管护、灾害防治、永续利用的完整制度框架。从"草木荣华滋硕之时"的休养生息，到"育山林而国家可富"的永续经营，古人以时序轮转的智慧平衡开发与保护，用制度创新的实践解答人与自然命题，为"三绿"并举、"四库"联动等重要论述提供了丰厚的智慧滋养。

（三）源于人与自然和谐共生的现代化建设的时代诉求

工业革命开启的机器大工业时代，不仅重塑了人类社会的生产方式，更以空前的物质变换能力重构了人与自然的关系，人类对自然资源的攫取强度与生态系统的承受阈值形成尖锐矛盾。面对愈演愈烈的资源环境危机，森林生态系统的多维价值日益凸显，这种天然的生态调节器功能，使之成为应对气候变化、生物多样性保护、防治土地退化等全球性挑战的战略资源[②]。全社会逐渐意识到，森林资源的可持续经营与利用不仅是生态修复的关键，更是绿色发展的基础。"三绿"并举、"四库"联动等重要思想既承载着应对气候危机、保障生态安全的全球责任，又呼应了乡村振兴与共同富裕的发展诉求，彰显了中国式现代化对工业文明生态困局的破题智慧。

二、理论阐释

（一）"三绿"并举的理论阐释

1.科学内涵

"三绿"并举，指"绿化祖国要扩绿、兴绿、护绿并举"。扩绿，就是要科学推进大规模国土绿化，既强调保持数量持续增长，也对提升绿化质量提出了要求。兴

---

① 陈杰，罗贤宇，黄登良. 习近平关于森林"四库"的重要论述：生成机理、实践指向与重大意义 [J]. 福建农林大学学报 (哲学社会科学版), 2023, 26 (2): 8-14+64.

② 坚瑞，谢晓佳，廖林娟. "中国之治"的生态探索：森林"四库"的思想内核、实践探索及经验镜鉴 [J]. 安徽农业大学学报 (社会科学版), 2024, 33 (3): 118-124.

山丘固沙网

绿，就是要注重质量效益，强调的是通过拓展绿水青山转化为金山银山的路径，利用现有的绿化条件，"实现生态效益、经济效益、社会效益相统一"。护绿，就是要加强林草资源保护，"守护好来之不易的绿化成果"，这是在当前森林资源不断增长的背景下，对森林资源管护提出的更高要求[1][2]。

2."三绿"之间的辩证关系

"三绿"之间的关系是辩证的、相辅相成的。"扩绿"是基础，"兴绿"是目标，"护绿"是保障。"兴绿"是"扩绿"的动力，"护绿"是为了更好地巩固"扩绿"的成果。"三绿"要协同并进，如果单纯为迅速提高森林覆盖率而忽视科学规律地大面积造林，就会影响"兴绿"和"护绿"的效果，森林质量难以得到保证。有的地区过分强调护绿，"兴绿"却难以获得足够的支撑。"扩绿""兴绿""护绿"都是实现我国林草事业高质量发展的重要任务，要齐抓并举、不能偏废。"三绿"并举体现了习近平生态文明思想所蕴含的统筹观念和系统思维。

（二）"四库"联动的理论阐释

1.科学内涵

"四库"联动，指推动森林"水库、钱库、粮库、碳库"更好联动。森林是"水

---

① 程宝栋、杨超、秦光远.践行"三绿并举"发展新质生产力[J].绿色中国，2024(9): 46-47.
② 王晶，刘桐，陈建成."三绿并举"助推林业高质量发展[J].绿色中国，2024(9): 42-45.

土地沙化治理

库"，意指森林具备涵养水源、防洪补枯、净化水质等多重生态功能①。森林是"钱库"，意指森林利用太阳能和土地创造生态资本和绿色财富。森林是"粮库"，意指森林物种丰富多样，蕴藏着丰富的食物，是天然的大粮库。森林是"碳库"，意指森林通过光合作用吸收了大气中的二氧化碳，并以多种形式固定下来，实现碳中和。

2. "四库"之间的辩证关系

森林是多元功能价值的集合体，"森林是水库、钱库、粮库、碳库"生动形象地阐明了森林在生态安全、水资源安全、粮食安全、气候安全等国家生态安全中具有基础性、战略性作用，林草兴则生态兴。水库和碳库是森林的基础性功能，更多体现的是森林的生态效益。钱库和粮库是森林的拓展性功能，体现的是森林的经济效益，合理利用森林资源能够满足人类对物质利益的需求。森林"四库"是一个相互联系、相互促进、辩证统一的整体，深刻阐明了森林的多重功能和综合效益，阐明了生态保护与经济社会发展之间的辩证关系，为推动国土绿化、建设美丽中国提供了重要指引②③。

（三）"三绿""四库"耦合关联

1. 耦合内涵

"耦合"可被视为彼此联系的两种或两种以上社会现象之间不断相互作用、彼此推动、共同前进的机制。从耦合的视角出发，"三绿"并举，将扩绿、兴绿、护绿放在同一维度对森林"四库"联动发展提出更高要求④。"三绿""四库"耦合关联，深刻说明森林能为生态环境保护和经济社会发展源源不断地提供战略资源和重要支撑。从系统上看，"三绿""四库"之间紧密相连、互相交叉融合，共同构成统一的复杂系统⑤。我国作为具有世界影响力的林业大国和全球扩绿、兴绿、护绿主力军，要充分发挥森林水库、钱库、粮库、碳库的作用，统筹协调"三绿""四库"之间的关系，充分发挥森林的"三大效益"，系统推进林草事业高质量发展。

2. 耦合效应

坚持"三绿"并举是应对我国生态文明建设面临的现实挑战与高质量发展需求的关键举措，具有深刻的时代必然性，有助于突破大规模国土绿化的瓶颈，巩固生

① 坚瑞，谢晓佳，廖林娟."中国之治"的生态探索：森林"四库"的思想内核、实践探索及经验镜鉴 [J].安徽农业大学学报（社会科学版），2024, 33 (3): 118-124.
② 罗贤宇，黄登良，王艺筱.森林"四库"论：理论脉络、科学内涵与践行路径 [J].东南学术，2023(4): 81-91.
③ 同①。
④ 王晶，刘桐，陈建成."三绿并举"助推林业高质量发展 [J].绿色中国，2024(9): 42-45.
⑤ 林文东，李凌."三绿"并举"四库"联动助力闽西革命老区乡村振兴 [J].福建林业，2024, 39(4): 11-12.

态保护修复的成果，实现高质量发展与高水平保护的有机统一。"三绿"与"四库"构成动态耦合系统，"扩绿"通过空间拓展强化"水库"功能、精准增绿扩容"碳库"、适地适树保障"粮库""钱库"，为"四库"奠定规模与质量根基。"兴绿"通过产业链条打通"钱库"路径、大食物观丰富"粮库"内涵、市场机制联通"四库"效益，激活"四库"协同增值。"护绿"通过灾害防控维护系统稳定、法治手段守护存量资源、科学修复提升系统韧性，保障"四库"长效运行。

"三绿""四库"耦合关联，在生态、经济和社会领域具有重要的耦合效应。一是生态效益显著，筑牢"碳库""水库"根基。"扩绿"能直接增加森林植被碳储量，也能通过扩大森林冠层覆盖减少地表径流冲刷。"兴绿"能通过培育优良树种和延长林木生长期，提升单位面积碳汇效率，也能通过复杂根系网络增强土壤蓄水能力。"护绿"能减少因森林破坏导致的碳排放，确保碳库稳定性，也能遏制水土流失。二是经济效益显著，激活"粮库""钱库"价值。"扩绿""护绿"能拓展林业发展空间，推动木本粮油、中药材等特色产业规模化，多元化供给林产品。"兴绿"能促进碳汇项目开发，确保碳汇量可计量、可交易。"三绿"并举，能推动生态经济模式创新，协同打造优质生态资源，推动生态旅游收入增长。三是"四库"联动反哺"三绿"并举。发挥森林水库和碳库的作用，能保障森林生态系统稳定，改善生态环境。开发森林钱库和粮库作用，能够吸纳农村劳动力参与造林、护林、林下经济开发，推动乡村振兴与就业增收，带动县域经济转型，进一步实现提质、兴业、利民。

三、坚持"三绿"并举，夯实"四库"联动基础

（一）坚持从部门管理到多元共治的机制创新

党的二十届三中全会提出，进一步全面深化改革，要更加注重系统集成，加强对改革整体谋划、系统布局，使各方面改革相互配合、协同高效。"三绿"并举，摒弃"单兵作战"模式，重塑政府、市场、社会的关系，构建政府主导、企业主体、社会组织和公众参与的协同机制[①]。2020年，为全面提升森林和草原等生态系统功能，进一步压实地方各级党委和政府保护发展森林草原资源的主体责任，中共中央办公厅、国务院办公厅印发《关于全面推行林长制的意见》，并于2022年6月在全国如期实现建立林长制的目标，构建起党政同责、属地负责、部门协同、源头治理、全域覆盖的森林草原资源保护发展长效机制。生态护林员作为林长制管护人员网络的重要组成部分，是"三绿"的中坚力量。我国于2016年启动选聘建档立卡贫

---

① 程宝栋，杨超，秦光远.践行"三绿并举"发展新质生产力 [J].绿色中国，2024(9): 46-47.

秦岭山下麦田

困人口担任生态护林员工作，助力脱贫攻坚。国家林业和草原局牵头的"选聘生态护林员工作"在国务院扶贫开发领导小组考核中获得"好"的成绩。作为生态文明制度的重要组成部分，生态保护补偿制度合理地平衡了保护者与受益者的利益。党的十八大以来，我国加大生态保护补偿力度。2021 年，中共中央办公厅、国务院办公厅印发了《关于深化生态保护补偿制度改革的意见》；2024 年，国务院第 26 次常务会议通过《生态保护补偿条例》；2025 年，五部委联合印发《关于进一步健全横向生态保护补偿机制的意见》，多举措落实生态保护权责，调动各方参与生态保护积极性，促进"覆盖更加全面、权责更加清晰、方式更加多元、治理更加高效"的生态保护补偿机制长效化运行。截至 2023 年年底，全国共划定国家级公益林 18.67 亿亩，中央财政每年下达补偿资金约 170 亿元，重点生态功能区转移支付资金从 2013 年的 423 亿元增加到 2023 年的 1091 亿元[1]。

（二）坚持从规模扩张到提质增效的发展方式转型

扩绿是基础，护绿是手段，兴绿是目标。"三绿"并举强调保护与发展统一，不仅是生态保护的方法论，更是推动生产方式、生活方式、治理方式全方位转型的核心引擎[2]。为有效解决一些地方急功近利，违背自然规律、经济规律、科学原则和群众意愿搞绿化，行政命令瞎指挥等问题，国务院办公厅印发了《关于科学绿化的指导意见》，优化科学绿化格局。党的十八大以来，按照"北方扩绿、南方提质"的思

---

① 宋昌素. 完善生态保护补偿制度 [EB/OL]. (2024-04-30)[2025-07-04]. http://www.qstheory.cn/qshyjx/2024-04/30/c_1130137871.htm.
② 王晶，刘桐，陈建成."三绿并举"助推林业高质量发展 [J]. 绿色中国，2024(9): 42-45.

路，全国累计完成营造林面积11.6亿亩，成为全球增绿最快最多的国家①。尤其是"三北"工程攻坚战全面启动以来，"三北"地区坚持"三绿"并举，东部歼灭战区绿进沙退势头明显加快，中部攻坚战区联防联治格局基本形成，西部阻击战区环塔克拉玛干沙漠锁边绿色防护带初步形成，"水库、钱库、粮库、碳库"实现联动发展，工程建设"含绿量""含金量"同步提升。截至2024年，我国53%的可治理沙化土地得到有效治理，沙化土地面积净减少6500万亩，在全球率先实现了土地退化"零增长"、荒漠化和沙化土地"双缩减"②。同时也要清醒看到，我国总体上仍然是一个缺林少绿、生态脆弱的国家，森林质量存在明显的短板。近几年，国土绿化重点从注重增加森林面积转向面积与质量并重，全面实施森林质量精准提升工程。截至2024年，森林可持续经营实施面积扩大到1000万亩以上，森林蓄积量超200亿立方米③。

（三）坚持从法制缺位到良法善治的保障升级

护绿跟不上，扩绿就失去了意义，兴绿也就无从谈起。扩绿是底线，兴绿是突破，护绿是保障，"三绿"并举强调制度刚性约束，其本质是被动应对生态危机的范式变革④⑤。最新的《中华人民共和国森林法》已由第十三届全国人民代表大会常务委员会第十五次会议修订通过，从以森林采伐为中心，转变为以造林绿化、保护修复为中心，再到践行"两山"理念，《中华人民共和国森林法》也从7章扩展至9章，从49条条文增加到84条条文，涵盖了"三绿"各个领域，充分体现了我国对高质量发展与生态保护关系认识的不断深化。《中华人民共和国湿地保护法》作为我国首部湿地保护方面的专门法律，于2022年6月1日起施行，确立了保护优先、严格管理、系统治理、科学修复、合理利用的基本原则，并建立了覆盖全面、体系协调、功能完备的湿地保护法律制度，引领我国湿地保护工作全面进入法治化轨道。建立以国家公园为主体的自然保护地体系，是党的十九大提出的重大改革任务。2024年9月，十四届全国人民代表大会常务委员会第十一次会议首次审议《中华人民共和国国家公园法（草案）》。同年12月，《中华人民共和国国家公园法（草案）》二审稿提请十四届人民代表大会常务委员会第十三次会议审议，明确建立统一规范高效的国家公园管理体制，妥善处

---

① 央视新闻客户端. 去年完成国土绿化任务超1亿亩，中国成为全球增绿最快最多国家 [EB/OL]. (2025-3-12)[2025-07-04]. https://www.news.cn/politics/20250312/a2c08f4b98374fb69a6e0801d303344f/c.html.

② 央视网. 国家林草局：我国53%的可治理沙化土地得到有效治理 [EB/OL]. (2024-11-25)[2025-07-04]. https://news.cctv.com/2024/11/25/ARTIwl0NA6rsDm5og3M1hAVx241125.shtml.

③ 中国绿色时报. 2024年全国林草工作交出一份亮丽答卷 [EB/OL]. (2025-01-26)[2025-07-04].https://www.forestry.gov.cn/c/www/lcdt/607523.jhtml.

④ 林文东，李凌. "三绿"并举 "四库"联动助力闽西革命老区乡村振兴 [J]. 福建林业, 2024,39(4): 11-12.

⑤ 王晶，刘桐，陈建成. "三绿并举"助推林业高质量发展 [J]. 绿色中国, 2024(9): 42-45.

理国家公园保护对原有居民、企业生产生活的影响。此外，现行《中华人民共和国野生动物保护法》多次修正修订，不断回应社会各方期待，完善人工繁育野生动物管理制度，并将"三有"动物纳入该制度范围内进行管理。

（四）坚持从工程化管理到常态化制度的机制演进

无扩绿则生态本底脆弱，无兴绿则保护动力不足，无护绿则成果难以巩固。"三绿"作为有机整体，"三绿"并举体现了对生态系统从"量"到"质"再到"持续保护"的全流程管理。20多年来，特别是党的十八大以来，我国不断加大天然林保护力度，全面停止天然林商业性采伐，天然林资源实现了森林面积和蓄积量双增长，显著增强了森林蓄水保土和碳汇能力，推动工程区经济迅速转型，实现了全面保护天然林的历史性转折。这是通过"三绿"并举，推动森林水库、钱库、粮库、碳库"四库"联动的生动诠释。2019年7月，中共中央办公厅、国务院办公厅印发了《天然林保护修复制度方案》，提出用最严格的制度、最严密的法治保护天然林，贯彻落实党中央、国务院关于完善天然林保护制度的重大决策部署。2025年，在系统总结天然林资源保护工程20多年成效经验基础上，国家林业和草原局等六部门联合印发《天然林保护修复中长期规划》，对新时期我国天然林保护修复作出了顶层设计和全面部署，明确对所有天然林和非天然公益林实施一体化管护。同时，加强项目库管理，年度任务落地上图，强化日常监管，全面实行预算绩效管理，着力创新考核管理新方式。

四、推动"四库"联动，释放"两山"转化效能

（一）推动从以木材生产为主到以生态建设为主的战略目标转变

森林"四库"重要论述突破传统思维将森林资源简单视为木材供给的局限，转而从生态系统整体功能视角重构林业价值体系，推动林业发展从单一的木材生产导向转变为生态优先、多功能协同的战略目标，其本质是通过系统整合森林"四库"效益，实现"绿水青山就是金山银山"的转化。这一战略目标转变深刻指导了天然林全面保护、森林分类经营等重要实践。在天然林保护方面，截至2020年年底，中央财政累计投入天然林保护资金5000多亿元，工程建设范围由重点区域扩大到全国31个省（自治区、直辖市）。通过严格森林管护、有序停伐减产、培育后备资源、科学开展修复等措施，天然林商业性采伐由停伐减产到全面停止，累计减少天然林采伐3.32亿立方米，增加天然林面积3.23亿亩、蓄积量53亿立方米。天然林单位面

水库晚霞

积年涵养水源量、固沙固土量分别比工程启动前提高了53%和46%[①]，天然林生态系统得到有效恢复，促进了野生动物栖息地环境的改善。同时，林区民生得到持续改善，人民群众植绿护绿、生态保护意识明显提升，天然林保护修复体系和制度体系全面建立。在分类经营方面，2003年出台的《中共中央、国务院关于加快林业发展的决定》明确将森林区分为"公益林"和"商品林"两大类，要求建立差异化的管理体制和政策体系，标志着分类经营上升为国家战略。通过实施严格的公益林保护，对于改善生存环境、保持生态平衡、保存物种资源、科学实验、森林旅游、国土安全等发挥了重要作用。

（二）推动从单一生态要素到复合生态系统的治理理念转变

森林"四库"重要论述强调森林兼具水源涵养、经济产出、食物供给和固碳增汇等多元功能，要求打破传统生态治理中"头痛医头、脚痛医脚"的局限，代之以山水林田湖草沙生命共同体系统思维，通过功能联动实现生态、经济与社会效益的统一，推动实现生态治理从单一要素分割管理向复合生态系统协同治理的深刻转变。这一理念转变的核心在于以系统整合替代碎片化治理，深刻指导了山水林田湖草沙一体化保护与系统治理等重要实践。2020年，自然资源部办公厅、财政部办公厅、生态环境部办公厅联合印发《山水林田湖草生态保护修复工程指南（试行）》，全面

---

① 中国新闻网. 中国实施天然林保护工程以来减少天然林采伐 3.32 亿立方米 [EB/OL]. (2023-02-04) [2025-07-04]. https://www.forestry.gov.cn/main/586/20230203/165258181759342.html.

新疆天山

指导和规范各地山水林田湖草生态保护修复工程，推动山水林田湖草一体化保护和修复。截至2024年，围绕重要生态安全屏障部署实施了50多个山水林田湖草沙一体化保护和修复工程，累计完成治理面积8000万亩[①]，相关工程均分布在国土空间规划及《全国重要生态系统保护和修复重大工程总体规划（2021—2035年）》等相关专项规划确定的"三区四带"生态安全屏障区域和关键生态节点。通过实施生态系统整体保护、系统修复、综合治理，特别是以区域和流域为单元，在大尺度上开展各类生态系统一体化保护和修复，促进了自然生态系统质量的整体改善、生态产品供应能力的全面增强，助力推动可持续发展，为落实国家重大战略提供了坚实的生态支撑。

（三）推动从多头管理到统一管理的管理体制重构

森林"四库"重要论述阐释了职能聚合化、权责明晰化、决策协同化的必要性，有助于打破部门壁垒、重构管理逻辑，系统性推动从"多头管理"向"统一管理"的体制重构。这一体制重构的核心在于以生态系统多功能性为纽带，整合传统割裂于林草、水利、农业农村、生态环境、自然资源等部门的分散职能，不仅解决了"政出多门""重复管理"的沉疴，更阐明了生态系统的完整性与管理职权的统一性互为因果，奠定了自然保护地体系构建的理论基石，推动了国家公园建设。2018年机构改革后，确立了由国家林业和草原局统一保护监管各类自然保护地的组织架构，推动印发了《关于建立以国家公园为主体的自然保护地体系的指导意见》和《关于在国土空间规划中统筹划定落实三条控制线的指导意见》，强化了自然保护地有效监管。截至2023年，国家公园建设成效显著。旗舰物种数量持续增长，藏羚羊增长至7万多头，雪豹恢复到1200多只，东北虎、东北豹数量分别从试点之初的27只、42只增长到70只、80只左右，海南长臂猿野外种群数量从40年前的仅存2群不到10只增长到7群42只[②]。生态系统多样性、稳定性、持续性稳步提升，长江、黄河、澜沧江源头实现整体保护，保护了70%以上的野生大熊猫栖息地，连通了13个大熊猫局域种群生态廊道。民生持续改善，近5万社区居民被聘为生态管护员，年平均获得工资性收入1万~2万元[③]。实施野生动物损害全域保险、生态搬迁、入口社区和示范村屯建设、黄牛集中养殖等一批民生项目。东北虎豹国家公园出台支持3县（市）生态保护和高质量发展的

[①] 央视网."山水工程"累计完成治理面积8000万亩 [EB/OL]. (2023-12-10)[2025-07-04]. https://www.gov.cn/yaowen/shipin/202312/content_6919490.htm.

[②] 央广网. 旗舰物种数量持续增长！我国国家公园建设成效显著 [EB/OL]. (2024-09-06)[2025-07-04]. https://www.forestry.gov.cn/c/www/dzbhdt/584609.jhtml.

[③] 人民日报海外版. 国家公园：生态文明建设的亮丽名片 [EB/OL]. (2024-10-16)[2025-07-04]. https://www.forestry.gov.cn/c/www/lcdt/589247.jhtml.

政策措施，选聘生态管护员8100多人，不断增强民众获得感、幸福感。

（四）推动从"三权分置"到活权赋能的制度突破

森林"四库"重要论述推动集体林由"生态资源"升级为"生态资产资本"，通过功能耦合倒逼产权明晰化，推动解决分山到户后经营分散的问题；通过价值多元驱动产业生态化，推动突破林业依赖木材经济的问题；通过收益持续保障林农经营主体地位，推动破解生态保护与生计矛盾的问题，为深化集体林权制度改革提供了系统性解决思路。2008年，在总结福建改革实践的基础上，全国全面启动集体林权制度改革，先后出台了三个专门文件作出重要部署。各地聚焦"山要怎么分""树要怎么砍""钱从哪里来""单家独户怎么办"和"拓宽绿水青山转化金山银山的路径"，创新制度机制，完善政策体系，开展先行先试，推动各项改革任务落地见效，不断取得新成效。2023年，中共中央办公厅、国务院办公厅印发《深化集体林权制度改革方案》，有效推动森林"水库、钱库、粮库、碳库"四库功能进一步释放，集体林区呈现出生态美、百姓富的双赢局面。截至2024年，全国集体林森林面积21.83亿亩，比集体林权制度改革前增加了5.5亿亩，增幅37%；森林蓄积量93.32亿立方米，比集体林权制度改革前增加了48亿立方米，翻了1倍；发放林权证1亿多本，专业大户、家庭林场、林业专业合作社、林业企业等林业新型经营主体蓬勃发展，总数近30万个；集体林地每亩平均产出300元，比集体林权制度改革前增长了3倍多[①]。全国林权抵押贷款余额从2010年的100多亿元增长到2024年的1700多亿元，农民从集体林权制度改革中得到的实惠越来越多。

（五）推动从生态保育向价值实现的系统跃迁

森林"四库"重要论述突破传统单一保护观，强调其生态本底功能是其价值创造的根基，要求在筑牢生态安全屏障的前提下，科学化利用、价值化实现森林蕴藏的巨大生态财富，依托统筹规划、系统治理与协同经营，打破"四库"功能之间的壁垒，实现高质量发展与高水平保护的有机统一，构建绿水青山转化为金山银山的完整闭环。森林"四库"重要论述深刻揭示了森林生态系统从基础生态保育向综合价值实现的系统性跃迁，为推动生态产品价值实现提供了核心指导。2021年，中共中央办公厅、国务院办公厅颁布《关于建立健全生态产品价值实现机制的意见》，对生态产品价值实现机制作出了顶层设计，助力森林"四库"从生态功能概念转化

---

① 光明日报.全国集体林森林蓄积量达93.32亿立方米[EB/OL].(2024-08-16)[2025-07-04].https://www.forestry.gov.cn/c/www/zyyx/581718.jhtml.

为可量化、可交易、可增值的发展要素。自党的十八大以来，各地积极开展生态产品价值实现探索，已印发5批53个生态产品价值实现典型案例，生态产品供给能力和水平持续提升，开展生态保护修复变得"有利可图"。2024年，我国森林覆盖率超过25%，森林蓄积量超过200亿立方米，年碳汇量达到12亿吨以上，人工林面积居世界首位，成为全球增绿最多的国家[①]；2024年，林草产业总产值达10.17万亿元，形成木竹加工、森林食品、林下经济、生态旅游四个年产值超万亿元的支柱产业，成为全球主要林产品的最大贸易、生产和消费国[②]。

（六）推动从被动响应到主动引领的角色转变

森林"四库"重要论述以系统思维明晰了林草从被动的减排工具升级为主动的基于自然的气候解决方案，通过碳库功能显化驱动政策制度优化、四库协同提升生态韧性、价值转化机制吸引社会资本等方式，推动建立"增绿—增汇—增收"的可持续气候治理模式，为林草行业积极应对气候变化提供了科学框架与实践路径指导，助力中国坐实全球气候治理参与者、贡献者和引领者的身份角色。森林生态系统是储碳和吸碳大户，森林蓄积量每增长1立方米，平均吸收二氧化碳1.83吨、释放氧气1.62吨。增加林草碳汇，是世界各国应对气候变化的重要行动，也是我国国家自主贡献目标的重要内容。2020年，习近平主席两次向全世界宣布中国提高国家自主贡献力度，努力争取2060年前实现碳中和，到2030年森林蓄积量将比2005年增加60亿立方米，充分彰显了共同应对全球气候变化的坚定决心和大国担当。有研究预测，到2060年，我国难以避免的碳排放约有25亿吨二氧化碳当量，林草碳汇有望保持在15亿~18亿吨二氧化碳当量[③]。根据国际顶级期刊《自然》刊发的《持久的世界森林碳汇》一文显示[④]，尽管全球森林碳汇总体稳定，但对不同森林类型而言却出现了显著差异。由于森林面积的增加，温带森林的碳汇容量增加了30%。温带地区的碳汇增加主要是中国碳汇增加造成的。此外，我国各地创新发展林业碳汇，推出林业碳票、林业碳账户等新举措新办法，引导社会力量参与林业生态建设，助推如期实现碳达峰碳中和目标，为应对全球气候变化作出中国贡献。

① 央视新闻客户端.森林覆盖率超25%,我国成为全球增绿最快最多的国家 [EB/OL]. (2025-03-12)[2025-07-04]. https://www.forestry.gov.cn/lyj/1/stgtlh/20250312/614512.html.

② 中国绿色时报.我国林草产业总产值10.17万亿元 [EB/OL]. (2025-02-11)[2025-07-04]. https://www.forestry.gov.cn/c/www/zhzs/608914.jhtml.

③ 新华网.到2060年,全国碳排放可能在25亿吨左右,林草碳汇达到15-18亿吨 [EB/OL]. (2022-11-19)[2025-07-04]. https://res.cenews.com.cn/hjw/news.html?aid=1019068.

④ PAN Y, BIRDSEY A R, PHILLIPS L O, et al. The enduring world forest carbon sink [J]. Nature, 2024, 631 (8021): 563-569.

五、加强政策支持，以"三绿""四库"协同推进"两山"转化

　　为全面保障"三绿""四库"协同推进"两山"转化，需构建多维度政策支撑体系。完善林草立法顶层设计，建立基层参与立法平台和执法司法协调机制，强化公益诉讼与惩罚性赔偿制度。建立稳定财政投入机制，创新工程成本核算与动态补助制度，通过"谁修复、谁受益"原则吸引社会资本，允许治理面积1%~3%用于产业开发并配套税收优惠。科技赋能聚焦基础研究攻关与成果转化应用，建设重点实验室与标准体系，强化科普内容供给和掌上服务平台，建立"三绿""四库"案例库与审核机制。人才培育突出学科交叉融合，实施本硕博贯通培养和订单定向计划，推动产教融合平台建设，强化实践课程与信息技术融合教学。构建"天空地"一体化监测评估体系，运用现代技术实现全过程动态预警，建立跨区域指标协同机制，完善生态保护修复效果评估流程。强化区域利益协调，完善生态补偿转移支付与成本共担机制，实施负面清单制度倒逼绿色发展，形成生态治理红利共享体系，最终

浙江仙居：林下种植中药材 拓宽农民增收路

实现生态效益、经济效益与社会效益的有机统一。

总之，"三绿"并举是实践路径，通过科学增绿、激活绿值和守护绿基，为"四库"联动奠定生态基础；"四库"是功能载体，以森林的多功能价值协同支撑"两山"理论转化，将绿水青山的自然资本转化为金山银山的发展动能。依托"三绿""四库"，助推生态质量提升、驱动绿色产业勃兴、实现民生福祉普惠，构成"两山"转化的目标闭环，即以"三绿"为举措，借"四库"为载体，达到"提质、兴业、利民"的目标，最终实现习近平生态文明思想中"生态惠民、生态利民、生态为民"的核心价值取向。站在"两山"理念提出20周年的历史节点，"三绿""四库"理论体系为全球可持续发展贡献了中国智慧。该理论不仅破解了生态治理的"吉登斯悖论"，而且通过构建"生态产业化、产业生态化"的新型生产关系，开辟了人与自然和谐共生的现代化新道路，为全球生态文明建设提供了可复制可推广的系统解决方案。

11

从绿色『三北』到幸福『三北』

卢琦

中国林业科学研究院生态保护与修复研究所（荒漠化研究所）研究员，中国林业科学研究院首席科学家，博士生导师，三北工程研究院院长，国务院参事。"新世纪百千万人才工程"国家级人选、享受国务院政府特殊津贴、全国先进工作者。2024年获得联合国环境规划署"地球卫士奖"荣誉"科学与创新类"，是首位获得该类别奖项的中国人。

[摘要]"绿水青山就是金山银山",在"三北"地区,"绿洲沙山也是金山银山"。"三北"工程是世界上规模最大的生态工程,工程区占我国国土面积的46.7%。"三北"工程坚持人工修复和自然恢复相结合,重塑我国北方山河面貌,创造了人类史上重建绿水青山的伟大壮举。"三北"工程不仅改善了我国北方的生态环境,还增进了区域的民生福祉。因此,"三北"工程既是一项绿色工程,也是一项幸福工程,是"两山"理念的壮美诠释。"三北"工程过去和目前的主要任务仍然是将"三北"地区建成绿水青山,未来的任务将逐渐升级为既要建设绿水青山、又要变成金山银山,开展一系列体制机制的转型,使"两山"理念照耀"三北"热土,为"三北"地区共同实现从绿色"三北"到生态"三北"、美丽"三北"、幸福"三北"的伟大转变奠定基础。

[关键词]"两山"理念、"三北"工程、生态产品价值实现、荒漠生态系统

"三北"地区是我国荒漠生态系统的集中分布区,荒漠生态系统虽然荒芜,但并不缺乏精彩,鸣沙山、月牙泉、巴丹吉林沙漠、额济纳胡杨林、敦煌雅丹、响沙湾……无不是荒漠的馈赠。绿洲沙山也是金山银山。

1978年,为了应对"三北"(西北、华北和东北)地区日趋严重的风沙危害和水土流失等灾害,我国正式启动"三北"防护林体系建设工程(简称"三北"工程)。"三北"工程总体规划的战略目标之一是在2050年将工程区的森林覆盖率由5.05%提高到14.95%[1]。目前,"三北"工程前5期(共规划8期)建设任务已经完成。根据国家林业和草原局公开信息,截至2020年年底,"三北"工程区森林覆盖率为13.84%[2],比1978年提高了8.8个百分点。目前,"三北"工程正处于第6期(2021年至2030年)。"三北"工程重塑了我国北方山河的全新面貌,创造了人类史上大规模、长期持续重建绿水青山的伟大壮举。在2023年巴彦淖尔座谈会上,党中央发出了打响"三北"工程三大标志性战役、创造防沙治沙新奇迹的伟大号召,"三北"工程首次被明确为国家重大战略,标志着我国生态文明建设进入了提质增效、系统治理、高质量发展的新阶段。

"三北"工程既是一项绿色工程,也是一项幸福工程,带动了人民群众致富增

① 国家林业和草原局三北防护林建设局. 三北防护林体系建设工程总体规划 [EB/OL]. (2022-11-21)[2025-07-04]. https://www.forestry.gov.cn/c/sbj/gcgh/355834.jhtml.
② 央视网."三北"工程攻坚战取得阶段性进展,"三北"工程区森林覆盖率已达13.84%[EB/OL]. (2024-06-02)[2025-07-04]. https://tv.cctv.com/2024/06/02/VIDE3WODBq6vBYWHUbC4Zofp240602.shtml.

收，社会经济全面发展，取得了重要的生态、社会、经济效益，是"两山"理念的一种深刻诠释。"三北"工程不仅建设了绿水青山，更为人民群众打造了金山银山，使"两山"理念照耀"三北"热土。

一、"三北"工程重塑我国北方绿水青山

"三北"工程创立了以举国之力开展生态工程的基本范式。"三北"工程是目前世界上规模最大的生态工程，国家主导、长期建设是两大特点。"三北"工程启动之初，我国缺乏开展大规模生态工程建设的经验。在特殊的时代背景下，"三北"工程由国家组织同步开展工程建设和工程规划。在总体规划制定完成时，一期工程已经结束。一方面，"三北"工程建设在初期受限于总体规划的滞后和科技支撑的薄弱，在具体造林区域、技术、手段和组织方式上，难以避免地出现了一些在今天看来的不科学之处；另一方面，"三北"工程积极先行先试，为国家组织开展重大生态工程探索了经验和模式，为后续国家组织京津风沙源治理工程、山水林田湖草沙一体化保护与修复工程等重大生态工程提供了基础。工程启动之初重视机构建设，创建了相应的管理机构和实验基地。在组织机制方面，国务院在"三北"工程建立之初就成立了"三北"防护林建设领导小组，明确林业部为工程建设的主管部门，1979 年设立了专门的管理机构——西北华北东北防护林建设局，地址设在银川，承担"三北"工程组织实施工作，直属于林业部；为支撑"三北"工程开展野外实验，1979 年设立了专门的实验基地，即中国林业科学研究院沙漠林业实验中心（以下简称沙林中心），设立在内蒙古巴彦淖尔市磴口县。2023 年 7 月，国家林业和草原局专门建立了支持"三北"工程的科研机构——三北工程研究院。

"三北"工程探索出规模化开展植被建设的典型模式。"三北"工程区长期探索不同立地条件下的人工林建设。在河北塞罕坝机械林场、辽宁章古台林场、内蒙古巴彦淖尔新华林场和磴口县绿洲防护林、甘肃八步沙林场等地造林规模和质量相对较好；成功在灌区次生盐碱化土地引种红花尔基种源的樟子松；黄土高原实现了由"黄"到"绿"的历史性转变，有效减轻了水土流失。截至 2020 年年底，"三北"工程区累计完成营造林保存面积高达 3174.29 万公顷，3000 万公顷农田得到防护林网保护，有效控制水土流失面积超过 61%，治理成效卓著。自 2023 年"三北"工程攻坚战打响，两年来已完成各类建设任务超过 1 亿亩[1]。"三北"工程区草原保护与修

---

[1] 央视网."三北"工程攻坚战全面启动两年来，已完成各类建设任务超过 1 亿亩 [EB/OL]. (2025-06-06) [2025-07-04]. https://tv.cctv.cn/2025/06/06/VIDE4tOkBxR8e7Rz8I98XNfx250606.shtml.

复在近年来逐渐受到重视。通过国家机构改革，统筹林业和草原管理，使得过去造林和种草难以权衡的局面逐渐改变。中国东部四大沙地中，呼伦贝尔沙地的流动沙丘已基本被草原固定，科尔沁沙地的植被覆盖恢复状况良好，毛乌素沙地绿化趋势显著、生态环境质量显著提升，浑善达克沙地榆树稀树草原景观得到一定程度的恢复。研究表明，通过实施"三北"工程和京津风沙源治理工程，近20年来京津风沙源工程区范围内沙化土地持续减少，其中，生态工程是沙化土地变化的主要驱动因素，而自然因素主导的变化极低，这证明该地区生态向好并非"靠天吃饭"，而是靠"主动作为"。目前，在草原封禁自然修复和开展牧业生产之间的权衡方面仍然需要科技支撑。

"三北"工程取得了防沙治沙举世瞩目的辉煌成就。40多年来，"三北"工程在防沙治沙方面取得一定的效果，工程区范围实现了从"沙进人退"到"绿进沙退"的转变。中国实现了荒漠化和沙化土地面积的"双减少"、程度的"双减轻"，在全球首先实现了防沙治沙立法，提前实现了土地退化"零增长"。"三北"工程防风固沙林对防沙治沙的贡献集中于轻度沙化区域，未来"三北"工程区沙化土地治理难度将加大，不同自然条件下的治沙模式需要科学遴选和推广。"三北"工程带动了中国科技治沙的探索。"中国魔方"——草方格技术在1957年由苏联专家引入中国并实现本土化改良后，固沙效果改善，至今仍然在"三北"地区应用；沙坡头"五带一体"治沙防护体系保障包兰铁路安全，获得了1988年国家科学技术进步奖特等奖，创建了沙坡头铁路治沙模式；以"产业+治沙"为特色，建立了以库布其模式和磴口模式为代表的治沙新业态，提出了协同解决治沙、经济、能源和脱贫问题的新方案；青藏铁路治沙、塔克拉玛干沙漠铁路和公路治沙取得良好效果；黄河流域的黄河刘拐子沙头、共和盆地黄沙头得到了初步的有效治理。同时，"三北"地区防沙治沙培育了"人民楷模"王有德、"七一勋章"获得者石光银、"时代楷模"八步沙林场"六老汉"、塞罕坝精神等一批治沙模范和精神谱系，铸就了"三北精神"。

从肩挑手扛到机械化、自动化、无人机飞播的技术飞跃，中国治沙基本实现了从劳动密集向技术密集、从知识密集向智慧密集的华丽转型。例如，在治沙绿化机理研究方面，从埋头苦"种"转型为"以水定绿""近自然修复"，绘制出我国首张温带稀树草原分布图，发现东部沙地生态系统稳定性的"二六二"格局，基于水资源承载力和因害设防的原则合理优化乔灌草配置；在技术、机械装备研发方面，研发出"低覆盖度治沙""生物土壤结皮固沙""植树机器人"等治沙新技术、新装备，集成研发"141光伏+治沙"技术体系，提出协同解决治沙、经济、能源等问题的新方案。完成国家荒漠生态系统定位观测网络构建、两期荒漠生态系统功能评估与服务价值核算，为荒漠生态产品价值实现提供了新路径。同时，设立和打造

俯瞰库姆塔格沙漠

"三北"工程攻坚战15个科技创新高地，力争早日将其建成"三北"工程的科技烽火台。

二、"沙山"也是金山银山：荒漠有"功"、服务"无价"

想起荒漠，涌上心头的就是王国维先生称之为"千古壮观"的名句——"大漠孤烟直，长河落日圆"。这是唐代诗人王维描写他出使边塞所看到的塞外奇特壮丽风光的诗句，画面开阔，意境雄浑。边疆沙漠，浩瀚无边，因此用了"大漠"的"大"字。荒漠是一种大自然的造化存在，具有难以忽略的生态价值和人文价值，人们容易将荒漠化和荒漠二者混淆。荒漠化是由气候变化、人类活动或两者共同作用所引起的荒漠环境向干旱或半干旱地区延伸或侵入的过程。中国是全世界面临荒漠化问题最严重的国家之一，但是进入新千年以来，中国在荒漠化防治领域取得了举世瞩目的辉煌成就，实现了荒漠化和沙化土地面积的"双减少"、程度的"双减轻"，无论是荒漠化防治的技术模式、基础研究还是战略政策上都在全球处于领先地位。中国为什么能够做到成功遏止荒漠化趋势的蔓延？中国在荒漠化防治领域有哪些经验？中国可以为"一带一路"沿线饱受荒漠化煎熬国家提供哪些中国"药方"？

荒漠、荒漠化要区分，首先要正确认识荒漠，"天生我沙必有用"。我们可以笼统地将荒漠分为原生荒漠和人造荒漠两大类。前者是一种自然造化的存在，应该突出一个"保"字，予以重点保护，为子孙留下一片原生沙海。后者通常是由于人类过度开发利用导致的，应该突出一个"治"字，予以重点治理、尽快修复，并以改善生态环境、减少风沙灾害为第一要务。以沙漠为例，沙漠自古有之，在人类文明（农耕文明）出现以前的漫长的地质时期（至少是在260万年以来的第四纪地质时期），沙漠都是一直存在的，沙漠形成、演化的决定因素是地质、地貌、气候等自然条件，这是人类无法控制的。因此，荒漠化防治的对象主要应该是"人造"的那部分，也就是发生了沙化、荒漠化这种土地退化现象的地方，而不是去治理"原生荒漠"。

《全国重要生态系统保护和修复重大工程总体规划（2021—2035年）》（双重规划）首次明确了荒漠作为陆地四大自然生态系统之一的重要地位。荒漠自然生态系统具有独特的功能，提供防风固沙、水文调节、固碳、生物多样性保育、生态旅游等方面的服务，这些服务不仅为生活在干旱区的人们提供着基本的赖以生存和发展的物质基础，也为维持社会稳定、经济发展和区域乃至全球的生态安全提供了重要保障。通过找准坐标系、定制度量衡，我们研究团队核算的结果显示，2014年我国荒漠生态系统服务总价值约为4.2万亿元人民币（当年价格），2019年则高达5.7亿元人民币。因此，当前迫切要树立一个新理念——"荒漠是资源，大漠也美丽"，这里的"资源"是指自然资源，"美丽"是指其具备的"生态价值"。

《黄河流域生态保护和高质量发展总体规划纲要》首次明确提出"山水林田湖草沙"综合治理、系统治理、源头治理，不仅肯定了沙的生态价值，而且还将沙首次纳入"七位一体"的生态治理总纲，正式上升为国家战略的核心"成员"，标志着荒漠化防治工作进入一个全新的阶段：一是对沙的认识，更加全面、立体、系统；二是对治沙，讲究有所为、有所不为；三是对沙区生态治理，讲究山水林田湖草沙系统治理、全域治理。

近几十年来，中国通过大型生态工程，开展大范围植被建设，探索出缓解生态系统退化的"绿进沙退"模式，取得了明显成效，沙区"三生"（生产、生活、生态）状况显著改善。在植被恢复方面，全球"增绿"最靓丽的一笔就是来自中国：中国用全球6.6%的植被面积，贡献了全球25%的绿色增加量（其中，人工植树种草的贡献高达42%），中国北方地区植被覆盖度在过去30多年总体提高明显，其中，黄土高原、东北地区和天山周边是三个"增绿"最显著的区域。我们研究团队发现，降水的变化并不是导致中国北方地区植被变绿的主要驱动力，以植被修复为主体的国家大型生态工程才是促进北方土地"增绿"的关键所在。

天然沙漠、沙化和荒漠化土地、裸露土地为沙尘暴提供了丰富的沙源，既然人类不可能消灭沙漠，也就无法消灭沙尘暴。沙尘暴不能消灭，但土地沙化可防可治，这方面我国已经取得了举世瞩目的成就。荒漠化防治仍然是当前一个阶段减少沙尘暴频率和危害的有效手段。同时，荒漠化防治需要加强全球治理、全域治理，沙源地、途经地的各方都需要团结协作。沙尘暴可防，生态工程有功。"三北"防护林工程、京津风沙源治理工程、草原沙化防治和退牧还草工程等重大生态工程，对改善"三北"地区生态环境起到了重要作用，间接也改善了下垫面的自然条件，但"三北"防护林并不是"治疗"沙尘暴的"专用药"和"特效药"，仅依靠植树造林来阻挡沙尘暴显然是不现实的。目前，我国西北地区对自然不合理的过度开发业已得到遏止。今后，重视生态用水配给，增加生态用地供给，牵住"水"和"地"这个牛鼻子，是改善沙区生态环境的必由之路，统筹推进山水林田湖草沙系统治理任重道远。当前，中国荒漠化防治走进了新时代，对标联合国可持续发展目标，助力我国生态文明建设，为全世界提供了荒漠化防治的中国方案。中国已经从过去的人进沙进达到了现在的人进沙退，未来将实现人退沙退、人沙和谐。中国荒漠化防治的"全域治沙"讲究从空间上覆盖全流域、全山域、全沙域，从时间上包含全过程、全时长、全周期，从研究上涵盖全学科、全领域、全方向。我们归纳中国荒漠化防治体系有"四个一"理念：一是"一分为二"，将天然的荒漠与人造的荒漠化区分；

二是"一沙三制"，针对不同地类，按照三种制度封禁保护、综合治理、开发利用，分类施策；三是"一专多能"，实施现代可持续土地利用策略，实现全域统筹、发挥特长；四是"一图到底"，中国荒漠化防治一张蓝图绘到底。

中国荒漠化防治不断取得成功的制度保障是重典出击、令行禁止。在立法层面，我国颁布全球第一部防沙治沙法。2001，我国出台《中华人民共和国防沙治沙法》，逐步形成了以法律为主体、部门规章和地方性法规为补充的防沙治沙法律体系。这在全世界都是首屈一指的。在不同时期，编制并严格执行《全国防沙治沙规划》《京津风沙源治理工程规划（一期、二期）》《岩溶地区石漠化综合治理工程

"十三五"建设规划》《全国防沙治沙综合示范区建设规划》等，在全国范围内推动设立沙化土地封禁保护区、防沙治沙综合示范区、国家沙漠公园、规模化防沙治沙试点。在国际履约层面，主导成立《联合国防治荒漠化公约》履约审查委员会，研究制定2018—2030年发展战略。承办《联合国防治荒漠化公约》第十三次缔约方大会，在沙特阿拉伯举办的《联合国防治荒漠化公约》第十六次缔约方大会上设立中国馆。建立中蒙中心、中阿中心和中亚中心。成功举办多次库布其国际沙漠论坛及一系列国际会议活动。举办对发展中国家的荒漠化防治国际研修班。赴埃及、印度、圭亚那、伊朗、蒙古等"一带一路"沿线和延长线国家开展交流访问。在科技层面，

内蒙古临哈铁路沿线草方格

加强机构、人才、研究、示范、科普、推广体系建设，国家级荒漠化防治科研机构包括中国科学院西北资源环境研究院、中国林业科学研究院荒漠化研究所、中国林业科学研究院沙漠林业实验中心等；省级科研机构包括内蒙古自治区林业科学研究院、新疆林业科学院、甘肃省治沙研究所等。建立了完善的技术推广体系，包括生物措施、工程措施（如草方格、阻沙网等）、化学措施（沙地固结技术、保水增肥）等固沙技术措施，封禁保护、轮耕休耕、免耕留茬等保护性耕作、轮封轮牧等保护措施，草畜平衡、沙化耕地退耕还林等制度性措施。在立规定标层面，领域内国际、国家、行业、团体标准制定实现体系完整、领域全覆盖，制定了一大批不同级别的荒漠化防治相关标准。首次提出适用于中国荒漠生态系统服务评估的方法学和指标体系。在年度监测层面，建立了科学监测体系，全面掌握荒漠化现状及变化情况，为防治决策提供科学依据，实现五年监测评估（自1994年开始，每5年1次，至今7次的全国荒漠化、沙化调查监测），建立石漠化调查监测体系。建立了沙尘暴灾害应急体系、机制。推动建立中国荒漠生态系统定位观测网络。

中国的荒漠化防治工作赢得广泛国际赞誉。联合国第十七届可持续发展大会指出：中国荒漠化防治处于世界领先地位。《联合国防治荒漠化公约》秘书处明确指出：世界荒漠化防治看中国，并两次授予中国国家林业和草原局突出贡献奖。联合国秘书长两次向中国致信，充分肯定我国防治荒漠化事业的成绩。《中华人民共和国防沙治沙法》获世界未来委员会（World Future Council，WFC）2017年"未来政策银奖"。

中国的荒漠化防治工作社会反响积极、强烈，影响至深至远，治沙故事可歌可泣。"三北"工程获联合国森林战略规划优秀实践奖。形成了"塞罕坝""柯柯牙""八步沙"等供世代传承的伟大精神。各类防治荒漠化及土地退化的"中国技术"和"中国模式"，可以为全球受荒漠化危害以及土地退化影响的国家和地区、为推动构建人类命运共同体提供"中国方案"。

三、生态产品价值实现推动建设幸福"三北"

（一）全域治理

新的时期，"三北"工程科学治沙理念实现了从单一植被建设转变为全域生态修复，从求生存转变为求发展、求美丽、求幸福的历史性转变。

1. 由单一植被建设转变为全域生态修复

"三北"工程建立了北方生态安全屏障的主体框架。不同于过去"三北"工程的大规模植被建设，"新三北"工程应统筹植被建设、防沙治沙、水土保持、草原修复、湿地保护、矿山修复等综合治理，优化国家生态安全屏障体系，统筹推进京津冀、内

内蒙古库布齐沙漠绿洲沙丘间的小路

蒙古高原、河西走廊、塔里木河流域、天山和阿尔泰山等五大片区重点区域生态综合治理，统筹开展湿地恢复、水土流失综合治理、荒漠化防治，提高森林、草原、湿地和荒漠四大生态系统质量和稳定性。"新三北"工程的生态修复要做到"养防治用"（养护、预防、治理、利用）兼顾，在科学开展植被建设基础上，统筹植被养护、风电光伏建设、高效开发利用、荒漠化防治等领域，转型为全域生态修复。

2. 由区域整治转变为全域高质量发展

"新三北"工程应打破以行政区界限为基础的工程区规划，加强全域治理和区域高质量协同发展，保障人民福祉。由按照行政区的区域治理转变为全域发展，需要统筹社会资源，建立创新技术体系，促进区域加快转变发展方式，支持实现人民幸福生活美好目标。加快体制机制创新，鼓励人民群众通过积极参与植被建设公益活动，协同推进生态治理和民生改善，创造"三生"（生产、生活、生态）和谐的协同发展良好局面。

3. 由"三北"防护林建设转变为全域治理国家工程

"新三北"工程要实现"三北"工程的自我革新、全面转型，升级为全域治理国家工程。要全国一盘棋，各行各业齐携手，将"三北"工程规划与《全国防沙治沙规划（2021—2030年）》、《全国重要生态系统保护和修复重大工程总体规划

"三北"防护林

（2021—2035年）》、山水林田湖草沙一体化保护和修复工程、京津风沙源治理工程等重大规划和生态工程多规合一、多措并举、有机融合。以"新三北"工程建设为一揽子解决方案，为实现中国式现代化作出"三北"贡献。

4. 依托"三北"工程建设形成的生态资源，各地积极推动产业生态化、生态产业化

在特色农林产业方面，枸杞、文冠果、沙棘、长柄扁桃、肉苁蓉、柠条等产业已形成规模，"三北"地区年产干鲜果品约占全国总产量的1/4，年产值突破1200亿元大关。在光伏治沙方面，内蒙古探索出"林光牧光"相结合的光伏治沙模式；新疆塔克拉玛干沙漠边缘形成了一条环沙漠边缘的"光伏长城"。在文旅产业方面，"三北"地区共建立起以8572处森林公园、324个国家湿地公园、90个国家沙漠公

园等为主体的生态驿站、公共营地和体验基地。随着绿色消费理念深入人心,绿色市场需求持续扩容,为"三北"工程生态产品价值实现带来广阔机遇。在有机产品领域,近五年我国有机产品销售额年平均增幅为9.3%,2023年销售额首次突破1000亿元,成为全球第三大有机消费市场。消费者对安全、健康、环保食品的追求,为"三北"地区特色农林牧产品提供了广阔市场。文旅消费需求也呈现井喷式增长,2024年国内旅游人次超过56亿,同比增长近15%。"三北"地区独特的沙漠、草原、湿地等自然景观,吸引了大批游客前往。此外,随着全国碳市场的逐步完善,"三北"地区森林、草原所蕴含的碳汇潜力也日益凸显。"三北"工程已展现出强大的综合效益。依托特色林果业,"三北"工程建设帮助约1500万人实现稳定脱贫,一些重点地区涉林收入占到农民收入的50%以上。

(二)生态产品价值实现

从绿色"三北"到幸福"三北"转变的一个重要方法,就是探索"三北"工程生态产品价值实现多元化路径。"三北"工程地区在推动生态产品价值实现方面进行了多种有益尝试,但整体看还处于起步阶段,迫切需要进一步探索生态产品价值实现的多元化路径,充分释放生态资源的经济潜力。

1.做优做强特色农林牧产业

受自然条件、资金、技术等限制,"三北"地区特色农林产业总体规模不大、产业链条短、品牌效应不强,生态价值体现不充分。需要多措并举,进一步做强做大以经济林果、林下经济、中药材、优质农畜产品等为重点的特色农林产业。一是加大特色农林产品研发和推广,开展森林食品、沙生食品药品等研发,促进产品精深加工,延伸拓展产业链条;二是加强绿色有机认证,打造提升品牌效应;三是通过举办农林产品展销会、利用电商平台等方式,畅通产品销售渠道;四是建设产学研一体化示范基地,推动特色农林产业与科技、文化、旅游等产业协同发展;五是建立多元化投入机制,鼓励金融机构开发适合农林产业的信贷产品,引导社会资本参与产业发展。

2.优化提升生态文旅产业

"三北"工程区拥有森林、草原、沙漠、戈壁、雪山、冰川等多种地貌和丰富的特色文化资源,生态文旅发展潜力巨大。但总体上看,区域内生态文旅项目同质化严重;基础设施薄弱,部分景区接待能力不足;生态保护与开发矛盾突出,部分地区过度开发导致生态环境破坏。要进一步结合区域特色和市场需求,明确各区域功能定位和发展方向,加强森林公园、湿地公园和沙漠公园建设,大力发展生态旅游、森林康养、游憩休闲、农事体验等新业态,开发具有地域特色的旅游商品和文

防风固沙

沙漠公路防沙网

创产品，促进农文旅深度融合。加强景区基础设施建设，提升景区智能化管理和服务水平。建立生态保护与旅游开发协调机制，在开发和运营过程中注重生态修复和环境保护，确保生态文旅产业可持续发展。

3. 推动新能源与生态保护协同发展

"光伏+治沙"是"三北"工程治理荒漠化的重要举措，科学有序发展"光伏+治沙"模式，有助于增加植被覆盖度，提高居民经济收入，促进生态与经济协同发展。当前，我国沙区光伏基地建设缺乏针对性的技术与模式，部分"光伏+"项目生态环境监管不到位，扰动荒漠生态系统。要将治沙与用沙相结合，以沙漠、戈壁、荒漠地区为重点，因地制宜积极推动光伏发电与生态修复、现代林草业协同发展。加强科技攻关，研究构建生态光伏治沙技术体系与模式。项目规划设计和建设要充分考虑"沙戈荒"地区生态承载能力，坚持以水而定、量水而行的原则，加强项目生态保护修复监管。

4.探索生态资源权益市场化交易

创新生态资源权益市场化交易手段，盘活森林、草原、湿地等生态资源，既能为当地创造经济收益，又能反哺生态保护与修复。当前，"三北"地区生态资源权益交易难，碳汇交易尚处于起步阶段，水权交易市场活跃度不足，创新方式较少。建议在森林资源丰富的地区，重点推进碳汇交易，建立健全碳汇计量与监测标准，完善碳汇交易体系，推动温室气体自愿减排交易（CCER）项目开发与交易；拓展生态资源价值实现模式，探索林地抵押、林票、草票、碳票等新型交易方式。在水资源相对紧缺且用水矛盾突出的地区，继续推行水权交易，规范水权交易市场，明确水权交易规则，促进水权合理流转。

四、未来展望

正是通过践行系统治理、综合治理、全域治理、源头治理，我们打破行政区域界限，强化联防联治，加强全域治理和区域高质量协同发展，支撑美丽"三北"、幸福"三北"目标尽快实现。防沙治沙具有长期性、艰巨性、复杂性和不确定性，需要更加重视科技的先导和支撑作用。下一步，应在"三个深化"转型升级的路上，建设好绿色"三北"、生态"三北"、美丽"三北"和幸福"三北"。

"三北"工程区面积接近我国国土面积的一半，科学开展"三北"工程六期的中期评估，依靠科学理念和科技方法打造评估评价的"度量衡"，将系统治理的理念完整、准确、深入、细致贯彻到工程建设成效评估中。推动"三北"工程三大战区（攻坚区、协同区、巩固区）分类试点生态产品价值实现机制，打造一批生态保护修复协同、区域一体化高质量发展科技示范样板间。

有了"绿色""生态"和"美丽"筑基，再通过生态产业化和产业生态化赋能推进乡村振兴、增进民生福祉，幸福"三北"就渐行渐近了。

12

积极稳妥推进碳达峰碳中和

徐华清

国家应对气候变化战略研究和国际合作中心首席科学家、原主任，中国环境科学学会碳达峰碳中和专委会主任委员。主持完成了 2010 年国家重点基础研究发展计划"我国 2020 年温室气体控制目标、实现路径及支撑体系"（首席科学家）等重大项目。1997 年被推荐为政府间气候变化专门委员会第三次评估报告主要作者，并作为第四次评估报告的评审编辑，被 IPCC 授予 2007 年诺贝尔和平奖贡献奖。2000 年起参加中国政府气候变化谈判代表团谈判及专家组工作。

[摘要]中国二氧化碳排放力争于2030年前达到峰值，努力争取2060年前实现碳中和，是以习近平同志为核心的党中央经过深思熟虑作出的重大战略决策，是我们对国际社会的庄严承诺，也是推动经济结构转型升级、形成绿色低碳产业竞争优势、实现高质量发展的内在要求。在习近平总书记亲自谋划、亲自部署、亲自推动下，秉持"绿水青山就是金山银山"的发展理念，积极稳妥推进碳达峰碳中和已成为中国人民满怀信心地走向生态文明新时代、引领全球气候治理新征程的"国之大者"。本文系统分析了中国碳达峰碳中和目标的战略背景、战略认知、战略意义，重点探讨了积极稳妥推进碳达峰碳中和的战略举措。

[关键词]"两山"理念、"双碳"战略、低碳产业、全球气候治理

一、碳达峰碳中和目标的战略背景

2020年9月22日，习近平主席在第七十五届联合国大会一般性辩论上明确指出，当今世界百年未有之大变局正加速演变，新一轮科技革命和产业变革带来的激烈竞争前所未有，气候变化、疫情防控等全球性问题对人类社会带来的影响前所未有，这场疫情启示我们，人类需要一场自我革命，加快形成绿色发展方式和生活方式，建设生态文明和美丽地球。

（一）全球气候危机

全球气候危机是当今人类社会面临的最为重大的非传统安全问题。气候变化是全人类面临的共同挑战，气候变化带给人类的挑战是现实的、严峻的、长远的，现代科学已让人进一步认识气候危机的严峻性和紧迫性。2019年在联合国气候变化马德里缔约方大会上，联合国政府间气候变化专门委员会（Intergovernmental Panel on Climate Change，IPCC）主席李会晟在大会致辞中明确指出，我们正在进入气候危机中。IPCC第六次评估报告首次发出红色警钟：人类活动已经毋庸置疑地使气候以数千年未有的速度变暖。世界气象组织（World Meteorological Organization，WMO）进一步确认：2024年是第一个比工业革命前高出1.5摄氏度的日历年，也是175年观测记录中最暖的一年。气候变暖增加了气候系统的不稳定性，加剧诱发气候极端性，未来不排除南极冰盖崩塌、海洋环流突变等跨越临界点，导致突发或不可逆转的重

大破坏。2021 年以来，气候危机对国际安全的核心驱动效应日趋凸显，联合国安全理事会多次就气候变化与和平和安全问题举行高级别辩论，联合国秘书长古特雷斯在会上明确指出，气候破坏是危机的放大器和倍增器，气候变化加剧了动荡和冲突的风险。

（二）全球低碳发展

低碳发展已成为协调经济社会发展、保障能源安全与应对气候变化的基本途径。

低碳发展是以应对全球气候变化、保护人类地球家园为导向，以控制二氧化碳排放为载体，以低碳技术和低碳制度创新为保障，加快形成以低碳为特征的产业体系、能源体系和生活方式，实现社会经济的可持续发展。2015年11月30日，习近平主席在气候变化巴黎大会开幕式上的讲话中明确提出："巴黎协议应该有利于实现公约目标，引领绿色发展……推动各国走向绿色循环低碳发展，实现经济发展和应对气候变化双赢。"《巴黎协定》确定了全球温升控制在2摄氏度以内并争取实现1.5摄氏度、全球排放尽早达峰、二十一世纪下半叶实现温室气体人为源和汇的平衡等长期目标，

绿色山峦

彰显了全球绿色低碳发展的时代潮流。《IPCC1.5℃特别报告》也指出，实现温升控制在1.5摄氏度以内的目标，既需要实施史无前例的大规模低碳转型和变革，也需要在除碳技术上有重大突破和实质性贡献。创新是低碳发展和低碳转型的第一动力，只有加快推进科技和制度创新，加快技术转移和知识分享，推动现代产业发展，弥合数字鸿沟，才能加快低碳转型，推动实现更加强劲、绿色、健康的全球发展。

（三）人类命运共同体

人类是一荣俱荣、一损俱损的命运共同体。人类进入工业文明时代以来，在创造巨大物质财富的同时，也加速了对自然资源的攫取，打破了地球生态系统平衡，特别是工业革命以来发达国家大量消耗化石燃料、排放大量二氧化碳等温室气体而造成全球气候变暖。近年来，气候变化、生物多样性丧失、荒漠化加剧、极端气候事件频发，给人类生存和发展带来严峻挑战。面对全球气候治理前所未有的困难，没有哪个国家能够独自应对人类面对的各种挑战，也没有哪个国家能够退回到自我封闭的孤岛，国际社会要以前所未有的雄心和行动，勇于担当，勠力同心，共同构建人与自然生命共同体。《巴黎协定》的达成是全球气候治理史上的里程碑，《巴黎协定》不是终点，而是新的起点，作为全球治理的一个重要领域，应对气候变化的全球努力是一面镜子，给我们思考和探索未来全球治理模式、推动构建人类命运共同体带来宝贵启示。作为世界上最大的发展中国家，中国实施积极应对气候变化国家战略，秉持人类命运共同体理念，以更加积极姿态参与全球气候谈判议程和国际规则制定，推动和引导建立公平合理、合作共赢的全球气候治理体系，彰显负责任大国形象，推动构建人类命运共同体。

二、碳达峰碳中和目标的战略认知

习近平总书记多次强调，力争2030年前实现碳达峰，2060年前实现碳中和，这是党中央经过深思熟虑作出的重大战略决策，事关中华民族永续发展和构建人类命运共同体。当今世界正在经历百年未有之大变局，"十四五"是中国碳达峰的关键期、窗口期，需要我们保持战略定力，科学研判新形势，强化战略认知。

（一）气候变化的科学认识

全球正在发生范围广、速度快、强度大、风险高、数千年未见的气候变化。IPCC第六次评估第一和第二工作组等报告表明，近年来全球地表升温幅度大，2021年全球平均大气二氧化碳浓度和海平面等四项气候变化核心指标均创下新纪录，气候系统变暖趋势仍在持续，高温热浪、极端降水、强风暴、区域性气象干旱等高影响和极端天气气候事件频发，全球气候风险日益加剧。2024年我国部分潮位站出现80到160厘米异常增水造成大面积海水倒灌等重大事件，警示我们气候危机已经来临。气候变化给自然界造成严峻而广泛的危害，并影响着全球数十亿人的生活，2010年至2020年，高度脆弱地区因洪水、干旱和风暴造成的死亡率比低脆弱地区高15倍，到2030年可能有3200万至1.32亿人陷入极端贫困，全球变暖水平为1.5摄氏度时，3%~14%的陆地生态系统的物种将面临"非常高的灭绝风险"，预计2摄氏度时直接洪水损失比1.5摄氏度时高出1.4~2.0倍。

有效应对需强化力度并推动全球以前所未有的速度实现低碳转型。联合国环境规划署2023年排放差距报告指出，若要实现将全球升温限制在2摄氏度和1.5摄氏度以下的最低成本途径，全球温室气体排放量必须较目前政策分别减少28%和42%。若维持当前政策且不进行超额排放补偿情况下，预计2035年全球温室气体排放量将达到560亿吨二氧化碳当量，分别比升温2摄氏度和1.5摄氏度以内路径所对应的水平高出36%和55%。IPCC第六次评估第三工作组报告也表明，将温升水平控制在不超过工业化前2摄氏度以内，全球温室气体排放需在2025年前达到峰值，2030年比2019年减排27%。该报告还认为，若温升水平控制在2摄氏度以内，到2050年全球对煤炭、石油和天然气的使用量需在2019年基础上分别下降85%、30%和15%，要

山坡上太阳能光伏发电站航拍图

求能源系统率先实现深度减排并在全经济范围内进行系统性转型。

（二）《巴黎协定》的政治共识

《巴黎协定》开启了全球合作应对气候变化新阶段。巴黎大会将气候公约谈判进程的政治关注度推向了前所未有的高度，大会通过的《巴黎协定》为2020年后全球合作应对气候变化指明了方向。《巴黎协定》确定了全球温升控制在2摄氏度以内并争取实现1.5摄氏度等长期目标，成功解决了全球气候治理体系建设中一些关键的遗留问题，初步形成了以《联合国气候变化框架公约》和《巴黎协定》为核心，以现有各类技术规则为基础的合作共赢、公正合理的全球治理体系。巴黎大会的成功表明，国际社会完全可以通过合作对话解决重大国际问题。《巴黎协定》的达成启示我们，应对气候变化等全球性挑战，非一国之力，更非一日之功；只有团结协作，才能凝聚力量，有效克服国际政治经济环境变动带来的不确定因素；只有持之以恒，才能积累共识，逐步形成有效持久的全球解决框架；只有共商共建共享，才能保护好地球，建设人类命运共同体。《巴黎协定》成为历史上批约生效最快的国际条约之一，向世界传递了国际社会合作应对气候变化的积极信号。

多边主义是落实好应对气候变化《巴黎协定》的良方。《联合国气候变化框架公约》及其《巴黎协定》是国际社会合作应对气候变化的基本法律遵循。《巴黎协定》符合全球发展大方向，成果来之不易，应该共同坚守，不能轻言放弃，这是我们对子孙后代必须担负的责任。《巴黎协定》代表了全球绿色低碳转型的大方向，是保护地球家园需要采取的最低限度行动，各国必须迈出决定性步伐。各国应该遵循共同但有区别的责任原则，根据国情和能力，最大程度强化行动，同时发达国家要切实加大向发展中国家提供资金、技术、能力建设支持，形成各尽所能的气候治理新体系。

（三）大国领导人的战略胆识

元首外交对全球气候治理具有重要的战略导向作用。巴黎气候大会前，习近平主席出席联合国气候变化问题领导人工作午餐会并发表重要讲话，指出将于今年（2015年）年底举行的气候变化巴黎大会将为国际社会应对气候变化制定新的规划，也将为国际社会谋求绿色低碳发展指明大方向，期间中国还与美国、法国发表了元首气候变化联合声明，推动形成了气候谈判中关于一些重大问题的共识。2015年11月召开的巴黎气候大会邀请了150多个国家的领导人与会，习近平主席应邀参加了开幕式并作重要讲话。2021年4月，习近平主席应邀出席"领导人气候峰会"并发表重要讲话，提出了"共同构建人与自然生命共同体"等重要主张，并强调中国承诺实现从碳达峰到碳中和的时间远远短于发达国家所用时间，需要中方付出艰苦努力，彰显了中国重信守诺、为全球应对气候变化作出更大贡献的大国担当。

大国领导人需展现气候治理的大国胆识和责任担当。元首外交在新时代中国特色大国外交中发挥了决定性作用，气候外交是中国外交的优势领域。习近平主席亲自出席巴黎会议并发表重要讲话，倡议二十国集团发表了首份气候变化问题主席声明，率先签署了《巴黎协定》，中国领导人为《巴黎协定》的达成、签署、生效和实施作出了历史性突出贡献，极大提升了中国在全球气候治理中的影响力和引导力[①]。2020年9月，习近平主席在第七十五届联合国大会一般性辩论上的讲话中指出，大国更应该有大的样子，要提供更多全球公共产品，承担大国责任。2025年4月，习近平主席在气候和公正转型领导人峰会致辞中强调，无论国际形势如何变化，中国积极应对气候变化的行动不会放缓，促进国际合作的努力不会减弱，推动构建人类命运共同体的实践不会停歇。

三、碳达峰碳中和目标的战略意义

习近平总书记指出，实现"双碳"目标，不是别人让我们做，而是我们自己必须要做。碳达峰碳中和是在全球气候危机加剧，中国进入全面建设社会主义现代化国家新发展阶段[②]，生态文明建设已进入以降碳为重点战略方向关键时期提出的国家重大战略，从这个大的时代背景出发，才能充分认识实现"双碳"目标的重要性、紧迫性和艰巨性。

（一）实现可持续发展

积极应对气候变化是实现可持续发展的内在要求。气候变化既是环境问题，又是发展问题，归根到底还是发展问题。加大应对气候变化力度，推动可持续发展，关系人类前途和未来。加快创新驱动，以低碳经济推动发展，转变传统生产和消费方式，增强脆弱领域适应能力，大力发展气候适应型经济，通过保护、可持续管理和修复自然或人工的生态系统，从而有效地、适应性地应对气候变化等挑战，并为人类福祉和生物多样性带来益处。做好碳达峰碳中和工作也是维护能源安全的重要保障，能源是经济社会发展须臾不可缺少的资源[③]，要坚持先立后破，以保障安全为前提构建现代能源体系，以绿色、可持续的方式满足经济社会发展所必需的能源需

---

① 徐华清.促进人与自然和谐共生为应对气候变化作出更大贡献[N].人民日报，2021-04-13(9).
② 新华社.中共中央、国务院关于完整准确全面贯彻新发展理念做好碳达峰碳中和工作的意见[EB/OL].(2021-10-24)[2025-07-25].https://www.gov.cn/zhengce/2021/10/24/content_5644613.htm.
③ 何立峰.完整准确全面贯彻新发展理念，扎实做好碳达峰碳中和工作[N].人民日报，2021-10-25(6).

求，提高能源自给率，增强能源供应的稳定性、安全性和可持续性。

推进碳达峰碳中和是破解资源环境约束突出问题的迫切需要。当前，中国能源结构偏煤，2024年化石能源消费占比高达80.3%，燃煤发电更是占到全部发电量的54.8%，产业结构偏重，包括电力在内的工业源碳排放占比高达80%左右，资源环境对发展的压力越来越大。"绿水青山就是金山银山"，绿色转型是应对气候变化的必由之路，也是经济社会发展的新引擎，必须顺应人民群众对良好生态环境的期待，推动形成绿色低碳循环发展新方式。做好碳达峰碳中和工作，遏制高耗能、高排放项目盲目发展，有利于改变传统的"大量生产、大量消耗、大量排放"的生产模式和消费模式，建立健全绿色低碳循环发展的经济体系。加快推进碳达峰碳中和，

浙江安吉竹海山林

大力推行绿色低碳生产方式，促进经济社会发展全面绿色转型，是切实降低发展的资源环境成本、解决中国资源环境生态问题的基础之策，也是建设现代化经济体系的重要内容。

（二）推动经济结构转型升级

推动绿色低碳技术实现重大突破是顺应技术进步趋势的内在要求。科学技术在认识气候变化规律、有效应对气候变化中有着举足轻重的作用。顺应当代科技革命和产业变革大方向，抓住绿色转型带来的巨大发展机遇，以科技创新为驱动，推进能源资源、产业结构、消费结构转型升级，推动经济社会绿色发展，探索发展和保护相协同的新路径。推进绿色低碳科技自立自强，把应对气候变化、新污染物治理等作为国家基础研究和科技创新重点领域，狠抓关键核心技术攻关。加快先进成熟绿色低碳技术的普及应用，推进前沿绿色低碳技术研发部署，加强低碳零碳负碳关键技术攻关、工程示范和成果转化。

推进碳达峰碳中和是推动产业结构优化升级的迫切需要。绿色低碳经济已经成为全球产业竞争制高点，推动绿色低碳发展是国际潮流所向、大势所趋。在经济结构、技术条件没有明显改善的条件下，资源安全供给、环境质量、温室气体减排等约束强化，将压缩经济增长空间。做好碳达峰碳中和工作，是推动产业结构调整的强大推动力和倒逼力量，不仅对产业结构调整提出更加紧迫的要求，也要求严控高耗能高排放行业产能，发展战略性新兴产业，提升产品增加值率，生产更多绿色低碳产品。推进碳达峰碳中和，也为产业结构优化升级创造了重大战略机遇，尽管中国传统产业规模庞大，能源结构中化石能源比重偏高，2024年煤炭消费占比仍达到53.2%，但随着新一代信息技术和绿色低碳技术应用日益广泛并向各产业领域渗透，不仅为加快经济社会全面绿色低碳转型创造条件，而且也将带来巨大的绿色低碳转型收益。

（三）促进人与自然和谐共生

加快绿色低碳发展是促进人与自然和谐共生的内在要求。"十四五"时期，中国生态文明建设进入以降碳为重点战略方向、推动减污降碳协同增效、促进经济社会发展全面绿色转型、实现生态环境质量改善由量变到质变的关键时期[1]。坚持绿色低碳，致力于将发展建立在高效利用资源、严格保护生态环境、有效控制温室气体排放的基础上，促进人与自然和谐共生。推动绿色低碳循环发展，倡导简约适度的消费模式、绿色低碳的出行方式、垃圾分类的行为习惯，提升社会文明水平，积极营造绿色低碳的生活新风尚。统筹污染治理、生态保护、应对气候变化，促进生态环境持续改善，努力建设人与自然和谐共生的现代化。

推进碳达峰碳中和是满足人民群众日益增长的优美生态环境的迫切需要。总体来看，中国生态环境质量持续好转，呈现稳中向好趋势，已进入提供更多优质生态产品以满足人民日益增长的优美生态环境需要的攻坚期，也到了有条件有能力解决生态环境突出问题的窗口期。实现碳达峰碳中和，有利于减少主要污染物和温室气体排放，实现减污降碳协同增效，有利于减缓气候变化不利影响，提升生态系统服务功能，满足人民日益增长的优美生态环境需要。推进碳达峰碳中和，不仅可以推动实现更高质量、更有效率、更加公平、更可持续、更为安全的发展，建设美丽中

---

① 中共中央宣传部,中华人民共和国生态环境部.习近平生态文明思想学习纲要[M].北京:学习出版社,2022.

国，而且也可以提升人民群众的参与感、获得感、幸福感和安全感。

（四）推动构建人类命运共同体[①]

积极参与和引领全球气候治理是推动构建人类命运共同体的内在要求。气候变化是事关人类前途命运的一个重大挑战，建设持久和平、普遍安全、共同繁荣、开放包容、清洁美丽的世界，要义在绿色低碳，关键在行动。中国实施积极的应对气候变化国家战略，积极参与全球气候治理，推动和引导建立公平合理、合作共赢的全球气候治理体系，为《巴黎协定》的达成和生效实施发挥了重要作用。实现碳达峰碳中和，是中国基于推动构建人类命运共同体的责任担当和实现可持续发展的内在要求作出的重大战略决策，必将为全球实现《巴黎协定》目标注入强大动力，为进一步构建人类命运共同体、共建清洁美丽世界作出巨大贡献。

推进碳达峰碳中和是主动担当大国责任的迫切需要。中国历来重信守诺，狠抓国内控制温室气体排放工作，2020年单位GDP碳排放较2005年累计下降48.4%，超额完成应对气候变化行动目标。中国作为世界上最大的发展中国家，把碳达峰碳中和纳入生态文明建设整体布局和经济社会发展全局，将完成碳排放强度全球最大降幅，用历史上最短的时间从碳排放峰值实现碳中和，不仅体现了最大的雄心力度，需要付出艰苦卓绝的努力，而且体现了同世界各国一道合作应对气候变化的坚定决心和务实行动，为推进全球气候治理进程贡献了中国智慧、中国方案、中国力量。

四、积极稳妥推进碳达峰碳中和的战略举措

深入贯彻习近平生态文明思想，实施积极应对气候变化的国家战略，将碳达峰碳中和纳入生态文明建设整体布局和经济社会发展全局[②]，系统性重塑绿色低碳循环发展的经济体系，整体性重构清洁低碳、安全高效的能源体系，加快形成绿色低碳的生活新风尚，建设美丽中国，为建设现代化强国作出新贡献。

（一）坚持新发展理念引领

完整、准确、全面贯彻新发展理念。坚持新发展理念是引领中国发展全局深刻变革的科学指引，真正做到崇尚创新、注重协调、倡导绿色、厚植开放、推进共享。保持战略定力，坚持节约资源和保护环境的基本国策，坚持节约优先、保护优

① 中共中央宣传部，中华人民共和国外交部. 习近平外交思想学习纲要[M]. 北京：人民出版社，2021.
② 中共中央宣传部，中华人民共和国生态环境部. 习近平生态文明思想学习问答[M]. 北京：学习出版社，2025.

三峡大坝

先、自然恢复为主的方针，统筹污染治理、生态保护、应对气候变化，促进生态环境持续改善，努力建设人与自然和谐共生的现代化。完整、准确、全面贯彻新发展理念，必须坚定不移地实施积极应对气候变化国家战略，坚定不移加大应对气候变化政策与行动力度，下大力气推动绿色低碳发展，如期实现 2030 年前碳达峰、2060年前碳中和的目标，努力引领世界绿色低碳发展潮流。

坚定不移走生态优先、绿色低碳的高质量发展道路。坚持新发展理念是关系中国发展全局的一场深刻变革，绿色发展与创新发展、协调发展、开放发展、共享发展相辅相成、相互作用，是全方位变革，是构建高质量现代化经济体系的必然要求，目的是改变传统的生产模式和消费模式，使资源、生产、消费等要素相匹配相适应，推动形成节约适度、绿色低碳、文明健康的生产方式和消费模式，实现经济社会发展和生态环境协调统一、人与自然和谐共处。实现碳达峰、碳中和是一项多维、立体、系统的工程，要坚定不移地贯彻新发展理念，坚持系统观念，处理好发展和减排、整体和局部、短期和中长期的关系，牢固树立和践行"两山"理念，把碳达峰、碳中和纳入生态文明建设整体布局，以经济社会发展全面绿色转型为引领，以能源绿色低碳发展为关键，加快形成节约资源和保护环境的产业结构、生产方式、生活方式、空间格局，坚定不移走生态优先、绿色低碳的高质量发展道路。

（二）纳入生态文明建设整体布局①

应对气候变化是关系中华民族永续发展的根本大计。党的十八大以来，以习近平同志为核心的党中央，从中华民族永续发展的高度出发，坚持"两山"理念，深刻把握应对气候变化在我国生态文明建设中的重要地位和战略意义，创造性地提出一系列新理念、新思想、新战略。党的十九大报告明确提出"引导应对气候变化国际合作，成为全球生态文明建设的重要参与者、贡献者、引领者"重要论断。党的二十大报告首次提出"统筹产业结构调整、污染治理、生态保护、应对气候变化，协同推进降碳、减污、扩绿、增长，推进生态优先、节约集约、绿色低碳发展"。

把"双碳"工作纳入生态文明建设整体布局。习近平生态文明思想是新时代生态文明建设的根本遵循和行动指南，其中，加强党对生态文明建设的全面领导是生态文明建设的根本保证，绿色低碳发展是发展观的深刻革命、是生态文明建设的战略路径，统筹山水林田湖草沙系统治理是生态文明建设的系统观念，把建设美丽中国转化为全体人民自觉行动是生态文明建设的社会力量，共谋全球生态文明建设之路是生态文明建设的全球倡议。加强党对"双碳"工作的领导，强化统筹协调，推

---

① 黄润秋. 把碳达峰碳中和纳入生态文明建设整体布局 [N]. 学习时报，2021-11-17(1).

动形成政策与工作合力。严把新上项目的碳排放关，坚决遏制高耗能、高排放、低水平项目盲目发展，推动形成绿色低碳发展方式。实施好生态保护修复工程，提升生态系统适应气候变化能力，推动形成山水林田湖草沙生命共同体；把降碳摆在更加突出、优先的位置，统筹推进减污降碳协同增效，深入打好污染防治攻坚战。

（三）纳入经济社会发展全局[①]

站在人与自然和谐共生的高度来谋划经济社会发展。党的十八大以来，面对严峻复杂的国际形势和艰巨繁重的国内改革发展稳定任务，以习近平同志为核心的党中央高瞻远瞩、统揽全局、把握大势，自觉把经济社会发展同生态文明建设统筹起来，将应对气候变化全面融入国家经济社会发展的总战略，并将应对气候变化作为实现发展方式转变的重大机遇，积极探索符合中国国情的低碳发展道路。坚决摒弃"先污染、后治理"的老路，坚决摒弃损害甚至破坏生态环境的增长模式，加快构建新发展格局，加快构建绿色低碳循环发展的经济体系，加快构建清洁低碳、安全高效的能源体系，加快形成绿色低碳的生活方式，加快形成有效的激励约束机制。

坚定不移走生态优先、绿色低碳的高质量发展道路。高质量发展是"十四五"乃至更长时期中国经济社会发展的主题，关系中国社会主义现代化建设全局。走高质量发展之路，就要坚持新发展理念，以经济社会发展全面绿色转型为引领，以能源绿色低碳发展为关键，切实发挥重大区域战略带动作用，大力发展新能源产业和新能源汽车，加快建设绿色低碳制造体系和服务体系，扩大绿色低碳产品供给，并把实现减污降碳协同增效作为促进经济社会发展全面绿色转型的总抓手，加快推动产业结构、能源结构、交通运输结构、用地结构调整。绿色低碳发展是经济社会发展全面转型的复杂工程和长期任务，减污降碳是经济结构调整的有机组成部分，能源结构、产业结构调整不可能一蹴而就，坚持先立后破、通盘谋划，并将"双碳"工作相关指标纳入各地区经济社会发展综合评价体系，增加考核权重，加强指标约束。

（四）坚持降碳、减污、扩绿、增长协同推进

加紧经济社会发展全面绿色转型。必须完善生态文明制度体系，协同推进降碳、减污、扩绿、增长，积极应对气候变化。必须严把新上项目碳排放关，大力发展新能源等绿色低碳产业，加快传统产业绿色低碳改造，实施重点行业领域减污降碳行动，开展大规模国土绿化行动，加快形成经济增长新动能。必须加快推广应用减污

---

① 国务院. 国务院关于印发2030年前碳达峰行动方案的通知 [EB/OL]. (2021-10-26)[2025-07-25]. https://www.gov.cn/zhengce/zhengceku/2021-10-26/content_5644984.htm.

降碳源头治理技术，加快形成减污降碳的激励约束机制，推动重点地区碳排放达峰和空气质量达标，实现系统治理的最佳减排效果和最大经济效益，协同提升社会效应、市场效率和政府效能。

有力有序有效做好碳达峰工作[①]。实现碳达峰碳中和是中国向世界作出的庄严承诺，是一场广泛而深刻的经济社会变革，也是一项长期任务，既要坚定不移执行，又要科学有序推进。实现"双碳"目标必须立足国情，不能脱离实际，急于求成，搞运动式"降碳"，踩"急刹车"，又要充分考虑区域资源分布和产业分工的客观现实，研究确定各地产业结构调整方向和"双碳"行动方案，不搞齐步走、"一刀

---

① 中共中央宣传部,国家发展和改革委员会.习近平经济思想学习纲要[M].北京：人民出版社,2022.

云海下风力发电和太阳能光伏发电等电力清洁能源

切"，更不能搞运动式"碳冲锋"。积极稳妥推进碳达峰碳中和，应坚持先立后破，安全降碳，探索多样化绿色低碳转型路径，加快构建"双碳"政策体系，充分激发市场低碳转型内生动力，充分发挥低碳试点先行先试作用，鼓励各地大胆探索、主动作为、率先达峰。有力有序有效做好碳达峰工作，要科学设定"十五五"碳排放双控目标，落实好《中共中央、国务院关于完整准确全面贯彻新发展理念做好碳达峰碳中和工作的意见》中明确提出的"到2030年，二氧化碳排放量达到峰值并实现稳中有降"的目标，争取到"十五五"末我国二氧化碳排放总量努力控制在2025年水平内。

"两山"理念
20 周年
20 人谈生态文明建设

第3篇
践行"两山"理念的实践探索

在"两山"理念的引领下，中国生态文明建设取得举世瞩目的成就、生态环境对高质量发展的支撑作用越来越明显。

浙江丽水云和梯田

13

「千万工程」是「两山」转化的生态工程

顾益康

浙江省农业和农村工作办公室原副主任（正厅级），浙江省委高质量发展建设共同富裕示范区咨询委专家委员，浙江省文史馆馆员，浙江省乡村振兴研究院首席专家，中共浙江省委兼职讲师团成员，浙江省哲学社会科学学科组专家。曾参加中央、浙江省委多个"三农"工作重大政策文件的讨论与起草，长期从事"三农"问题研究。

[摘要]"千万工程"全称是"千村示范、万村整治"工程，是浙江省"两山"理念在基层农村的成功实践。"千万工程"聚焦破解如何转变发展理念、调整发展方式，特别是处理好发展与环境保护之间的关系等方面的问题，实现了从美丽生态到美丽经济，再到美丽生活的跃升，有效打通了"绿水青山就是金山银山"的转化路径。
[关键词]"两山"理念、"千万工程"、"三农"、美丽乡村、美丽中国

"千万工程"是习近平总书记在浙江工作时亲自谋划和推动实施的一项创新工程。历届浙江省委、省政府坚持一张蓝图绘到底、一任接着一任干，不断深化"千万工程"。浙江的"千万工程"是一个改写当代中国"三农"历史的伟大工程，是造福亿万农民的民生工程，是获得联合国褒奖的环境工程，是促进城乡一体化发展的龙头工程，是创造浙江"三农"奇迹的创世工程。

"千万工程"这张蓝图，习近平总书记看得重、望得远、抓得实，亲自谋划、亲自部署、亲自推动。2003年6月，时任浙江省委书记的习近平同志在广泛深入调查研究基础上，立足浙江省情农情和发展阶段特征，准确把握经济社会发展规律和必然趋势，审时度势，高瞻远瞩，作出了实施"千万工程"的战略决策。在浙江工作期间，习近平同志亲自制定"千万工程"的目标要求、实施原则、投入办法；亲自出席2003年"千万工程"启动会和连续3年的"千万工程"现场会，为实施"千万工程"指明了方向；2005年在安吉县余村调研时提出"绿水青山就是金山银山"的发展理念，把生态建设与"千万工程"更紧密结合起来，美丽乡村建设成为"千万工程"的重要目标。党的十八大以来，习近平总书记一直关怀、指导"千万工程"，多次作出重要指示批示，指引浙江不断把"千万工程"向纵深推进。浙江历届省委、省政府坚持一张蓝图绘到底，持之以恒实施"千万工程"，不断推动"千万工程"迭代升级，因此"千万工程"从最初兴于一省的人居环境整治工程，蝶变为具有国际影响力的全面推进乡村振兴、建设美丽中国的系统工程。

一、习近平同志亲自擘画"千万工程"大蓝图

2002年，习近平同志就任浙江省委书记后，用半年多时间深入浙江城乡进行调查研究，将了解省情民意作为开创浙江工作新局面的首要工作。可以说"千万工程"

贵州加榜梯田

是习近平同志的调查研究之花结出的一个特别丰硕的成果。

习近平同志作为省委一把手制定了"千万工程"的目标要求、实施原则、投入办法和每年选一个县召开一次现场会议的做法,并主持了2003年"千万工程"启动会和连续三年"千万工程"现场会,习近平同志的这四年四次讲话为"千万工程"指明了正确方向。党的十八大以来,习近平总书记站在引领中国"三农"发展、造福全国农民群众的宏观高度,对"千万工程"作出多次批示。在党的十九大上,习近平总书记又根据浙江"千万工程"和美丽乡村建设成功经验和新时代缩小城乡发展差距的新要求,创造性地作出了实施乡村振兴战略的新决策,为新时代"三农"发展和农业农村现代化建设指引了前进方向。21世纪初,浙江省工业化、城市化进程明显加快,城市建设面貌日新月异,而农村建设明显滞后。时任浙江省委书记的习近平同志高瞻远瞩谋划、亲自定题、亲自推动实施"千万工程"。浙江省持续发力推动"千万工程"内涵升级,因此浙江"千万工程"从单一农村环境整治工程持续迭代升级,其建设内容已涵盖了乡村自然环境、人文环境、硬件建设、软件建设等各个领域。

一是"千万工程"示范引领阶段。2003年6月5日,浙江正式启动"千万工程",采取"以点带面、典型示范"的建设路径,以农村生产、生活、生态三大环境改善为重点,从全省约3万余个建制村中选择1万个左右的村进行全面整治,把其中1000个左右的中心村建设成全面小康示范村,建设重点是扎实推进村庄道路硬化、垃圾收集、卫生改厕、河沟清淤、村庄绿化。经过4年的努力,到2007年,全省成功完成1181个全面小康示范村建设,全面推进了10303个环境整治村的改造,示范引领作用充分彰显。

二是"千万工程"整体推进阶段。2008年3月,浙江省出台《关于深入实施"千村示范、万村整治"工程的意见》,从2008年起浙江省深入实施第二轮"千万工程",全省村庄整治建设全面铺开,本轮建设重点为行政村,体现了整治数量上的扩展和整治内容上的扩展,即整治数量涵盖了全省所有,整治内容拓展为农业非点源污染、农村基础设施、农民住房风貌等建设。经过三年多的努力,到2010年,全面完成了全省所有行政村的既定建设任务,乡村人居生态环境明显提档升级。

三是美丽乡村建设阶段。2010年12月,浙江省出台了《浙江美丽乡村建设行动计划(2011—2015年)》,率先提出了"美丽乡村"概念,开启了浙江乡村建设的"美丽"时代。着力把农村建成规划科学布局美、村容整洁环境美、创业增收生活美、乡风文明身心美的宜居宜业宜游的农民幸福家园、市民休闲乐园。"千万工程"推动全省乡村沿着"千村精品、万村美丽"主线持续深化。2012年4月,浙江省出台了《关于加强历史文化村落保护利用的若干意见》,这一文件的出台再一次

浙江杭州东梓关村自然建筑

推动了"千万工程"建设的内涵从环境风貌"形象美"向历史文化"气质美"进行转型。

四是美丽乡村升级版阶段。2016 年 11 月，围绕"两富""两美"建设目标，为进一步深化美丽乡村建设，浙江省委、省政府印发《浙江省深化美丽乡村建设行动计划（2016—2020 年）》，提出打造美丽乡村升级版的建设新部署，具体要求是推动美丽乡村建设从"一处美"向"全域美"、"一时美"向"持久美"、"外在美"向"内在美"、"环境美"向"生活美"、"形态美"向"制度美"转型，全力打造美丽乡村升级版。2017 年 6 月，中国共产党浙江省第十四次代表大会作出了以全域景区化为目标导向，继续深入推进美丽乡村建设的决策部署，并把万村景区化作为进一步深化美丽乡村建设的重要抓手。2018 年 4 月，浙江省出台《全面实施乡村振兴战略高水平推进农业农村现代化行动计划（2018—2022 年）》，正式提出到 2020 年，累计建成 1 万个 A 级景区村庄，其中，3A 级景区村庄 1000 个。这项"千村 3A 景区、万村 A 级景区"的"新千万工程"的核心，是新时代背景下深化"千万工程"的重要抓手。2021 年，浙江省印发《浙江省深化"千万工程"建设新时代美丽乡村行动计划（2021—2025 年）》，提出实施新时代美丽乡村全域共美、环境秀美、数智增美、活力强美、风尚纯美、生活甜美的"六美"行动。2022 年 1 月，浙江省政府办公厅印发《关于开展未来乡村建设的指导意见》文件，计划用 5 年时间，打造 1000 个以上未来乡村，全面擘画打造"千村未来、万村共富、全域和美"的现代版浙江乡村"富春山居图"。2024 年 11 月 27 日，浙江省第十四届人民代表大会常务委员会第十三次会议通过《浙江省"千万工程"条例》，深化实施"千万工程"，运用"千万工程"经验，健全推动乡村全面振兴长效机制，建设宜居宜业和美乡村，加快农业农村现代化。2025 年 1 月 1 日，浙江省委、省政府印发《关于以"千万工程"牵引城乡融合发展缩小"三大差距"推进共同富裕先行示范的实施方案》，以"千万工程"为牵引，促进城乡融合高质量发展，加快缩小城乡差距、地区差距、收入差距，在推进共同富裕中先行示范。

在习近平总书记的亲自谋划、亲自决策、亲自推动下，"千万工程"不仅让浙江农村成为大家公认的中国美丽乡村，而且带动了全国开展乡村建设行动，启动了乡村振兴战略，成为真正惠及亿万农民的民生工程、统筹城乡的龙头工程、促进绿色发展的生态工程，成为推进中国式农业农村现代化最有效的抓手。习近平同志亲自擘画"千万工程"大蓝图，为"千万工程"成为一项具有全国意义和世界影响力的伟大工程奠定了科学基础。

二、深刻认识"千万工程"伟大作用和深远意义

"千万工程"是一个改写当代中国"三农"历史的伟大工程，是造福亿万农民的民生工程，是获得联合国褒奖的环境工程，是促进城乡一体化发展的龙头工程。"千万工程"是最能彰显浙江"三农"影响力，最具浙江经验辨识度，最能显示中国特色社会主义制度优越性"窗口"效应的伟大工程，其伟大作用和深远意义可以用"六个一"来概括。

"千万工程"开启了一个建设美丽乡村、美丽中国的新时代。"千万工程"以消除垃圾村的农村人居环境整治和全面小康社会主义新农村建设为直接目标，成为广大农民群众衷心拥护的民心工程。此后，浙江省委、省政府把建设美丽乡村作为深入推进"千万工程"新目标的创新经验，把人居环境整治与生态环境建设紧密结合起来，以美丽乡村建设行动计划来全面提升"千万工程"。浙江美丽乡村建设为党的十八大

群山中的贵州雷山西江苗寨

提出美丽中国建设的宏伟蓝图提供了实践启迪，为全国农村人居环境整治和美丽乡村建设提供先行先试样板，由此开启了美丽乡村、美丽中国建设新纪元。

"千万工程"催生了一个"绿水青山就是金山银山"的绿色发展新理念。时任浙江省委书记的习近平同志到安吉县余村调研时，对余村关停严重污染环境、危害农民身心健康的小石矿和小水泥厂，以及发展绿色经济的做法给予高度赞扬，并提出了"绿水青山就是金山银山"新理念，由此成为指导"千万工程"向美丽乡村建设深化，进而推动生态省和绿色浙江建设的绿色发展新理念。"绿水青山就是金山银山"这一富有哲理又通俗易懂的理念逐渐成为指导中国生态文明建设和绿色发展的核心理念。

　　"千万工程"支撑了一个乡村振兴、民族复兴的新战略。党的十九大召开之前，在浙江提供的《从德清美丽乡村建设实践看乡村复兴之路》调研报告中，总结的浙江"千万工程"和美丽乡村建设的成功经验为党的十九大作出"实施乡村振兴战略"的重大决策提供了重要的实践启迪。从一定意义上说，从"千万工程"到美丽乡村建设，再到乡村振兴战略实施，是一张蓝图绘到底的与时俱进接续工程，浙江的"千万工程"开创了新时代中国乡村振兴的先河。

　　"千万工程"构建了一个城乡融合、科学聚变的新机制。工程伊始，习近平同志就提出要以统筹城乡兴"三农"的新思路来推动工程建设，必须贯彻以工促农、以城带乡的思想，做到城市基础设施向农村延伸，城市公共服务向农村覆盖，城市

浙江杭州西湖梅家坞茶山

现代文明向农村辐射，促进城乡一体化发展。浙江在深入推进工程实施中，牢牢把握这一原则和方向，使"千万工程"成为统筹城乡发展，缩小城乡差别，推动城乡一体化发展的龙头工程。浙江美丽乡村建设的成效引领以上海大都市为中心的长三角地区率先进入新型城市化和逆城市化双向互动的城乡融合发展时代。

"千万工程"形成了一个农民共建共享美好家园的新共识。"千万工程"和美丽乡村持续推进，为广大农民找到了"绿水青山转化为金山银山"的增收之道。经营美丽乡村、发展美丽经济、共享幸福生活成为新时代越来越多美丽乡村的新风景。"千万工程"和美丽乡村建设增强了村民利益共同体的意识，大家清醒地认识到美丽乡村是幸福生活的诺亚方舟，携手走向共同富裕、依靠共同奋斗建设美丽富饶的共富乡村是我们深化新时代"千万工程"的新方向。

"千万工程"闯出了一条一并推进农业农村现代化的新路径。"千万工程"从"千村示范、万村整治"的农村人居环境大整治到"千村精品、万村美丽"的美丽乡村大建设，再到"千村未来、万村共富"的乡村振兴大提升，闯出了一条产业兴旺的特色乡村、生态宜居的花园乡村、文化为魂的人文乡村、四治合一的善治乡村、共建共享的共富乡村"五村联建"的一体设计、一并推进的农业农村现代化新路径，为中国式现代化探索出一条切实可行的"农村包围城市"的实践路径。

三、全面总结"千万工程"的经验启示

"千万工程"是习近平总书记当年在浙江工作时亲自谋划实施的一项重大工程，是习近平"三农"情怀的深情表达，是习近平"三农"实践的重大创新。通过对"千万工程"成功推进的实践经验的总结，我们深刻体会到，最重要的是要领悟和掌握习近平总书记的执政为民重"三农"、以人为本谋"三农"、统筹城乡兴"三农"、改革开放促"三农"、求真务实抓"三农"的"三农"工作经验真谛，并用以指导我们新时代"三农"工作。

坚持执政为民重"三农"，把改善农村人居环境的美丽乡村建设作为缩小城乡差距的主要抓手。浙江"千万工程"改变了以往政府只管城市建设、城市公共服务，不管农村建设和公共服务的状况，把建设生态宜居的美丽乡村、城乡一体化基础设施、公共服务作为"三农"工作重点，放到党和政府全部工作重中之重的位置。这使浙江"千万工程"成为中国社会主义新农村建设的最成功范例。

坚持以人为本谋"三农"，把农民群众对美好生活追求作为"三农"工作的奋斗目标。"千万工程"把建设生态宜居的美丽乡村、让广大农民过上富裕幸福生活作为"三农"工作的出发点和落脚点，使"千万工程"成为造福亿万农民的民生工

程。"千万工程"实施贯穿了增进农民根本利益、尊重农民权利的"以人为本谋'三农'"的理念，极大地调动了广大群众参与"千万工程"的主动性和积极性。

坚持统筹城乡兴"三农"，构建"以工促农、以城带乡"的新型城乡关系。浙江"千万工程"建设中注重以城乡统筹规划来引领城乡一体化建设，强调把"千万工程"作为推进城乡一体化发展的龙头工程来抓，极大地提升了"千万工程"建设水平，也促进了城乡经济社会融合发展。

坚持改革开放促"三农"，与时俱进深化"千万工程"内涵目标。浙江省委、省政府牢记习近平总书记嘱托，按照"干在实处、走在前列、勇立潮头"的要求，把深化城乡综合配套改革作为推动"千万工程"深化的主动力，与时俱进深化和拓展"千万工程"的内涵目标，实现从整治垃圾村到建设生态宜居美丽乡村，再到向未来乡村和共富乡村的迭代升级。

坚持求真务实抓"三农"，构建五级书记抓工程建设的强大工作保障体系。时任浙江省委书记的习近平同志亲自谋划和实施"千万工程"，形成了"一把手"亲自抓、五级书记一起抓"三农"工作，齐心协力推动"千万工程"实施的工作机制，为"千万工程"持续高质量推进提供强大政治组织保障。

四、大力宣传推广"千万工程"成功经验

"千万工程"充分彰显了习近平同志以非凡魄力开辟新路的远见卓识和战略眼光，全面展现了人民群众伟大实践与人民领袖伟大思想情怀相互激荡形成的凝聚力和创造力。总结提炼和宣传推广"千万工程"成功经验，对于推动学习贯彻习近平新时代中国特色社会主义思想走深走实，具有特殊重要意义。

一是"千万工程"是习近平同志把调查研究作为谋事之基、成事之道的科学决策方法的经典样本。习近平同志用半年多的时间跑遍浙江全省11个地市，考察了几十个县（市、区），在调研中形成了把解决农村环境脏乱差问题的农村人居环境整治作为"三农"工作的一个切入口，制定了实施"千万工程"的整体方案。可见，"千万工程"是深入调查研究，了解农情民情之后的科学决策，而不是坐在办公室里"拍头脑"的产物。

二是"千万工程"是习近平同志深厚"三农"情怀的充分表达，是以人民为中心的发展思想的充分体现。习近平同志深刻把握"三农"工作规律性，把执政为民重"三农"的重农理念和以人为本谋"三农"的民本思想，体现在着力改善农民的生活、生产、生态环境条件上，把农民对优美人居环境、美好生活追求作为我们"三农"工作的根本目标。

浙江义乌大陈美丽乡村

三是"千万工程"是用整体统筹谋划思维破解重大难题的精品杰作。习近平同志创造性地把重中之重的"三农"问题解决与难中之难的生态环保问题整合起来加以解决，在"千万工程"的整体设计规划和实施中，做成了既是强农美村富民的惠农民生工程，又是生态省建设的生态环保工程。通过"绿水青山就是金山银山"的绿色发展理念的科学阐述，使广大农民普遍增强了生态环保意识，使农村生态环境脏乱差问题得到迅速改观。

四是"千万工程"是习近平同志以统筹城乡兴"三农"战略思想推动"三农"工作实践创新的精品力作。习近平同志以统筹城乡兴"三农"的战略思维，把"千万工程"做成了推进城乡一体化的"龙头"工程，成为浙江推进城乡融合发展的有效载体和抓手。强调构建以工促农、以城带乡、城乡互促共进和共同繁荣的城乡融合聚变的新机制，尽力做到城市基础设施向农村延伸，城市公共服务向农村覆盖，城市现代文明向农村辐射。

五是"千万工程"是习近平同志做民生大事和环保难事必持之以恒、久久为功、恒心定力的杰出事例。习近平同志在谋划设计"千万工程"之时就有长期战略考量，并在实施中与时俱进地拓展"千万工程"内涵外延，促使以农村人居环境整治启始的"千万工程"实现向美丽乡村、美丽中国建设和乡村振兴战略的迭代升级。

六是"千万工程"是习近平同志务实规划"三农"实事的成功案例。习近平同志不但亲自制定了"千万工程"实施方案，还确定了政府出钱出物、农民投工投劳、全社会共同参与的"千万工程"投资建设的基本原则，同时创造性地提出每年选择一个干得好的县召开全省"千万工程"现场会推广先进经验。这种竞争机制大大调动了各县（市、区）的积极性，形成了你追我赶、力争先进的良好氛围。

七是"千万工程"是习近平同志抓大事实事必以身作则的求真务实工作作风的典范。习近平同志以身作则，把"千万工程"作为一把手工程来抓，形成了五级书记抓"千万工程"的强大组织保障体系。这样的政治组织体系具有十分强大的政治动员力，各级各部门领导干部都能够尽心尽责地投入这项工程建设，从而确保了"千万工程"在人力、物力、财力和精力投入上都得到有效保障。"千万工程"通过建立由党政各部门共同参与的协调领导小组，成为多部门协力共建、多方出力的大系统工程，奏响了强农美村富民的大合唱。

五、创新谋划"千万工程"新图景

习近平总书记指出："中国式现代化是全体人民共同富裕的现代化。共同富裕是中国特色社会主义的本质要求，也是一个长期的历史过程。"浙江要思考在推动高质量发展建设共同富裕示范区的大场景下,"千万工程"如何确定新的建设目标,如何成为乡村高质量振兴、促进农村农民共同富裕的主抓手。

要顺应新时代新背景来擘画新一轮"千万工程"的新蓝图。要把促进美丽乡村向未来乡村和富丽乡村迭代升级作为深化"千万工程"的新方向,把工作重心从建设乡村转向经营乡村。面对浙江高质量发展建设共同富裕示范区这一新中心任务,建议把建设一千个作为共同富裕基本社会单元、体现农业农村现代化先进水平的未来乡村为示范引领,把"千村引领、万村振兴、全域共富、城乡和美"作为深化新时代"千万工程"的新目标。沿着产业兴旺、睦邻友爱、美丽宜居、生态乐活、文化深厚、四治合一、智慧赋能、服务完善、包容大气、共创共富等思路建设未来富丽乡村,加快涵养整体大美的好气质,做深产业兴旺的大文章,跑出城乡融合的加速度,探索共同富裕的新路径,推进基层治理的现代化,确保乡村振兴浙江样板全面过硬全程领跑,更好发挥示范引领作用。

要把深化"千万工程"作为坚定捍卫"两个确立"、坚决做到"两个维护"的重要窗口,积极推进"千万工程"的理论研究及宣传展示工作。目前,已建成的"千万工程"展示馆是全面推介浙江"千万工程"宝贵经验、展现浙江美丽乡村建设成果和未来方向的多维展览空间,建议以此为平台,办好浙江"千万工程"成果展,使之成为宣传展示浙江"千万工程"和习近平"三农"理论与创新实践的重要"窗口"。同时,要加强以文艺形式宣传"千万工程"的力度。

通过发展新质生产力赋能"千万工程"。"千村引领",要在探索中国式现代化的乡村路径上先行先试,积累新经验,激发新活力。"万村振兴",要全面增强乡村发展的内生动力,从各地乡村的实际出发,注重城乡融合的改革赋能、数智引领的科技赋能、民营企业的资本赋能、绿色发展的产业赋能、传承乡愁的文化赋能、头雁引领的人才赋能和党建统领的组织赋能,积极探索乡村振兴的多种有效形式和多种路径。要构建数字化新技术、绿色化新技术和生物化新技术"三技"融合的科创共同体,以"三技"加快赋能乡村振兴。特别要重视数字化技术的全面应用。同时,绿色低碳技术、生物技术也要在生产、生活、生态各个方面全面应用,提升农业农村现代化的科技含量,为乡村全面振兴提供强大的科技新动能。要积极推动城市先进生产力上山下乡,让美丽乡村成为城里人休闲、旅游、度假、研学、养生的后花园,成为留得住乡愁的文化故园,发展农业农村新质生产力的产业新园,把城乡融合、一二三产业融合的美丽经济培育成为农业农村新质生产力。要加快培育新农人,使之能掌握和运用数字化、生物化、绿色化新技术,能顺应产业革命和科技革命的新趋势,为乡村振兴提供新引擎。

14

山水林田湖草沙一体化保护和修复工程：理论基础、实践进展与未来展望

罗明

理学博士，基于自然的解决方案亚洲中心常务副主任。主持编制《山水林田湖草生态保护修复工程指南》等 10 项行业标准，参与编制生态保护修复战略规划和国家标准；主持国家及行业级科研项目 30 余项；发表论文百余篇；获国家及省部级科技奖 11 项。

[摘要]山水林田湖草沙一体化保护和修复工程（简称"山水工程"）是贯彻落实"两山"理念的重要实践，体现了"山水林田湖草是生命共同体"理念的系统治理要求。本文系统梳理了"山水工程"的理论基础与政策演进，分析了工程实施的进展成效，探讨了未来发展的趋势与挑战。实践表明，"山水工程"作为我国生态文明建设的重要抓手，在维护国家生态安全、促进区域协调发展、推动绿色高质量发展等方面发挥了重要作用，为全球生态治理贡献了中国智慧和中国方案。

[关键词]"两山"理念、山水工程、生命共同体理论、生态保护修复

生命共同体理论是"两山"理念的科学认知基础①。山水林田湖草沙一体化保护和修复工程（简称"山水工程"）是在生命共同体理论指导下产生的实践载体。"山水工程"以"两山"理念为价值追求，以生命共同体理论为科学指导，通过统筹山上山下、地上地下、流域上下游与左右岸的系统治理，实现了从理念到实践、从认知到行动的转化。实践证明，只有在生命共同体理论指导下，"两山"理念才能真正落地生根，生态价值才能有效转化为经济价值和社会价值。

一、生命共同体理论是"山水工程"的理论基础

生命共同体理论作为新时代生态保护修复的重要理论基础，从哲学基础到系统认知，再到实践指向，形成了完整的理论体系。

（一）哲学基础：生命共同体理论重构人与自然的本体关系

生命共同体理论的根本出发点在于超越传统的二元对立思维。它既摒弃了将人类置于自然之上的人类中心主义，又避免了排斥人类参与的自然中心主义，确立了人与自然共生共存的一体化世界观。在这一哲学视野下，人类不再是自然的征服者或外来者，而是生态系统的有机组成部分。正如习近平总书记深刻指出的"人类必须尊重自然、顺应自然、保护自然"，这一论断重新定义了人类在自然中的位

---

① 蔡守秋，王萌."人与自然是生命共同体"理念的环境法蕴涵[J].吉首大学学报(社会科学版)，2020，41(4): 23-32.

置——从主宰者转变为参与者，从利用者转变为共建者。这种本体论的转换为后续的系统认知和实践探索奠定了坚实的哲学基础。

（二）系统认知：生命共同体理论构建了多维整体性框架

　　基于新的本体关系，生命共同体理论进一步构建了系统性的认知框架。这一框架突破了传统环境保护的碎片化思维，强调生态系统内在的关联性与协同性。一是空间整体性，即从要素保护到系统治理。生命共同体理论强调"山水林田湖草沙是一个生命共同体"，体现了空间尺度上的整体性思维。这种认知促使生态环境治理从单一要素保护转向流域、区域乃至国家尺度的系统性治理，例如，长江大保护和黄河流域生态保护等重大实践都体现了这一空间整体性原则。二是功能协同性，即强调生态系统的内在统一。生态系统的物质循环、能量流动、信息传递等功能相互依存、不可分割。任何单一环节的破坏都可能引发系统性的连锁反应。例如，湿地的退化不仅影响当地的生物多样性，而且还会波及区域气候调节功能，进而影响更大范围的生态平衡。三是价值统一性，即多重价值的有机融合。生命共同体承载着生态价值、经济价值和文化价值的有机统一。碳汇功能体现生态价值，资源供给体现经济价值，自然景观体现文化价值，这些价值共同服务于生命共同体的整体存续和发展[①]。

（三）实践指向：实现可持续发展与公平正义的统一

　　生命共同体理论是"山水工程"的理论基础，有力地指导了"山水工程"的实践。生命共同体理论在实践层面强调可持续发展与公平正义的有机统一，形成了明确的行动导向。第一是公平正义，即双重公平的实现路径。生命共同体理论要求实现代内公平与代际公平的双重统一。代内公平体现为不同区域、不同群体对生态权益的共同享有，确保生态红利惠及全民；代际公平则要求当代人的发展不能以损害后代人的生存发展基础为代价，体现了对历史责任的深刻认知。第二是发展路径，即生态保护与经济发展的协调统一。生命共同体理论强调将生态保护全面融入经济社会发展大局，探索"绿水青山就是金山银山"的实现路径。这不是简单的平衡取舍，而是要通过制度创新、技术进步、模式创新等途径，实现生态保护与经济发展的协调统一。第三是终极目标，即人与自然和谐共生的现代化。生命共同体理论的实践指向最终聚焦于构建人与自然和谐共生的现代化。这种现代化既不同于传统的

① 吴钢，赵萌，王辰星. 山水林田湖草生态保护修复的理论支撑体系研究 [J]. 生态学报，2019，39(23)：8685-8691.

夏天的四川阿坝九寨沟瀑布

以资源消耗为特征的现代化模式，也不同于简单的回归自然状态，而是在更高层次
上实现人类文明与自然生态的和谐统一。

　　生命共同体理论作为"山水工程"的理论基石，通过哲学重构、系统解构与实
践创新的三维整合，为新时代"山水工程"提供了科学范式与行动纲领。在哲学层
面，其以"人与自然是生命共同体"的本体论突破，消解了传统主客二分的认知桎
梏，将人类从自然征服者的角色转变为生态系统的共建者，确立了生态伦理的新坐
标。系统维度上，以"山水林田湖草沙"多维整体性框架，打破要素化、碎片化的
治理窠臼，通过空间治理的系统性、功能协同性与价值融合性，重构了生态修复的
方法论体系。实践导向中，理论以双重公平和发展辩证法为内核，推动"山水工程"

超越技术修复层面，升华为生态文明制度创新与社会治理变革的载体。这一理论体系不仅为"山水工程"注入了"道法自然"的东方智慧，更通过"地球生命共同体"的全球治理观，为全球生态危机应对贡献了立足国情、放眼世界的中国方案，彰显了马克思主义生态思想与中华传统生态智慧在当代的创造性转化。

二、政策演进推动"山水工程"实践发展

山水林田湖草沙一体化保护修复的政策演进历程，体现了从理论建构到实践指导的发展轨迹。这一演进过程遵循了顶层设计确立、战略目标明确、治理方法创新、制度机制完善的内在逻辑，展现了马克思主义认识论在生态文明建设领域的生动实践。

（一）顶层设计

2013年11月，《关于〈中共中央关于全面深化改革若干重大问题的决定〉的说明》指出："山水林田湖是一个生命共同体，人的命脉在田，田的命脉在水，水的命脉在山，山的命脉在土，土的命脉在树。用途管制和生态修复必须遵循自然规律，如果种树的只管种树、治水的只管治水、护田的单纯护田，很容易顾此失彼，最终造成生态的系统性破坏。由一个部门负责领土范围内所有国土空间用途管制职责，对山水林田湖进行统一保护、统一修复是十分必要的。"山水林田湖是一个生命共同体理念的正式提出，标志着生态文明理论体系顶层架构的确立。这一重要论述强调"用途管制和生态修复必须遵循自然规律"，在哲学层面实现了从机械论自然观向有机论自然观的根本转变。理念的提出并非偶然，而是在深刻总结改革开放以来经济发展与环境保护关系基础上的理论升华。它超越了西方工业文明的线性思维模式，确立了系统性、整体性的生态治理观念，为后续的政策设计和实践探索提供了根本遵循。

2014年3月，生命共同体理念得到进一步阐释和深化。这一阶段的理论建构充分吸收了中华优秀传统文化的智慧资源，将古代朴素的系统论思想与现代生态学理论相结合，形成了具有深厚文化底蕴的生态治理哲学。传统文化中"金木水火土"五行相生相克的理论，以及"太极生两仪，两仪生四象，四象生八卦"的哲学思想，为现代生态系统理论提供了本土化的表达方式。这种理论建构方式体现了马克思主义基本原理与中华优秀传统文化相结合的重要特征，彰显了理论创新的文化自信。

（二）战略布局

2015年10月，党的十八届五中全会将"实施山水林田湖生态保护和修复工

程……筑牢生态安全屏障"确立为国家重大工程，实现了从理念倡导到战略实施的重大跃升。这一战略定位的确立，体现了对生态安全在国家安全体系中重要地位的深刻认识，标志着生态文明建设进入制度化、工程化的新阶段。工程地位的确立不仅是认识层面的提升，更是实践层面的重大转变。它意味着生态保护修复从分散的、局部的行动转向统一的、系统的工程实施，为大规模、高质量的生态治理提供了制度保障。

2017年5月，重点区域布局进一步明确，提出要"重点实施青藏高原、黄土高原、云贵高原、秦巴山脉、祁连山脉、大小兴安岭和长白山、南岭山地地区、京津冀水源涵养区、内蒙古高原、河西走廊、塔里木河流域、滇桂黔喀斯特地区等关系国家生态安全区域的生态修复工程"。这一布局体现了对国土空间生态安全格局的整体把握，既考虑了生态系统的完整性，又兼顾了区域发展的差异性。通过重点区域的科学选择，形成了点线面结合、重点突破与全面推进相统一的空间治理格局。

（三）方法创新

2018年4月，长江经济带发展座谈会提出的"分类施策、重点突破"方法论，运用中医理论中"祛风驱寒、舒筋活血和调理脏腑、通络经脉"的形象比喻，阐述了系统治理的基本路径。这种方法论创新体现了传统文化智慧与现代治理理念的有机融合，为复杂系统问题的解决提供了中国方案。中医理论强调整体观念和辨证施治，这与生态系统治理的系统性、复杂性特征高度契合。通过这种类比，既便于理解和操作，又体现了治理理念的本土化特色。

2018年5月，全国生态环境保护大会确立的"山水林田湖草系统监管和事前事中事后的全过程监管"原则，为生态治理的制度化、规范化奠定了基础。这一原则体现了马克思主义实践论关于认识与实践相互作用、螺旋式上升的基本观点，强调在实践中检验、在实践中完善的动态管理理念。

全过程监管的确立，标志着生态治理从传统的事后修复转向事前预防、事中控制、事后修复的全链条管理，实现了治理方式的根本性转变。

（四）机制完善

党的二十大报告明确提出"坚持山水林田湖草沙一体化保护和系统治理"，将"沙"纳入生命共同体范畴，体现了对荒漠化治理重要性的深刻认识，也反映了理论体系在实践中的不断完善。这一表述的重要意义在于，它不仅丰富了生命共同体的内涵，更重要的是体现了理论与实践的良性互动。"沙"的纳入不是简单的要素增加，而是对生态系统完整性认识的深化。荒漠生态系统作为地球生态系统的重要

组成部分，其保护和治理对于维护全球生态平衡具有重要意义。

2024 年党的二十届三中全会进一步强调"健全山水林田湖草沙一体化保护和系统治理机制，建设多元化生态保护修复投入机制"，为新时代"山水工程"发展提供了制度保障。这一表述标志着"山水工程"从理念到制度、从原则到机制的深度转化。制度机制的系统建构不仅确立了一体化保护的基本原则，更重要的是明确了机制建设的核心任务，包括治理机制的健全和投入机制的多元化。这为"山水工程"的长期可持续发展提供了制度保障。

通过对政策演进历程的梳理分析，可以发现这一过程体现了三个重要特征：一是理论与实践的良性互动。每一个重要理念的提出都与具体实践紧密结合，既有理论的前瞻性指导，又有实践的针对性检验。理论在实践中得到验证和完善，实践在理论指导下不断深化和拓展。二是传统与现代的有机融合。政策演进过程中既继承

四川巴州三江风光

了中华文明的生态智慧，又吸收了现代科学的理论成果，形成了具有中国特色的生态治理理论体系。这种融合不是简单的拼接，而是在新的历史条件下的创造性转化和创新性发展。三是中国与世界的深度对话。政策制定既立足中国实际，解决中国问题，又具有全球视野，为世界生态治理贡献了中国智慧和中国方案。这体现了构建人类命运共同体理念在生态文明建设领域的具体实践。

三、"山水工程"的实践进展与探索创新

（一）工程启动与战略布局

"山水工程"作为贯彻落实山水林田湖草是生命共同体理念、践行习近平生态文明思想、体现"综合治理、系统治理、源头治理"要求的重要实践，自2016年

正式启动以来，已成为推动生态文明建设、促进绿色低碳发展、实现人与自然和谐共生的重要抓手和现实路径。2016年9月，财政部、国土资源部、环境保护部印发《关于推进山水林田湖生态保护修复工作的通知》（财建〔2016〕725号），是标志着"山水工程"从理念走向实践的历史性起点。这一政策文件的出台，不仅是对前期理论探索的制度化表达，更是破解资源环境紧约束、参与全球生态治理的客观需要。

截至2024年年底，全国共支持了6批52个"山水工程"，涉及29个省（自治区、直辖市），工程范围（含实施范围和影响范围）涉及陆域国土面积152万平方千米，累计完成生态保护修复治理面积超过800万公顷。这一规模体现了"山水工程"作为国家重大生态工程的战略地位，也展现了推进生态文明建设的坚定决心和巨大投入①。

"山水工程"的空间布局体现了对国家生态安全格局的科学把握②。52个"山水工程"均分布在"三区四带"（青藏高原生态屏障区、长江重点生态区、黄河重点生态区、北方防沙带、东北森林带、南方丘陵山地带、海岸带）国家生态安全格局范围内。从服务国家重大战略的角度看，这些工程涉及长江流域保护12个、黄河流域保护15个、青藏高原保护7个、"三北"工程21个、西部大开发23个、东北振兴4个、长江三角洲区域一体化发展4个和京津冀协同发展4个，充分体现了"山水工程"与国家重大区域发展战略的协同支撑作用。

（二）系统治理模式的创新实践

"山水工程"在实施过程中探索形成了一系列具有开创性意义的治理模式和实践做法，这些创新不仅解决了传统生态治理中的突出问题，更为全球生态治理提供了可资借鉴的中国经验。

1.坚持国土空间规划引领，构建科学治理格局

"山水工程"的布局严格遵循国土空间规划体系，按照规划确定的国土空间保护、开发、利用、修复总体格局，围绕《全国重要生态系统保护和修复重大工程总体规划（2021—2035年）》及其专项建设规划明确的"三区四带"为主体的国家生态安全屏障格局和重大工程总体布局进行科学布局，形成了从国家到地方、从总体到专项的完整规划体系。

---

① 周妍，王金满，陈妍，等.基于自然的山水林田湖草沙一体化保护和修复技术路径探索[J].中国土地科学，2024,38(6): 40-49.
② 罗明，于恩逸，周妍，等.山水林田湖草生态保护修复试点工程布局及技术策略[J].生态学报，2019,39(23): 8692-8701.

2. 探索构建跨部门多主体多学科协同机制

"山水工程"所在地均成立由省、市、县级财政、自然资源、农业、水利、生态环境等部门参与的工作领导小组，建立跨部门工作机制和联席会议制度，有效打破了部门界限，实现了协同推进。管理者、规划者、专家、居民等多方面主体积极参与其中，综合运用不同领域知识、本地经验与传统智慧，形成了多元参与的治理格局。这种协同机制的建立，不仅解决了传统"九龙治水"的体制弊端，更重要的是实现了治理主体的多元化和治理过程的民主化。

3. 探索多要素系统治理新模式

"山水工程"在实践中形成了独特的多尺度、多要素、多阶段系统治理模式。在空间维度上，划分了区域（或流域）、生态系统、场地三个尺度，在不同尺度上确定不同的目标任务、解决不同问题。在要素维度上，针对国土空间主要生态问题，对涉及的各类自然生态要素进行统筹保护和修复。在措施维度上，综合运用保护保育、自然恢复、辅助再生、生态重建等修复模式，采取工程、技术、生物等多种措施。在工程建设方面，统筹整合各类生态保护修复工程和项目，形成合力。在目标和效益方面，以提升生态效益为主要目标，同时兼顾社会效益和经济效益[①]。

4. 建立健全"1+N"标准体系

相关部门建立了"山水工程""1+N"标准体系总体架构，其中"1"是《山水林田湖草生态保护修复工程指南（试行）》，这是我国第一个按照山水林田湖草是生命共同体理念系统指导我国生态保护修复实践且带有通则性质的规范[②]。在此基础上，围绕关键技术环节完成了实施方案编制规程、验收规范、成效评估规范等行业标准制定，规范了工程建设前段和末端管理；推动规划设计规程、乡土植物遴选指南、适应性管理规范等一系列标准研究，为一体化保护修复科学实施以及问题和风险防范提供了技术依据。

5. 创新多元化投融资机制，推动生态产品价值实现

为了支持生态保护修复重大工程实施，中央财政设立了专项奖补资金，建立了一套完整的管理制度。截至目前，中央财政资金投入超1000亿元，带动地方财政和社会资本投入近1500亿元。2021年10月，国家出台《关于鼓励和支持社会资本参与生态保护修复的意见》，从规划管控、产权激励、资源利用、财税支持、金融扶持等方面明确了支持政策，释放了政策红利，拓宽了资金投入渠道，特别是通过土地政策激励、金融工具挖潜、融合产业发展等，创新投融资模式，建立了多元化投

[①] 周妍，周旭，张丽佳，等. 山水林田湖草沙一体化保护和修复实践与成效研究[J]. 中国土地，2022(8): 4-8.
[②] 周妍，陈妍，应凌霄，等. 山水林田湖草生态保护修复技术框架研究[J]. 地学前缘，2021(4): 14-24.

入机制。

　　工程实施中，各地积极引导在生态修复的基础上，探索发展生态农业、生态牧业、生态旅游、生态文化等相关产业。例如，宁夏贺兰山东麓"山水工程"将矿坑改建为葡萄酒庄；湖南洞庭湖"山水工程"推动临湖精养鱼塘全面退养，改种水草并发展水草产业，形成了全国水草供应基地、水草+大闸蟹生态种养、水草观光与研学旅游等多元化发展模式。这些实践不仅解决了当地居民就业问题，更进一步促进了生态保护修复效果的管护和维持[①]。

---

① 叶艳妹、林耀奔、刘书畅、等. 山水林田湖草生态修复工程的社会–生态系统(SES)分析框架及应用——以浙江省钱塘江源头区域为例[J]. 生态学报, 2019, 39(23): 8846-8856.

初夏的洞庭湖湿地

6.传承传统智慧，借鉴国际先进理念

"山水工程"在实施过程中既注重融合本地知识和生态传统智慧，又积极转化吸收国际先进理念。例如，浙江瓯江源头区域"山水工程"将当地历史上传承下来的"稻鱼共生"和"茭鸭共生"农业可持续利用系统予以示范推广，体现了对传统生态智慧的传承和发扬。同时，转化吸收"基于自然的解决方案（Nature-based Solution，NbS）"、再野化、近自然、适应性管理等国际先进理念，并纳入相关规划和《山水林田湖草生态保护修复工程指南（试行）》等技术标准，推动了这些理念的本土化和主流化应用[①]。

[①] 周妍，王金满，陈妍，等.基于自然的山水林田湖草沙一体化保护和修复技术路径探索[J].中国土地科学，2024，38(6)：40-49.

四、"山水工程"的多维效益

"山水工程"作为中国生态文明建设的战略性实践，其价值已超越单一生态修复范畴，形成了"生态修复－产业转型－民生改善－全球治理"的效益共生体系。这种系统性工程不仅实现了国土空间格局的优化，而且通过生态资本化、产业融合化、治理协同化，创造了多维度的发展红利，为全球可持续发展提供了中国范式。

（一）生态效益：从局部修复到系统重构的韧性提升

"山水工程"通过生命共同体理念重构生态系统的空间关联与功能协同，实现了生态效益的放大[①]。

1.生物多样性恢复的连锁反应

在青海湟水流域，通过修复15.77万公顷生态屏障，水土流失面积减少2.64%，林草覆盖率提升0.39%，带动鸟类、昆虫等物种数量回升，形成"植被恢复—水源涵养—动物栖息"的正向循环。河北白洋淀通过湿地修复，鸟类种群从186种增至286种，重现"华北明珠"的生态盛景。

2.碳汇能力的系统性增强

重庆铜锣山矿山公园治理后，年固碳量达620万吨，相当于种植3.5亿棵树；贵州乌蒙山区通过石漠化治理，碳汇增量较修复前提升15%，成为西南喀斯特地区的"绿色碳库"。

3.灾害防控的协同效应

安徽巢湖流域通过退渔还湖、生态渗滤岛等技术，将巢湖防洪库容提升12%，同时减少蓝藻暴发频率；浙江钱塘江源头修复工程使洪涝灾害发生率下降30%，印证了山水林田湖草整体防护的减灾价值。

（二）经济效益：从生态负债到绿色资本的财富转化

"山水工程"通过生态产品价值实现机制，将自然资本转化为经济资本，开辟绿色发展新赛道。

1.传统产业的重构升级

江西赣县区将崩岗整治为脐橙种植基地，年产值达3600万元，带动2000余户农民增收；宁夏贺兰山东麓利用矿坑改建葡萄酒庄，年接待游客80万人次，创造旅

---

① 周妍，苏香燕，应凌霄，等."双碳"目标下山水林田湖草沙一体化保护和修复工程优先区与技术策略研究[J]. 生态学报，2023，43(9): 3371-3383.

游收入超10亿元，实现"生态伤疤"向"经济高地"的蜕变。

2.新兴业态的孵化培育

重庆铜锣山矿山公园打造"地质研学+生态旅游"特色知识产权产品，年接待游客超50万人次，周边村民人均增收2万元；云南洱海流域通过全域生态治理，推动民宿经济、有机农业等业态发展，旅游收入显著增加。

3.资源利用效率的跃升

青海湟水工程通过节水灌溉技术推广，农田水分利用效率提升40%；广东粤北南岭山区修复后，森林水源涵养量增加1.2亿立方米，支撑区域水资源可持续利用。

（三）社会效益：从生态治理到民生福祉的普惠共享

"山水工程"通过"生态惠民"机制，将生态红利转化为民生实惠，促进共同富裕[①]。

1.就业结构的绿色转型

内蒙古乌梁素海治理工程吸纳当地牧民参与湿地管护，人均年增收1.8万元；甘肃祁连山通过生态护林员岗位设置，使2.3万牧民实现"绿色就业"，推动"靠山吃山"向"养山富山"转变。

2.城乡空间的品质再造

北京首都西部生态屏障区修复后，$PM_{2.5}$浓度下降并建成生态公园12处，服务周边200万居民；浙江开化县通过钱江源国家公园修复，森林覆盖率提升至80.4%，成为长江三角洲地区生态康养目的地。

3.文化认同的生态重塑

贵州黔东南苗族侗族自治州将传统"稻鱼共生"系统纳入"山水工程"，既保护生物多样性，又传承农耕文化；山西吕梁山修复工程复原古村落水系，激活"山水-村落-非遗"文化链条，带动乡村旅游复兴。

（四）全球效益：从区域实践到人类命运共同体的方案输出

"山水工程"以"基于自然的解决方案"为核心，为全球生态治理提供可复制的制度创新。

1.制度创新的示范效应

青海湟水工程首创"生态修复-产业导入-社区参与"三位一体模式，被联合

---

① 马庆，苏香燕，周妍，等.基于居民生计变化的区域生态修复社会效益研究[J]. 生态学报，2025, 45(11): 5101-5112.

四川成都三岔湖航拍图

新疆博乐赛里木湖

国环境规划署纳入《生态修复政策工具包》；浙江瓯江源头区域"菱鸭共生"系统通过传统智慧与现代科技融合，成为全球农业文化遗产保护范例。

2.技术体系的全球共享

中国在矿山修复中研发的"植被混凝土""土壤改良基质"等技术，已应用于"一带一路"沿线12国；荒漠化防治的"草方格固沙法"被非洲地区借鉴，治理面积超10万公顷。

3.治理范式的价值引领

"山水工程"推动的"政府主导－市场运作－公众参与"协同机制，为全球环境治理提供"中国方案"。2022年"山水工程"入选联合国首批"世界十大生态恢复旗舰项目"，标志着中国生态治理模式获得国际认可。

4.溢出效益

此外，"山水工程"的溢出效益非常明显，体现在其通过系统性生态修复，不仅直接改善工程区生态环境，更在更广空间、更长时间、更多维度上产生正向连锁反应，其核心在于通过生态修复的协同效应激活生态资产潜能，形成"生态－经济－社会－全球"四维联动的效益网络。

在生态效益方面，工程通过重构生态系统结构与功能，显著提升区域水源涵养、土壤保持及碳汇能力，形成跨区域生态安全屏障。其生物多样性恢复功能促进物种迁徙廊道形成，增强生态系统稳定性和抗干扰能力，同时通过水土流失治理与灾害防控体系优化，降低洪涝、荒漠化等生态风险。

在经济效益方面，生态修复催生绿色产业转型，传统资源依赖型经济向生态产品价值实现模式转变。通过生态农业、文旅融合及低碳技术应用，激活生态资源的经济属性，创造高附加值产业链，推动区域经济结构优化与可持续发展动能转换。

在社会效益方面，生态治理与民生改善深度耦合，通过生态就业岗位开发、社区参与式管护及公共服务设施提升，促进收入分配公平与城乡融合发展。生态文化传承机制强化地方特色认同，提升居民环境福祉与社会治理效能。

在全球效益方面，"山水工程"以"基于自然的解决方案"为全球生态治理提供制度创新范式，其技术体系与治理经验通过南南合作与多边平台输出，推动发展中国家突破生态保护与经济发展的二元对立，为落实联合国可持续发展目标贡献中国智慧。

"山水工程"的价值溢出效益，本质上是生命共同体理念的具象化表达。它通过生态修复的系统重构，破解了"保护与发展的二元悖论"；通过绿色资本的创造性转化，实现了绿水青山与金山银山的辩证统一；通过民生福祉的普惠共享，诠释了"人与自然生命共同体"的深刻内涵。这种"生态-经济-社会"三元协同的治理范式，不仅重塑了中国生态文明建设的底层逻辑，更为全球可持续发展提供了兼具东方智慧与现代科学的新路径。正如联合国评价所言："'山水工程'证明，生态保护与人类发展可以共生共荣。"

五、挑战及展望

经过多年的实践探索，"山水工程"在推进生态保护修复方面积累了丰富经验，取得了阶段性成果，为构建国家生态安全格局发挥了重要作用。然而，随着生态文明建设进入新阶段，对"山水工程"的系统性、整体性、协同性提出了更高要求。客观审视当前发展现状，"山水工程"在顶层设计、管理体制、技术标准等关键环节仍存在短板和不足，需要在新的历史起点上进一步深化改革、完善机制、创新模式，以更好适应新时代生态保护修复工作的新要求。

（一）挑战与问题

当前，"山水工程"在取得显著成效的同时，也面临一些深层次的挑战和问题，这些问题的解决需要在理念创新、制度完善、技术突破等方面持续发力。

1. 一体化保护修复的顶层设计有待完善

现有工程布局对国家重要生态安全屏障区覆盖度有待提升，且部分工程范围存在一定重叠；空间协同性有待进一步提高，围绕重要山脉、重要湖泊，大江大河上下游与左右岸以及河海联动的工程布局协同不够；与其他相关生态保护修复项目在空间上统筹不够，陆海统筹项目较少，从山顶到海洋的流域一体化治理格局尚未形成。这些问题反映出在国土空间规划体系下，生态修复项目的统筹协调机制还需要进一步完善。

2. 一体化的管理体系需要完善

一体化保护和修复活动涉及财政、自然资源、生态环境、水利、林草、农业等相关部门，虽然各地建立了不同形式的协调机制，但子项目实施和管理协同不够，技术标准难统一；保护修复投入单一，资金以财政投入为主，社会资本参与程度较低，部分子项目单位面积投入过大、成本效益不高。此外，重点生态功能区与经济落后地区重叠度较高，在经济下行情况下，各地配套资金筹措均存在困难。这种管理体系的不完善，在一定程度上制约了"山水工程"的实施效果和可持续发展。

3. 一体化的技术标准体系有待加强

整体性、系统性不足，区域、景观、生态系统不同尺度之间以及不同生态要素之间关联不够；未能根据受损程度确定保护修复目标并选取适宜的措施技术，部分项目目标设定不明确、措施选择缺乏科学性，甚至出现过度工程化、"盆景"工程和形象工程等问题；部分项目缺乏动态监测，实施效果难以进行定量评估，无法应对工程实施面临的不确定性因素。这些技术层面的问题，需要通过加强科技创新和标准体系建设来解决。

（二）展望

面向未来，"山水工程"面临着重要的战略机遇。根据四部门《关于学习运用习近平生态文明思想"厦门实践"经验，深入推进新时期生态保护修复工作的意见》，未来"山水工程"发展将做到"六个坚持"，推动"厦门实践"经验走深走实，这为"山水工程"的高质量发展指明了方向。

1. 坚持规划引领，构建国家和地区生态安全格局

着力构建从山顶到海洋的保护治理大格局，健全山水林田湖草沙一体化保护和系统治理机制。具体要求是严格保护陆海自然生态空间，扎实推进生态保护修复规划有效实施，加快构筑科学合理的城乡生态格局。这一要求体现了对国土空间全域治理的系统思维，强调了海陆统筹、城乡一体的治理理念。

2. 坚持源头治理，强化自然资源开发利用全过程生态保护修复

从源头上防范和化解生态环境风险，建立健全源头保护和全过程修复治理相结

合的工作机制。重点是加强工程的全链条管理和全流程监管，加强项目用海用岛各环节生态保护修复。这一理念体现了预防为主、源头治理的科学思维，强调了全生命周期管理的重要性。

3. 坚持系统治理，全方位推进山水林田湖草沙一体化保护修复

全方位、全地域、全过程、全要素统筹推进生态保护修复，提升生态系统多样性、稳定性、持续性。具体任务包括强化自然生态系统整体保护修复，推动历史遗留废弃矿山综合治理，加强海洋生态系统协同治理，巩固提升生态系统碳汇能力。这一要求体现了系统论的基本观点，强调了生态系统的整体性和协同性。

4. 坚持科学治理，提升生态保护修复基础支撑能力

以科技创新为驱动，提升生态保护修复的科学化、精准化水平。重点是开展自然资源领域生态状况监测评价预警，提升生态修复科学实施水平，强化科技支撑体系建设。这一要求体现了对科技创新在生态治理中重要作用的深刻认识，强调了科学技术对于提高治理效能的关键意义。

5. 坚持规范治理，健全生态保护修复长效机制

建设"大美自然"，需要完善的制度保障和规范的管理体系。重点是健全项目管理制度，完善生态保护修复用地政策，建立健全多元化投入机制，推动生态产品价值实现。这一要求体现了制度建设在生态治理中的基础性作用，强调了制度创新对于可持续发展的重要意义。

6. 坚持久久为功，推动生态保护修复不断迈上新台阶

生态文明建设是一项长期任务，需要持之以恒、久久为功。重点是坚持党的领导和全民参与，坚持依法治理和严格监督，深度参与全球生态治理。这一要求体现了对生态文明建设长期性、艰巨性的清醒认识，强调了持续推进的重要性。

结束语

"山水工程"作为"两山"理念的实践典范，以生命共同体理念为指引，通过系统性治理模式创新，破解了传统生态修复的碎片化困局，实现了生态效益、经济效益、社会效益与全球效益的深度融合。"山水工程"不仅是中国生态文明建设的里程碑，更是人类命运共同体理念的生动实践。这一实践充分证明，生态保护与经济发展绝非"零和博弈"，而是可以通过制度创新、科技赋能与文化传承实现共生共赢的。在"双碳"目标与全球生物多样性保护的背景下，"山水工程"将继续以"基于自然的解决方案"为全球生态治理提供中国经验，书写人与自然和谐共生的现代化新篇章。

15

深化集体林权制度改革，更好实现生态美和百姓富的有机统一

周训芳

中南林业科技大学法学院二级教授、林业法研究所所长。从事环境与资源保护法学、林业法学教学研究工作。发表论文百余篇；编著出版《环境权论》《环境法学》《林业法学》《生态公益视野中的农民土地权益法律保障制度研究》《生态文明视野下的环境管理模式研究》《美丽中国视野中的森林法创新研究》等专著。

[摘要]集体林权制度是国家生态文明制度体系的重要组成部分。以"两山"理念为指导，我国持续推进集体林权制度改革，坚持扩绿、兴绿、护绿"三绿"并举，推动水库、钱库、粮库、碳库"四库"联动，兼顾生态保护、民生保障与林业经济发展，以林长制工作带动集体林权制度改革，系统解决"山要怎么分""树要怎么砍""钱从哪里来""单家独户怎么办"问题，不断推进林业适度规模经营和生态产品价值实现，推动林业产业发展形成新业态，确保集体林发挥蓄水保土、调节气候、改善环境、维护生物多样性和提供林产品等多种功能。集体林权制度在改革实践中更好地实现了生态美和百姓富的有机统一，显示出独特的生态文明制度特性。

[关键词]"两山"理念、集体林权制度改革、林业适度规模经营、生态产品价值实现、生态美、百姓富

在"两山"理念指导下，2008年6月中共中央、国务院印发《关于全面推进集体林权制度改革的意见》，提出用5年左右时间基本完成明晰产权、承包到户的改革任务①。经过改革实践，集体林权制度融入农村土地承包经营制度体系，以及物权保护制度和不动产统一登记制度体系，为进一步深化集体林权制度改革奠定了基础②。随后，中共中央办公厅、国务院办公厅于2016年10月印发《关于完善农村土地所有权承包权经营权分置办法的意见》，提出对农村土地所有权、承包权、经营权实行"三权分置"，推动形成层次分明、结构合理、平等保护的权利配置格局③；《中华人民共和国农村土地承包法》（简称《农村土地承包法》）和《中华人民共和国森林法》（简称《森林法》）先后回应"三权分置"改革，通过修法方式创设林地经营权制度④，最终将其整合到《中华人民共和国民法典》（简称《民法典》）的物权保护制度体系⑤。在此基础上，中共中央办公厅、国务院办公厅于2023年9月印发《深化集

① 中共中央、国务院关于全面推进集体林权制度改革的意见[J].中华人民共和国国务院公报,2008(21):4-7.
② 李淑新.关于后集体林权制度改革时期有关问题的研究[J].国家林业局管理干部学院学报,2013,12(2):3-6.
③ 中共中央办公厅、国务院办公厅印发《关于完善农村土地所有权承包权经营权分置办法的意见》[J].中华人民共和国国务院公报,2016(32):27-30.
④ 刘振伟.进一步赋予农民充分而有保障的土地权利——关于《中华人民共和国农村土地承包法修正案（草案）》的说明[J].农村经营管理,2017(11):14-16.
⑤ 刘灿.民法典中土地承包经营权制度的变革、争议及解释[J].农村工作通讯,2020(16):31-32.

体林权制度改革方案》，提出到2025年基本形成权属清晰、责权利统一、保护严格、流转有序、监管有效的集体林权制度。在"两山"理念提出20周年之际，集体林权制度融入国家生态文明制度体系，通过建立生态产品价值实现机制和推动生态产品价值实现，在确保发挥集体林的蓄水保土、调节气候、改善环境、维护生物多样性和提供林产品等多种功能的基础上，更好地实现了生态美和百姓富的有机统一。

一、集体林权制度成为国家生态文明制度体系的重要组成部分

2013年11月12日，党的十八届三中全会通过《中共中央关于全面深化改革若干重大问题的决定》，提出"建立系统完整的生态文明制度体系"，将"完善集体林权制度改革"列入"改革生态环境保护管理体制"的内容，推动集体林权制度成为国家生态文明制度体系的重要组成部分。2024年7月18日，党的二十届三中全会通过《中共中央关于进一步全面深化改革 推进中国式现代化的决定》，提出"加快完善落实绿水青山就是金山银山理念的体制机制"[1]，推动集体林权制度在改革实践中兼顾生态与民生，实现生态美和百姓富的有机统一，从而显示出独特的生态文明制度特性。

《森林法》落实"两山"理念，汲取集体林权制度改革成果，将集体林权制度纳入生态文明制度体系，在充分发挥集体林的生态效益、社会效益和经济效益的基础上，系统构建了集体林权制度。《森林法》以"践行绿水青山就是金山银山理念，保护、培育和合理利用森林资源，加快国土绿化，保障森林生态安全，建设生态文明，实现人与自然和谐共生"为立法目的，以"尊重自然、顺应自然""坚持生态优先、保护优先、保育结合、可持续发展的原则"为导向，围绕"培育稳定、健康、优质、高效的森林生态系统"这一目标，在保护集体林地所有权、承包权、经营权和林木所有权的前提下，对公益林和商品林实行分类经营管理，突出主导功能，发挥多种功能，实现森林资源的永续利用。《森林法》在对集体林权权利人设定林地用途管制、公益林保护和更新造林等行政法义务的同时，相应地建立了生态保护补偿制度、国家重点生态功能区转移支付制度、公益林林地资源和森林景观资源合理利用制度，兼顾保护集体林权权利人的合法权益和生态保护地区的发展权益[2]。在《森林法》的整体制度框架下，集体林权制度兼具生态公益保护属性和森林资源可持续利用属性，集体林权既受到物权制度、不动产统一登记制度的严格保护，也受到生态文明制度和林业行政管理制度的制约。集体林权权利人在行使权利时，需

① 中共中央关于进一步全面深化改革推进中国式现代化的决定[N].人民日报，2024-07-22(1).
② 陈玉新，米高扬，董阳.《森林法》：为"绿水青山"而转变[J].河北林业，2020(4): 29-30.

空山新雨后

要遵守林地用途管制制度、森林分类经营制度、造林绿化制度、古树名木保护制度、自然保护地保护制度、林木采伐许可制度、更新造林制度等林业行政管理制度，履行相应的生态保护修复义务；同时，《森林法》保障集体林权权利人将生态优势转化为经济优势，实现其为社会提供的生态产品的价值。对于集体林中的商品林，《森林法》在设定林地用途管制、及时更新造林等强制性义务的基础上，鼓励发展以生产木材，果品、油料、饮料、调料、工业原料和药材等林产品，燃料和其他生物质能源以及其他以发挥经济效益为主要目的的森林，并鼓励建设速生丰产、珍贵树种和大径级用材林。对于集体林中的公益林，建立生态效益补偿制度和国家重点生态功能区转移支付制度。例如，《森林法》第七条规定"国家建立森林生态效益补偿制度，加大公益林保护支持力度，完善重点生态功能区转移支付政策，指导受益地区和森林生态保护地区人民政府通过协商等方式进行生态效益补偿"；第二十九条规定"中央和地方财政分别安排资金，用于公益林的营造、抚育、保护、管理和非国有公益林权利人的经济补偿等"；第三十条规定"重点林区按照规定享受国家重点生态功能区转移支付等政策"，促进所在地区经济社会发展，第四十八条第三款规定"公益林划定涉及非国有林地的，应当与权利人签订书面协议，并给予合理补偿"；第四十九条第三款规定"可以合理利用公益林林地资源和森林景观资源，适度开展林下经济、森林旅游等"，通过发展生态产业推动生态产品价值实现。

　　为了满足落实"两山"理念的体制机制的制度需求，国家自然资源、林业草原主管部门在依法推动集体林权制度改革的过程中，依据《民法典》和《不动产登记暂行条例》《不动产登记暂行条例实施细则》规定的不动产统一登记法律规范，推动对集体林进行所有权、承包权、经营权分层赋权确权，依托不动产登记确认林下、地表、林上空间生态产品价值，为生态产品价值实现提供法律支持①。根据自然资源部《不动产登记暂行条例实施细则》的规定，集体林权以空间为单元进行不动

---

① 肖颖. 夯实资源空间基础，提升供给配置效能——《关于高水平保护高效率利用自然资源推动生态产品价值实现的意见》解读 [N]. 中国自然资源报, 2025-01-06(2).

远处山连山，近处树成林

产登记。没有森林、林木定着物的林地，以林地权属界线封闭的空间为不动产单元；有森林、林木定着物的林地，以森林、林木定着物与土地权属界线封闭的空间为不动产单元，森林、林木等定着物与其所依附的林地一并登记，保持权利主体一致 [①]。2024年9月16日，自然资源部修改印发《林权类不动产登记簿样式》，具体指导林地承包经营权、林地使用权和林地经营权登记信息的填写。其中，"林地承包经营权、林地使用权登记信息页"适用于以家庭承包方式承包农民集体所有或国家所有

---

① 中华人民共和国自然资源部. 不动产登记暂行条例实施细则 [DB/OL]. (2019-08-13)[2024-05-23]. https://gk.mnr.gov.cn/zc/gz/201908/t20190813_2458553.html.

大兴安岭原始森林

依法由农民集体使用的林地上设立的林地承包经营权/林木所有权，自留山上设立的林地使用权/林木所有权，国家所有的林地和林地上的森林、林木依法确定给林业经营者使用设立的林地使用权/森林、林木使用权等林权类不动产登记；"林地经营权登记信息页"适用于通过依法采取出租（转包）、入股或者其他方式向他人流转设立的林地经营权，未实行承包经营的集体林地以及林地上的林木由农村集体经济组织统一经营设立的林地经营权，以及通过招标、拍卖、公开协商等其他方式承包荒山、荒沟、荒丘、荒滩等农村土地营造林木设立的林地经营权登记等。在"林地经营权登记信息页"的"附记"栏中，可以填写需要对不动产权利及其他事项进一步说明的信息，例如流转或承包价格、发展林下经济情况等，有利于记载和确认生态产品价值信息[①]。

地方各级党委和政府在深化集体林权制度改革过程中，充分发挥林长制的制度优势，坚持扩绿、兴绿、护绿"三绿"并举，推动水库、钱库、粮库、碳库"四库"联动，以林长制工作带动集体林权制度改革。例如，山西省通过制度建设和推动林业经济发展与生态产品价值实现，系统解决"山要怎么分""树要怎么砍""钱

---

① 中华人民共和国自然资源部. 自然资源部关于修改印发《林权类不动产登记簿样式》的通知 [DB/OL]. (2024-09-16)[2025-06-03]. https://gi.mnr.gov.cn/202409/t20240919_2859154.html.

从哪里来""单家独户怎么办"问题，推动更好实现生态美和百姓富的有机统一①。湖南省各级林长充分发挥市场在林地林木林生态资源配置中的决定性作用，破除传统要素自由流动堵点，建立新型要素市场规则，将林业产业更好地融入中国特色社会主义市场经济体制，形成集体所有、家庭承包、多元经营的集体林业新发展格局，推动林地林木林生态资源高效率利用和森林生态产品价值实现，促进林业高质量发展②。地方各级林长在职权范围内依法推动林业主管部门与相关职能部门合作，完善集体林地承包延包、林权流转、融资担保、金融产品创新、新型林业经营主体培育、森林经营、林木采伐、产业发展、生态产品交易、国有林场参与集体林权制度改革等方面的管理制度和政策措施，有效盘活农村空置、闲置、撂荒承包林地、自留山和林下空间，依托本地资源禀赋和生态优势开发集体林区、集体林地林木生态产品，推动"林木""林粮""林油""林菜""林药""林碳""林水""林游"等生态产品价值实现③。

二、集体林权制度改革不断推进林业适度规模经营和生态产品价值实现

（一）集体林权制度改革不断推进林业适度规模经营

在深化集体林权制度改革过程中，国家和地方相继出台实施一系列放活林地经营权的改革政策举措，不断推进林业产业的规模化经营、提质增效和高质量发展。

一是通过林业适度规模经营推动林业产业发展形成新业态。2015年12月，中共中央、国务院印发的《关于落实发展新理念加快农业现代化 实现全面小康目标的若干意见》提出大力发展特色经济林、木本油料、竹藤花卉、林下经济，依托农村绿水青山、田园风光、乡土文化等资源，大力发展休闲度假、旅游观光、养生养老、乡村手工艺等，使之成为繁荣农村、富裕农民的新兴支柱产业。2023年9月，中共中央办公厅、国务院办公厅印发《深化集体林权制度改革方案》，将"积极支持产业发展"列为深化集体林权制度改革的主要任务之一，鼓励林业大省、大市、大县培育林业支柱产业，实施兴林富民行动。各地在林业产业发展方面出台多项政策举措，大力推动林业产业发展。例如，在花卉苗木产业发展方面，加快发展花木专业合作社，推广"企业（合作社）+基地+农户"等生产经营模式，引导花农通过林

① 中共山西省林业和草原局党组.厚植"生态美"绿色底色，增进"百姓富"生态福祉[J].前进，2025(3):38-41.
② 吴剑波.全力推进集体林权制度改革高质量发展[J].林业与生态，2024(10):4-6.
③ 黄俊毅.突破产业瓶颈发展林下经济[N].经济日报，2024-06-20(6).

地租赁、入股分红、劳务用工等方式与生产经营主体合作，建立灵活高效，组织化、专业化程度高，利益机制联结紧密的生产经营体系；推进"花木＋全域旅游""花木＋乡村振兴"，支持各类经营主体依托花木基地打造生态花海、花木园艺中心、花木主题公园等新型花木综合体，促进花木产业与观光旅游、休闲养生、家庭园艺、庭院经济等现代服务业融合发展。福建省践行"两山"理念，大力发展花卉苗木"美丽经济"，在省级层面出台《关于扶持花卉苗木产业发展的意见》政策措施，在全产业链推进、设施种植保险、花卉新品种奖励等方面取得显著成效，实现了花卉苗木产业的集聚化、品牌化、特色化，推动了花卉苗木产业与旅游、康养、教育、科技、文化产业深度融合发展①。广东省清远市持续深化林权改革，推动集体林地经营权流转和林权收储，通过发展油茶、新型竹产业等优势产业和生态旅游、国家储备林、林下经济和森林药材等新兴产业，2024 年林业总产值达 443.18 亿元，实现了林业产业跨越式发展。退役军人蓝欣欣创办的清远市金都农林投资发展有限公司，流转阳山县黎埠镇水井村农户 1700 多亩山林发展林下养鸡，带动当地农民 300 人就业，助推黎埠镇"一村一品""一兵一品"建设②。

二是通过林业适度规模经营推动国家粮食安全与林业经济发展的高度统一。2024 年 9 月 12 日，国务院办公厅印发《关于践行大食物观构建多元化食物供给体系的意见》，提出"积极发展经济林和林下经济，稳妥开发森林食物资源"，要求"因地制宜扩大油茶、油橄榄、仁用杏等木本油料种植面积""稳定核桃、板栗、枣类种植面积""积极发展林果、竹笋及可产饮料调料的经济林""规范发展林下种养，推广林药、林菌、林菜、林下浆果等森林复合经营模式，发展林禽、林畜、林蜂等林下养殖，开发新型森林食品""发掘中华传统食品和地方特色食品，科学发展食药同源产业、林药产业"。在"大食物观"政策引导下，各地在集体林权制度改革实践中积极探索开发森林食物。例如，山东省乐陵市以本地特有的红枣资源为依托，出台《关于加强枣树资源保护的实施意见》，在保护古枣树资源的同时大力发展红枣产业，依托万亩枣林开发嫩枣芽，从而延长红枣深加工产业链，在枣林林冠下发展金蝉、芍药等林下种养殖经济，利用千年枣林生态优势建设医养中心，有效带动产业增效、生态增绿、集体增收、群众致富，实现了生态美和百姓富的有机统一③。2024 年，全国森林食物总产量达两亿吨以上，成为仅次于粮食、蔬菜的第三大食

① 卢金福，张文元.千亿闽花，绚烂绽放[N].福建日报，2024-11-25(5).
② 马瑞婕，李乾，叶婷婷，等.清远市金都农林投资发展有限公司董事长蓝欣欣：军创头雁林下"掘金" 一兵一品养好"战斗鸡"[N].南方日报，2024-11-22(A5).
③ 王延斌，贾鹏，张梓琪，等.一棵枣树"结"出百亿级大产业[N].科技日报，2023-09-28(7).

品[①]。通过推动林业适度规模经营发展森林食物、发挥森林的"粮库"功能，已经成为践行"两山"理念的生动实践[②]。

三是通过林业适度规模经营推动国家木材安全、生态保护与经济发展的统一。2025年3月6日，国家林业和草原局印发《国家储备林建设管理办法》，将国家储备林界定为"为满足经济社会发展和人民美好生活对优质木材以及中长期战略储备的需要，在自然条件适宜区域，通过集约人工林栽培、现有林改培、中幼林抚育等措施，营造和培育的工业原料林和大径级用材林等森林"，提出"国家通过利用中央资金、金融贷款鼓励和支持国家储备林项目建设"，规定"项目资金主要用于营造林活动、林权流转和收储等，林权流转和收储期限、贷款期限、项目运营期限应当合理匹配"，明确"国家储备林建设主体依法依规履行林地流转等手续后，取得的相关林地使用权、经营权，林木所有权、使用权等受法律保护"。各地结合深化集体林权制度改革全面铺开国家储备林建设。例如，云南省立足本地优势特色，吸引中央管理企业和社会资本参与国家储备林项目建设，以市（州）为单位采用"国有企业+林草企业+合作社""大型企业自建自营"方式，探索"国储林+N"复合经营模式，发展林菌、林药、林禽、林菜等林下产业，推动国家储备林建设与森林康养、生态旅游、森林碳汇、木本油料等产业共同发展，逐步推动国家木材安全、生态保护与林业经济的融合发展[③]。

（二）集体林权制度改革不断推进生态产品价值实现

在深化集体林权制度改革过程中，国家和地方层面均陆续出台实施一系列推动建立生态产品价值实现体制机制的改革政策举措，不断推进生态产品价值实现。

一是推动建立健全生态产品价值实现机制。2021年4月，中共中央办公厅、国务院办公厅印发《关于建立健全生态产品价值实现机制的意见》，提出"推进自然资源确权登记"，要求"丰富自然资源资产使用权类型，合理界定出让、转让、出租、抵押、入股等权责归属，依托自然资源统一确权登记明确生态产品权责归属"[④]。2024年12月4日，自然资源部印发《关于高水平保护高效率利用自然资源推动生态产品价值实现的意见》，提出推进自然资源确权登记和设权赋能，明晰自然资源资产产权主体和边界，探索土地使用权分层设权，推动各类自然资源资产使用权组合设置，明确生态产品权责归属。各地结合集体林权制度改革实践，普遍开展

① 刘欣.2024年我国森林食物产量超两亿吨[N].法治日报,2025-03-28(7).
② 张曦文.森林"粮库"让中国饭碗端得更稳[N].中国财经报,2024-10-24(8).
③ 王丹,林丽华.固碳增汇绿美富民[N].云南日报,2023-12-17(7).
④ 张胜.绿水青山可"生金"，美丽中国更可期[N].光明日报,2024-08-15(7).

飞越金秋

建立健全生态产品价值实现机制的改革探索。例如，湖南省靖州苗族侗族自治县通过持续深化集体林权制度改革，基于生态资源开发生态产品、依托生态产品实现生态价值、叠加生态优势放大生态效益，实施土地（生态产品）经营权登记，将一定空间范围内分散的森林资源资产进行集中和提供不同组合标的，形成主体明确、边界清晰、三层剥离、多权叠加的森林资源资产组合供给制度模式。对于不改变林地用途，不转移森林、林木所有权和使用权，仅流转林地经营权从事林下种植、养殖等发展林下经济的，可以申请林地经营权/种养物所有权首次登记，对于涉及森林旅游和康养等流转林木使用权的，可以申请林地经营权/林木使用权首次登记，实现山上种树、林下种药、山间旅游。同时，创建生态产品经营权登记交易系统，通过安装在林间的物联网设备采集林间生态数据，直观地向经营投资者、金融机构等展示生态产品的各项生态指标，为生态产品经营权登记、颁证、交易、贷款全过程提供数据支撑。靖州苗族侗族自治县创新推进集体林地"三权分置"形成的森林资源资产组合，入选中国改革2023年度地方全面深化改革典型案例①。又如，湖南省会同县在深化集体林权制度改革实践中优化林权抵押贷款模式，创建政府搭台、银行贷款、保险承保、收储兜底的林权抵押贷款模式，实现了林权流转、评估、抵押、交易、拍卖、兜底收储、森林保险的制度组合，有效破解了林业资源变现难、林农林企融资难、林业产业发展难三大难题，打通了生态美和百姓富之间的堵点卡点②。

二是推动生态产品价值实现。为了贯彻落实《关于建立健全生态产品价值实现机制的意见》，在深化集体林权制度改革过程中，国家林业和草原局联合国家发展和改革委员会、国家统计局于2024年12月28日发布《生态产品目录（2024年版）》，收录森林类型生态系统物质供给、调节服务和文化服务三类生态产品，为森林生态产品统计、分类、标准、核算、评价、跟踪监测及经营开发提供有效指引，促进森林生态产品供需精准对接。同时，要求各地结合本地区生态产品实际编制形成省级生态产品目录清单。地方各级林长在职权范围内依法推动林业主管部门与相关职能部门合作，制定覆盖"水库、钱库、粮库、碳库"功能的本土生态产品目录。例如，2025年2月江西省林业局、发展和改革委员会和统计局联合印发《江西省生态产品目录清单（2024年版）》③，2025年4月安徽省林业局、发展和改革委员会和统计局联合印发《安徽省生态产品目录（2024年版）》④，为本省结合生态系统实际和生态产品特色优势开展生态产品的统计、分类、核算、评价、监测及经营开发提供有效指

① 肖畅,李大升,肖扬琳.杨梅树下获苓壮[N].湖南日报,2025-01-13(1).
② 肖畅,张其铉.让森林既长"叶子"又长"票子"[N].湖南日报,2024-09-12(4).
③ 杨碧玉,黄鹏.我省首次发布生态产品目录清单[N].江西日报,2025-02-09(2).
④ 汤超,陈瑶.我省生态产品目录发布[N].安徽日报,2025-04-22(2).

引。湖南省于2024年7月确定怀化市、浏阳市、桃源县、炎陵县、安仁县、花垣县、金洞管理区为湘林碳票应用先行区，制定实施《湘林碳票管理办法（试行）》《湘林碳票项目方法学　人工乔木林（试行）》《湘林碳票审核办法（试行）》，引导林地、林木所有权人申请湘林碳票，已实行分山分林到户的林木所有权人可以自愿联合或依托集体经济组织、各类企事业单位申请湘林碳票，赋予湘林碳票交易、抵（质）押、融资、抵消碳排放等权能，推动森林生态产品价值实现。湖南省制发的湘林碳票具有四个方面的用途：一是政府机关、企事业单位、大中型活动组织者、社会公众为履行碳中和义务自愿购买湘林碳票抵消其生产生活产生的碳排放量；二是替代履行林业生态环境损害赔偿责任和生态修复责任；三是发展碳汇金融、碳汇风险投资、国有资产碳汇仓储等活动；四是其他用于抵消碳排放量或履行碳中和义务的场景[1]。

三、集体林权制度改革系统解决"山要怎么分""树要怎么砍""钱从哪里来""单家独户怎么办"问题

（一）集体林权制度改革解决"山要怎么分"，为民生林业和百姓富奠定基础

各地在深化集体林权制度改革实践中，根据《中华人民共和国土地管理法》规定的农用地管理制度、《农村土地承包法》规定的农村土地承包经营制度、《民法典》规定的土地承包经营权制度和不动产统一登记制度，围绕落实所有权、稳定承包权、放活经营权解决了"山要怎么分"问题。

一是落实所有权。坚持农民集体所有的集体林地所有权不变，维护农民集体对承包林地发包、调整、监督等的各项权能。

二是稳定承包权。保持集体林地承包关系、自留山使用关系稳定并长久不变，承包期届满时坚持延包原则，不将承包林地、自留山打乱重分，确保绝大多数农户原有承包林地、自留山继续保持稳定。农村集体经济组织成员不因就学、服役、务工、经商、离婚、丧偶、服刑等原因而丧失林地承包权和自留山使用权。支持进城务工或者举家进城落户的农户主动书面申请将家庭承包林地、自留山转让给本集体经济组织的其他农户，或者有偿交回本集体经济组织。对于由农村集体经济组织统一经营的林地，农村集体经济组织以股份或者份额形式将统一经营林地的经营权量化到本集体经济组织的成员，将其收益权证发放到户，作为其参加统一经营收益、流转收益分配的基本依据。

三是放活经营权。在不改变林地所有权、林地承包权、自留山使用权及林地用

---

[1]　湖南省林业基金站."碳"路潇湘[J].林业与生态，2025(1)：8-10.

途的前提下，尊重农民意愿，家庭承包林地和自留山的林地权利人可以自主依法将其拥有的林地承包经营权、林地经营权、林下/地表/林上空间经营权以及林地上的林木所有权和使用权全部或者部分转移给自然人、法人或者其他组织，通过依法流转放活经营权；也可以依法通过书面合同将家庭承包林地、自留山交回或者委托本集体经济组织管理，由本集体经济组织统一流转或者代为流转林地经营权。

（二）集体林权制度改革解决"树要怎么砍"，为生态林业和生态美奠定基础

一是依法严格保护天然林、公益林和古树名木。依法全面保护天然林，加强天然林管护，依法保护修复天然林资源，逐步提高天然林生态功能，禁止对天然林进行商业性采伐。对于公益林，林业主管部门与公益林的权利人签订书面协议，

西藏圣湖羊卓雍措

给予其合理补偿，只允许进行抚育、更新和低质低效林改造性质的采伐。对于集体所有、农民个人所有的古树名木，严禁采伐、毁坏和非法移植，依照《古树名木条例》的规定明确有关单位、个人作为日常养护责任人，签订日常养护协议，明确权利义务。古树名木属于传统经济树种的，允许权利人依法开展必要的生产经营活动。

二是对于法律规定允许采伐的林木和允许调整的事项，采取科学合理的管控措施。充分保障林业经营者的自主经营权和林木所有权，满足人工商品林经营者的采伐需求。对确需在某一年度进行集中大额采伐的林业经营主体，可以统筹使用5年总限额。对于编制了森林经营方案的经营主体，按照森林经营方案确定的5年总采伐限额单列采伐限额。对于人工商品林的采伐，由林木所有者或者经营管理者根据森林经营实际情况、采伐需求和采伐技术规程要求自主确定采伐类型和主伐年龄。对于自留地和房前屋后个人所有的零星林木的采伐，不需要申请采伐许可证，不纳入采伐限额管理。对于商品林中的油茶林、茶林、果林、中药林等经济灌木林的树种改造，采伐胸径5厘米以下的经济林，不需要申请采伐许可证，不纳入采伐限额管理，不设采伐限制。对于人工公益林，明确人工公益林的更新条件，有计划地组织公益林经营者对公益林中生态功能低下的疏林、残次林等低质低效林，采取林分改造、森林抚育等措施，提高公益林的质量和生态保护功能。已经划定为公益林的人工商品林，对于森林生态区位不重要或者生态状况不脆弱的集体林地林木，依法依规调出公益林范围。

三是鼓励发展经济林、国家储备林和非木质利用产业。对于油茶林、茶林、果林、中药林、木质花卉林等经济灌木树种林，允许林业经营者依法自主经营和进行林种改造。对于商品林中的用材林，鼓励开展国家储备林建设，对国家储备林建设提供项目支持，通过项目建设合同延长国家储备林的采伐期限，为国家储备木材。充分利用公益林、碳汇林、国家储备林的林下、地表和林上空间，发展林下经济、森林康养、森林旅游等非木质利用产业。公益林、碳汇林、国家储备林权利人可以自己经营非木质利用产业，也可以将公益林、国家储备林的林下、地表和林上空间经营权流转给他人经营非木质利用产业，开发森林生态产品。

（三）集体林权制度改革解决"钱从哪里来"，为林业发展注入内生动力

一是推动林地经营权融资担保。通过完善林地林木林生态资源资产赋权、确权登记、流转、融资抵押和法律保护各环节的制度建设，破除赋权、确权、用权制度障碍，建立林地林木林生态资源资产价格形成机制。依靠林地林木林生态资源资产本身来解决林业生产经营中"钱从哪里来"的问题。

二是通过不动产登记赋权确权赋予生态产品融资担保功能，提高林地经营权融资担保额度。全面盘活各类林地林木林生态资源资产，提高集体森林资源资产本身的含金量。不动产登记机构依托不动产登记对林下、地表、林上空间和森林生态产品进行赋权确权，明确林下、地表、林上空间经营权和森林生态产品所有权，推动公益林林下、地表、林上空间和可供进入市场的林油、林果、林药等森林生态产品的资产化，赋予其融资担保功能，提高林地经营权融资担保额度。受让方从不动产登记机构获得的记载林下、地表、林上空间经营权的林地经营权证，可以作为林权抵押贷款的凭证。

三是支持林业经营主体开展林权收储担保业务，将碎片化林地整合为连片林地实现整体融资担保。林业主管部门将符合条件的法人、非法人组织等林业经营主体，

纳入林权收储机构名录并向社会公布。林业经营主体向林业主管部门申请开展林权收储业务，通过收储单家独户的林地经营权，将碎片化林地整合为连片林地实现整体融资担保。

四是吸引社会资本投资集体林业，推动社会资本进山入林。集体林权制度改革实践中，各地林业主管部门畅通社会资本投资集体林业的审批和监管渠道，按照统一标准和技术规范建立与国家、省林权综合监管系统互联互通的本级林权综合监管系统，实现林地流转在线审批和在线监管，推动林权综合监管系统与不动产登记信息管理基础平台有效对接，依法保护社会资本的林地经营权。

（四）集体林权制度改革解决"单家独户怎么办"，接续巩固脱贫攻坚成果

集体林权制度改革实践中，在依法维护"单家独户"林地承包权和自留山使用权的基础上，放活林地经营权，引导"单家独户"通过林地流转、入股分红、合作经营、提供劳务等方式建立与林业规模经营主体的利益联结机制，增加"单家独户"农民的林业产业增值收益。

一是推动"单家独户"经营林地的流转。家庭承包方可以自主决定依法采取出租、入股、合作等方式流转林地经营权。属于同一集体经济组织的家庭承包方为了方便耕种或者各自需要可以互换林地承包经营权。经发包方同意，家庭承包方可以将林地承包经营权转让给本集体经济组织其他农户。

二是推动"单家独户"经营林地的托管。从本集体经济组织获得承包林地和自留山的农户中，丧失自主经营能力或者举家进城落户的，通过书面委托方式，将承包林地和自留山委托给本集体经济组织统一经营管理或者由本集体经济组织统一流转。农村集体经济组织通过与农户签订委托合同的方式，获得分散的承包林地和自留山的委托管理权。受委托的农村集体经济组织可以将分散林地进行集中连片经营管理，也可以流转给国有林场、家庭林场、林业企业、林业专业合作社等规模经营主体开展规模经营。

三是通过推动林业适度规模化经营吸纳"单家独户"就近就业。通过培育新型林业经营主体带动"单家独户"为林业产业提供劳务，实现就近就业和增加劳动收入。

四是通过国有林场参与集体林业经营带动"单家独户"发展林业生产。通过国有林场经营性收入分配制度改革，激励国有林场依托自身技术力量、信息资源、项目资源和人力资源，采取租赁家庭承包林地、自留山或者与农村集体经济组织合作经营等方式，发展适度规模经营，带动"单家独户"发展林业生产。

16

『两山』理念引领
塞罕坝机械林场
创新发展

安长明

河北围场人，河北省承德市人民代表大会常务委员会副主任，塞罕坝机械林场党委书记，林业正高级工程师。主要从事林场管理工作。

[摘要]"绿水青山就是金山银山"是对生态发展理念的全新诠释，其核心在于强调"和谐共生"的深刻内涵，同时更深刻地揭示了可持续发展的生态路径。河北省塞罕坝机械林场作为生态文明建设的典范，深刻诠释了"绿水青山就是金山银山"理念的科学性与实践性。本文从塞罕坝林业发展的探索实践、显著成效、经验启示等维度深入剖析，探究塞罕坝精神在推进"两山"实践创新进程中的关键作用，通过系统总结塞罕坝机械林场的成功经验，为其他地区的生态文明建设提供可资借鉴的范例，助力推动我国新时代林业高质量发展迈向新高度。

[关键词]"两山"理念、塞罕坝、生态文明、林业高质量发展

　　"两山"理念是习近平生态文明思想的核心要义，深刻揭示了经济发展与生态保护内在的辩证统一关系。塞罕坝机械林场（以下简称林场）历经六十余载的艰苦奋斗，从荒原沙地蜕变为世界上面积最大的人工林场，以生动实践有力证明了"两山"理念的真理性与可行性，成为我国生态文明建设进程中的璀璨明珠。本文旨在全面梳理塞罕坝林业发展的脉络，深入挖掘塞罕坝精神内涵，为新时代生态文明建设提供理论支撑与实践指引[①]。

一、林场的基本概况

　　林场地处河北省最北部，位于内蒙古高原浑善达克沙地南缘，地理坐标为东经116°32′~118°14′、北纬41°35′~42°40′。其地貌独特，处于内蒙古熔岩高原与冀北山地过渡地带的高原台地，海拔在1010~1939.9米，是滦河、辽河两大水系的重要发源地。该区域气候条件恶劣，属典型的半干旱半湿润寒温性大陆季风气候，极端最高气温达33.4摄氏度，极端最低气温低至-43.3摄氏度，年平均气温仅-1.3摄氏度，年平均积雪期长达7个月，年平均无霜期仅64天，年平均降水量479毫米，年平均大风日数多达53天。然而，这里四季风光各异，春季杜鹃绽放、百花争艳；夏季气候凉爽、空气清新，平均气温约20摄氏度；秋季层林尽染、红叶似火；冬季

---

① 张雁云."两山理论"的提出与实践[J].中国金融，2018(14):17-19.

银装素裹、玉树琼枝，素有"河的源头、云的故乡、花的世界、林的海洋、珍禽异兽的天堂"之美誉。

作为河北省林业和草原局直属的大型国有林场，塞罕坝同时拥有国家级自然保护区和国家森林公园的双重身份。林场总经营面积达140万亩，其中，有林地面积115.1万亩，林木蓄积量1036.8万立方米，森林覆盖率高达82%。1993年，塞罕坝国家森林公园正式成立；2002年，塞罕坝被批准为省级自然保护区，并于2007年成功晋升为国家级自然保护区。在管理模式上，实行林场—分场—营林区三级管理架构，下设6个分场和30个营林区，为林场的科学管理与有序发展奠定了坚实基础[①]。

---

① 刘树人，张志涛，伍步生，等．国有林场的改革探索与实践——原山林场和塞罕坝林场的成功经验[J]．林业经济，2010(1): 38-41.

塞罕坝林海（摄影：林树国）

二、林场林业发展的探索与实践

（一）牢记使命：生态修复铸就绿色屏障

　　塞罕坝，蒙汉合璧语意为"美丽的高岭"，历史上曾是辽金时期的"千里松林"，亦是清朝皇家猎苑"木兰围场"的重要组成部分。但因过度开垦、砍伐以及战乱等因素，生态环境遭受毁灭性破坏，森林植被消失殆尽，土地沙化严重，沦为风沙南侵京津地区的主要通道，导致京津地区生态环境恶化，风沙肆虐，严重威胁当地居民生活与经济发展。

　　1962年，为改善京津地区生态环境、筑牢生态安全屏障，国家毅然决定在塞罕坝建设大型国有机械林场，并明确四项建场任务：建成大片用材林基地，生产中、小径级用材；改善当地自然面貌，保持水土，缓解京津地带风沙危害；积累高寒地区造林育林经验；探索大型国营机械化林场经营管理模式。同时，确立"以造为主，造育并举，综合利用，多、快、好、省地建成用材林基地"的建设方针，规划20年内完成74.6万亩造林任务，核定20年总投资2991.41万元。

建场初期，来自全国18个省（自治区、直辖市）的127名农林专业大中专毕业生与当地干部职工汇聚塞罕坝，在极端恶劣的气候条件下开启植树造林征程。建场初期，由于缺乏高寒地区造林育苗经验，前两年造林成活率不足8%，"下马风"此起彼伏。但在首任党委班子带领下，林场职工总结失败教训，经反复试验，成功培育出适应坝上地区生长的苗木，攻克机械栽植技术难题。1964年，马蹄坑机械造林大会战取得重大突破，造林516亩，当年放叶率达96.6%，成活率超90%，开创国内高寒地区机械栽植针叶树成功先例，为大规模造林奠定坚实基础。

至1976年，林场在众多国营林场中脱颖而出，15年累计完成造林106.4万亩，年平均造林7.1万亩，远超同期其他机械林场。尽管后续遭遇"雨凇"灾害、持续干旱等重大自然灾害，林场职工始终坚守使命，顽强开展生产自救，继续造林。近20年时间里，造林96万亩，累计植树3.2亿余株，保存率达80%，创下全国同期造林保存之最，积累的高寒地区造林育林经验在全国林业系统被广泛推广。1978年，林场人工林被纳入"三北"防护林体系，其造林成效为"三北"工程树立标杆，成为我国生态建设的宝贵财富。同年，林场采收落叶松种子球果，实现经济收益，初步彰显森林资源的经济价值。

（二）艰苦创业：生态优势转化为发展动能

大规模造林成功后，林场深入践行"两山"理念，依托丰富的森林资源，大力发展绿色生态产业，实现自身发展壮大，带动周边百姓脱贫致富，成为"两山"转化的生动典范。

在绿化苗木产业方面，林场建成10万余亩规格多样、品质优良的苗木基地，并积极带动周边地区发展苗木产业。如今，周边已形成千余家苗木基地，林场凭借技术与资源优势，承接多项绿化工程，苗木产业年收入超千万元，带动周边苗木产业年产值达7亿多元，拓宽了当地百姓的增收渠道。

在生态旅游发展方面，林场通过多种渠道筹集资金，打造七星湖湿地公园、塞罕塔等高品质生态旅游景区，以及塞罕坝展览馆等红色教育场所，提升旅游品牌影响力。同时，牵头整合围场满族蒙古族自治县域内旅游资源，推行一票通游，带动周边乡镇生态旅游发展，推动文旅产业与乡村旅游平台建设，每年实现社会总收入6亿多元，为周边百姓提供1万余个就业岗位，有效促进区域经济发展。

在森林质量提升方面，林场积极探索生态建设新路径。针对石质阳坡等困难立地，采用肩扛、马拉等传统方式送苗，运用客土、鱼鳞坑等技术，开展攻坚造林，实现近10.6万亩石质荒山全面绿化，保存率超95%。此外，林场实施人工林天然化改良等项目，启动森林抚育与资源培育工程，开展自然保护区抚育经营试验，使森林质量显著提升，被确定为全国森林经营试点单位。

在林业技术支持方面，林场为社会提供大量造林绿化苗木，开展技术示范推广，激发周边百姓造林积极性，提高造林成活率，推动集体林发展，同时创造众多就业岗位，促进林业生态副产品深加工，每年为当地增收1亿多元。在脱贫帮扶工作中，林场积极响应号召，在多地投入450多万元开展扶贫，助力周边群众脱贫致富。

（三）绿色发展：生态实践引领全球示范

几代塞罕坝人传承弘扬塞罕坝精神，通过科学经营管理，全力打造生态文明建设示范区，实现生态与经济的协调发展，其经验为全球生态建设提供重要借鉴。

1.科学规划引领发展

河北省委、省政府及省林业和草原局高度重视塞罕坝生态建设，成立专项领导

雨后塞罕塔（摄影：林树国）

小组，出台一系列政策文件，明确目标任务与推进措施。林场也制订多项规划，涵盖林场建设、生态旅游、自然保护等多个领域，为高质量发展提供有力指导。

2.强化安全保障资源

自 2021 年习近平总书记考察调研并强调防火工作后，林场全面加强森林防灭火工作。构建"12358"防火管理体系，即牢记"1"项政治责任，善用林长制和防火条例"2"把武器，健全人防、物防、技防"3"重体系，织密"5"层防火网络，形成"8"方联防联护格局。通过完善防火体制机制、加强基础设施建设、运用科技手段，实现自建场以来 63 年未发生森林火灾的优异成绩。

塞罕坝第三乡林场（摄影：林树国）

3.科技赋能创新发展

林场高度重视科技支撑作用，开展9类76项科技攻关项目，建立以华北落叶松、樟子松为主的人工林可持续经营技术体系，为高寒地区林业发展提供可复制模式。在林场带动下，河北全省森林覆盖率显著提升。林场还取得丰硕科研成果，编写专著、制定标准、发表论文，多项成果获国家级及省部级奖励，为林业发展提供技术支撑。

4.合作共赢促进发展

林场良好的生态环境吸引众多科研机构和高校合作。林场与十余家科研院校建立长期合作关系，共同开展课题研究与实验，形成科研与实践相互促进的良性循环，成为生态文明建设试验示范基地。

5.全球示范引领风尚

林场积极发挥示范引领作用，统筹周边区域生态保护建设，加强空间管控、生态修复、综合治理与绿色发展。通过一系列举措，区域内生态环境显著改善，经济发展提速，7571名贫困人口实现稳定脱贫，为全球生态脆弱地区提供了可借鉴的发展模式，在国际生态建设领域发挥重要引领作用。

三、林场林业发展的显著效益

（一）生态效益：筑牢生态安全屏障

经过60多年的努力，林场成为京津冀地区重要的绿色生态屏障，有效阻挡浑善达克沙地南侵，使北京春季沙尘天数大幅减少，2010年后平均沙尘日数降至3天左右。作为滦河、辽河的重要水源地，林场涵养水源能力强大，森林和湿地每年涵养水源量达2.84亿立方米，相当于4.7个十三陵水库。同时，提升碳汇能力，年释放氧气59.84万吨，固定二氧化碳86.03万吨，有效改善区域小气候，无霜期延长，大风日数减少，降水量增加，为周边乡村营造了良好的生态环境。

（二）经济效益：实现生态经济效益双赢

林场的发展充分验证了"两山"理念。近年来，林场有林地面积和林木蓄积量大幅增长，森林湿地资源资产总价值达231.2亿元。经营收入多元化，主营业收入达26.4亿元，涵盖森林抚育、苗木销售、生态旅游等领域。林业碳汇项目取得突破，已备案474万吨，部分完成交易并实现收益，为乡村振兴提供坚实经济支撑[①]。

（三）社会效益：带动区域协同发展

林场发展有力助推区域经济社会发展，使周边4万多百姓受益，2.2万名贫困人口脱贫。通过发展乡村游、农家乐等业态，每年带动社会总收入达6亿多元；发展生态苗木基地，苗木总价值达7亿多元；提供4000余个就业岗位，人均年收入1.5万元。此外，林场还为周边区域生态工程建设提供技术支持，吸引多国代表考察学习，促进周边群众技能提升与多渠道增收[②]。

---

① 于景金.塞罕坝华北落叶松人工林下植物多样性研究[D].保定：河北农业大学,2009.
② 潘湘海.塞罕坝华北落叶松人工林土壤水分的研究[J].河北林业科技,2002(5):7-8.

云雾漫卷林海间（摄影：林树国）

（四）资源效益：守护生物多样性宝库

昔日的荒漠沙地如今成为野生动植物的天堂，林场拥有陆生野生脊椎动物261种、鱼类32种、昆虫660种、植物625种，其中，国家重点保护动植物众多。林场积极开展生物多样性保护工作，深化生态保护理念，统筹生态与经济发展，助力美丽乡村建设[1][2]。

四、林场"二次创业"新征程

从脱贫攻坚到乡村振兴，林场也全面开启了"二次创业"新的征程。林场新的务林人将牢固树立和践行"两山"理念，以绿色发展引领乡村振兴，把生态优势转化为发展优势，严守生态保护红线，集约节约利用资源，营造山清水秀的自然生态，促进产业发展生态化、生态建设产业化，走出一条产业强、百姓富、生态美的

---

① 刘春延，赵亚民，刘海莹，等.塞罕坝森林植物图谱[M].北京：中国林业出版社，2010：58-59.
② 侯建华，刘春延，刘海莹，等.塞罕坝动物志：脊椎动物卷[M].北京：科学出版社，2011：36-39.

乡村振兴之路①。

（一）坚持"生态+营林提质"同步推进，提升综合能力

通过实施精细化抚育管理和不断推进高产、高效示范林工程建设，提高营林质量，不断夯实营林产业基础。继续优化林种结构，大力营造林木的多样性经营，加大对低效人工林、生态公益林抚育改造力度，进一步提高森林资源的生态、经济、社会效益及景观效果，更加突显林场作为京津冀重要的绿色生态屏障和全国生态文明范例的作用。

（二）坚持"生态+产业发展"同步提升，增强造血功能

狠抓特色产业的发展，推进林下经济与森林康养产业的发展，为培育经济新增长点充分发挥示范引领作用，坚持依托百万亩森林资源发展生态旅游、绿化苗木、林副产品等绿色产业，助推区域经济发展，带动群众增收致富，依托"国家林业和草原局塞罕坝义务植树基地""中石化塞罕坝生态示范林项目"，有效传播了绿色发展理念。逐步构建特色鲜明、可持续发展的项目体系。积极培育森林生态旅游新业态新产品，加快发展以森林康养、森林休闲、森林游憩、森林度假、森林文化为主的生态旅游康养产业，努力把林下经济打造成为塞罕坝新的经济增长点②。

（三）坚持"生态+党的建设"同步发力，壮大"软实力"

着力发挥党的建设在生态建设中的重要作用，坚持生态优先、绿色发展原则，充分调动党组织和党员深入开展营林生产、森林资源保护、生态保护修复等方面的行动，引领生态文明建设工作。落实营林提质增效行动，利用党员先锋队、党员示范岗，充分发挥党员干部的良好示范作用，积极践行"两山"理念，完整、准确、全面贯彻新发展理念，助推乡村振兴进一步发展③。

（四）坚持"生态+精神文化"同步促进，迸发创新活力

大力弘扬塞罕坝精神，践行社会主义核心价值观，为实施乡村振兴战略提供强大的精神动力。积极探索民族团结与乡村振兴同频共振的新路径，以铸牢中华民族共同体意识为主线，大力挖掘、宣传、展示民族文化，实现经济效益与民族文化保

---

① 刘勇."两山论"对新质生产力的绿色赋能[J].理论与改革，2024(3)：1-11.
② 卢宁.从"两山理论"到绿色发展：马克思主义生产力理论的创新成果[J].浙江社会科学，2016(1)：22-24.
③ 缪宏.关于"两山理论"的对话——与黎祖交教授一席谈[J].绿色中国B版，2015(10)：38-43.

护相互促进。弘扬主旋律和社会正气，培育文明乡风、良好家风、淳朴民风，改善农民精神风貌，提高乡村社会文明程度，焕发乡村文明新气象。

五、林场林业发展的经验与启示

（一）党的领导是保障

"为人民谋幸福、为民族谋复兴"，这是我们党始终秉持的初心使命。新中国成立初期，以毛泽东同志为主要代表的中国共产党人勇于承担偿还生态欠账的历史重任，在恢复和发展国民经济的同时，高度重视林业建设和生态修复[①]。顺应时代发展要求，林场应势而生。1962年，林业部与承德专署几经筛选，任命原承德地委委员、承德专署农业局局长王尚海为党委书记，承德专署林业局局长刘文仕为场长，丰宁县县长王福明为副场长，林业部造林司工程师张启恩为技术副场长，为林场组建了一支坚强有力的领导班子。党的坚强领导是中国特色社会主义制度的最大优势，是林场成就生态范例和精神楷模的根本原因。林场的生态变迁是在中国共产党的坚强领导下，充分发挥社会主义制度优越性，集中力量办大事的成功实践。从在落实国家阻止沙漠南侵、构筑首都生态屏障决策中的应运而生，到新时代得到习近平总书记的多次点赞，党和国家一直在政策、资金、技术、人才等方面给予大力支持和真情关怀，充分表明了优越的中国特色社会主义制度和党的正确领导是林场战胜一切困难、取得一切成绩的政治保证。

（二）塞罕坝精神是动力

塞罕坝精神是中国共产党人精神谱系的组成部分，是林场成就生态文明建设生动范例的精神支撑和强大动力。几代塞罕坝人用"革命理想高于天"的精神力量，大力传承弘扬"牢记使命、艰苦创业、绿色发展"的塞罕坝精神，将其根植于魂、厚植于心、融入血脉，扎根在气候恶劣、生活艰苦的塞北高原，始终坚定理想信念，时刻牢记使命任务，坚决扛起绿色重担，坚持一张蓝图绘到底、一代接着一代干，克服了一个个困难，闯过了一道道难关，甘于奉献、顽强拼搏、知难而进、奋勇当先，实现了从"一棵松"到百万亩林海的生态蝶变，建成世界上面积最大的人工林，为京津冀及华北地区构筑起防风沙、养水源、固生态的绿色长城，用实际行动践行着对党和国家的忠诚之心。

———————————
① 周宏春."两山理论"与福建生态文明试验区建设[J].发展研究,2017(6): 6-12.

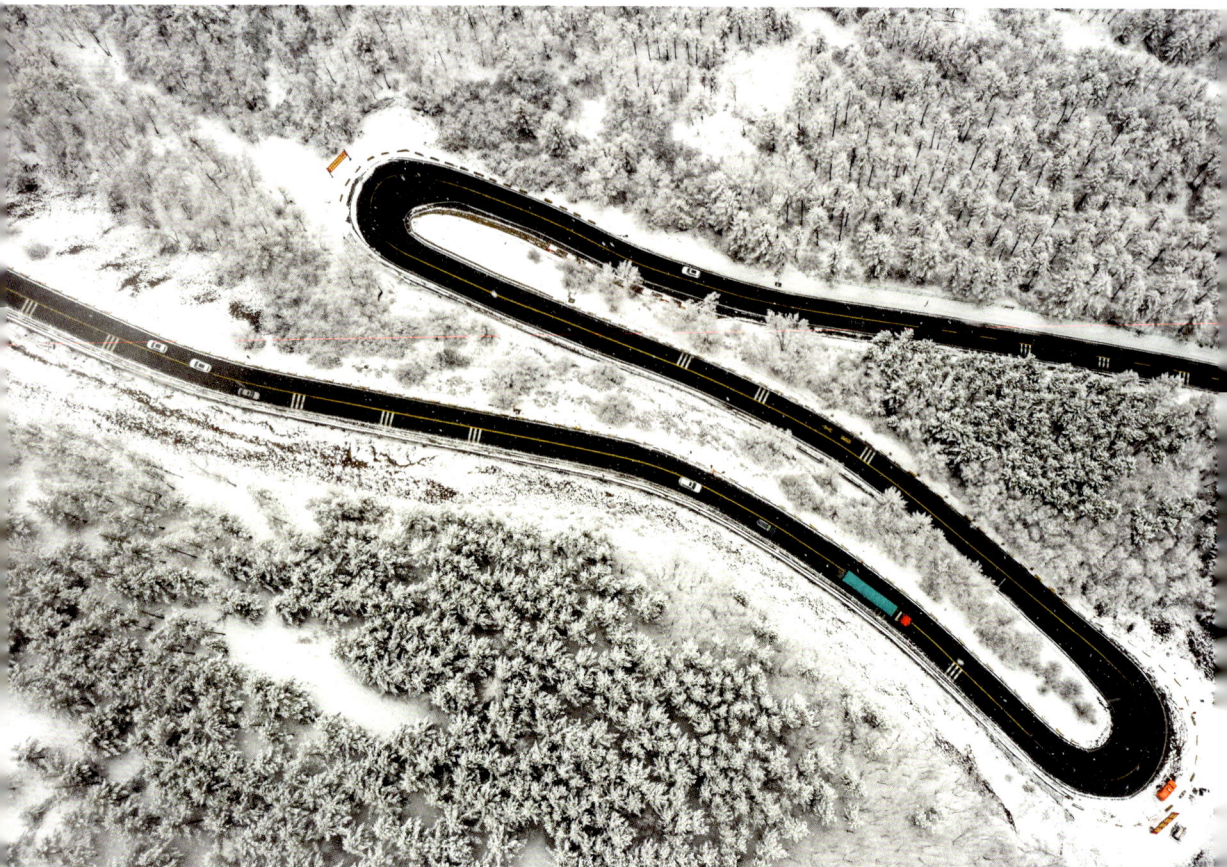

夏雪之恋（摄影：林树国）

（三）绿色发展是引领

　　林场的绿色发展历程，是党和国家生态文明建设决策部署落地生根、开花结果的生动缩影，深刻诠释了习近平总书记"绿水青山就是金山银山"的科学论断，为我国生态文明建设提供了极具价值的经验借鉴。在生态修复过程中，塞罕坝人始终坚持科学规划、精准施策，因地制宜地选择适合的树种和造林技术，从最初的荒山植绿到如今的森林生态系统优化，实现了从沙地荒山到绿水青山的华丽转身。塞罕坝的绿色发展之路，不仅体现在生态修复的成就上，更在于其成功地将生态优势转化为经济优势，依托丰富的森林资源，探索多元化的绿色发展模式，大力发展生态旅游产业，科学经营森林，实现了木材的可持续利用，积极发展林下经济，种植中草药、养殖林下家禽等，充分发挥生态系统的多种功能，挖掘生态资源的经济价值，因地制宜地探索适合自身的绿色发展模式，实现生态效益与经济效益的有机统一，让绿水青山成为金山银山。

（四）科技创新是支撑

几代塞罕坝人在与高寒、干旱、风沙做顽强抗争的同时，不断开展科技攻关，摸索总结出全光育苗、"三锹半"植苗、困难立地造林等一套在高寒地区科学造林育林的成功经验和先进理念。在土壤贫瘠、岩石裸露的石质阳坡启动了攻坚造林工程，探索出取石客土、覆土防风、覆膜保墒、防寒越冬等一整套造林技术，推行了网箱式储苗、生根粉浸根与保水剂混泥浆蘸根造林、10%备补苗、机械整地等新措施，创造成活率98.9%的历史最高值。科技创新有力支撑和驱动了林场林业高质量发展。

结束语

林场作为生态文明建设的成功典范，以实际行动生动诠释了"两山"理念的深刻内涵。通过坚持生态优先、践行绿色发展、强化科技创新、弘扬塞罕坝精神，实现了生态、经济、社会与资源效益的有机统一，为其他地区提供了可复制可推广的成功经验。在未来发展中，林场将继续秉持绿色发展理念，传承和弘扬塞罕坝精神，深化"两山"实践创新，为建设美丽中国、推动全球生态文明建设贡献更大力量。

17

践行『两山』理念，打造新时代生态文明建设典范

吴舜泽

现任中共浙江省丽水市委书记，主导丽水全面践行"两山"理念、深化生态产品价值实现机制改革、构建现代化生态经济体系、打造新时代生态文明建设典范。曾任生态环境部环境与经济政策研究中心主任，长期从事生态文明制度、规划、政策设计研究。

[摘要]本文系统梳理了浙江丽水践行"两山"理念的创新路径与制度成果。从生态立市战略奠基到生态文明建设双示范区探索，再到生态产品价值实现机制全国试点深化，丽水在生态保护、生态经济发展、美丽城乡建设和绿色改革等方面的"两山"实践中探索形成了包括首创生态系统生产总值（又称生态产品总值，GEP）与国内生产总值（GDP）协同考核体系、创建生态产品开发经营"三项机制"、建构"5+5"现代化生态经济体系、首创国家公园地役权改革、林业碳汇金融产品等系列机制创新，成功构建了"护绿固本、点绿成金、增绿添彩、革绿出新"的系统化实施路径，用鲜活的实践验证了"两山"理念对生态优势转化为发展优势的重大指导意义。
[关键词]"两山"理念、生态文明建设、绿色发展、现代化生态经济体系、诗画浙江大花园最美核心区、生态产品价值实现机制

"两山"理念科学阐述了经济发展和生态环境保护的辩证统一关系，深刻指明了实现发展与保护协同共生的新路径。2025年是"两山"理念提出20周年，丽水作为这一科学理念的重要萌发地和先行实践地，习近平总书记曾寄予"绿水青山就是金山银山，对丽水来说尤为如此"的重要嘱托。20年来，丽水始终牢记嘱托，深入探索实践，成功开辟了"绿水青山就是金山银山"的发展道路，"绿色发展标杆地、秀山丽水活力城"成为其最闪亮的城市名片。

一、丽水践行"两山"理念、推进生态文明建设的探索历程

丽水践行"两山"理念、推进生态文明建设，经历了不同的发展阶段。其发展大致可分为三个阶段。

第一阶段："先要绿水青山，再要金山银山"（2002—2007年）

这一阶段的特点是，丽水从自发转向自觉，主动摒弃"用绿水青山去换金山银山"的传统发展模式，把保护生态环境摆在重要战略位置，开启生态优先、绿色发展的新探索。主要载体是建设生态市。

指导和推动这一新探索的正是习近平同志。2002年，习近平同志到浙江工作后，第一次下基层调研就来到丽水，到2007年离开浙江时，先后8次到丽水调研指导工作。在调研过程中，习近平同志作出了一系列富有前瞻性和指导性的重要论断、重

要指示，例如，"任何时候都要看得远一点，生态的优势不能丢""坚决守住'金饭碗'""环境就是生产力，良好的生态环境就是GDP"；明确要求丽水"围绕全省生产力布局这个大局，努力在生态环境保护和建设方面多作贡献""丽水经济的发展一定要围绕生态作文章……大力发展生态经济，变生态资源优势为经济优势"；特别叮嘱"绿水青山就是金山银山，对丽水来说尤为如此"。

在习近平同志亲自指导和推动下，2003年，丽水市委一届十次全会鲜明确立"生态立市、工业强市、绿色兴市"的发展战略，明确提出要全面建设生态市，走生产发展、生活富裕、生态良好的文明发展道路。2004年，市委、市政府作出《关于建设生态市的决定》，编制出台《丽水生态市建设规划》，全面启动生态农业、生态工业、生态林业、生态城市、生态旅游、生态环境、生态文化、生态安全八项工程。2006年，作出《关于创建国家环境保护模范城市的决定》。2007年，市委二届

七次全会再次就深入推进生态市建设作出全面部署。

通过不懈努力，丽水生态市建设迈出坚实步伐，生态环境保护打开了全新局面。2005年，丽水在全省率先创成国家级生态示范区，首次实现所辖九个县（市、区）生态环境质量全部跻身全国前50位，庆元县荣膺"中国生态环境第一县"称号。对此，习近平同志给予高度评价，指出"庆元县获得全国生态第一名，如果它能继续保持这个第一，我说这个就是它的政绩"，勉励丽水党员干部树立一种新的政绩导向——"富一方百姓是政绩，保一方平安、养一方山水也是一种政绩"。随着实践不断深入，"两山"理念在丽水家喻户晓，保护生态环境成为全市干部群众的自觉行动。

第二阶段："既要绿水青山，又要金山银山"（2008—2018年）

这一阶段的特点是，丽水深刻领悟"两山"理念的科学内涵，正确处理发展与

浙江丽水市区鸟瞰图

保护对立统一的关系，锐意破除"两难"，进而实现"双赢"。主要载体是率先探索生态文明建设，打造生态环境保护和生态经济发展"双示范区"。

2008年，《丽水市生态文明建设纲要》正式发布，这是我国第一份由地级市主动编制并发布实施的系统推进生态文明建设的战略性纲要，提出要建设生态环境保护示范区和生态经济发展示范区。同年，编制实施《丽水市生态环境功能区规划》。2010年，编制实施《丽水生态产业集聚区发展规划》，规划建设浙江省唯一以发展生态产业为特色和重点的产业集聚区。2012年，中国共产党丽水市第三次代表大会明确把"两山"理念作为指引丽水长远发展的根本指导思想，确立"绿色崛起、科学跨越"战略总要求。2017年，中国共产党丽水市第四次代表大会进一步号召"勇做绿色发展的探路者和模范生"，坚定不移用"两山"理念统领思想、指引行动、推动发展，把丽水建设成为全国生态环境保护和生态经济发展的先行示范区。

在"两山"理念的科学指引下，丽水以壮士断腕的决心推进"五水共治""五气共治""六边三化三美"等系列环境治理攻坚，以改革创新的精神推动低丘缓坡综合开发利用、绿色发展综合改革、农村金融改革等系列重大发展实践，成功实现经济发展与环境保护的"双赢"。丽水生态环境质量持续改善，美丽城乡建设扎实推进，首批创成全国生态文明先行示范区，经济社会发展、群众增收致富等各方面工作取得明显成效。

2018年4月26日，习近平总书记在深入推动长江经济带发展座谈会上指出："浙江丽水市多年来坚持走绿色发展道路，坚定不移保护绿水青山这个'金饭碗'，努力把绿水青山蕴含的生态产品价值转化为金山银山，生态环境质量、发展进程指数、农民收入增幅多年位居全省第一，实现了生态文明建设、脱贫攻坚、乡村振兴协同推进。"这段被丽水干部群众自豪地称为"丽水之赞"的话语，充分肯定了丽水多年来践行"两山"理念所取得的成绩。

第三阶段："绿水青山就是金山银山"（2019年至今）

这一阶段的特点是，丽水以"丽水之干"担纲"丽水之赞"，立足新发展阶段，推动"两山"理念的创新实践，推进高质量绿色发展，建设现代化生态经济体系，努力把绿水青山蕴含的生态产品价值转化为经济价值。主要载体是开展生态产品价值实现机制改革。

2019年2月，丽水召开全市"两山"发展大会，明确提出要创新实践"两山"理念、推进高质量绿色发展，要求把生态系统生产总值（GEP）和地区生产总值（GDP）一道确立为市域发展的核心指标，推动实现GEP和GDP规模总量协同较快增长、GEP和GDP之间转化效率较快增长。同年，丽水主动承担并启动实施了全国第一个生态产品价值实现机制试点。到2021年，通过三年探索实践，丽水高质量完成了这一试点任务，其成果和经验被中共中央办公厅、国务院办公厅印发的《关于建立健全生态产品价值实现机制的意见》充分吸收，市委进一步作出建设生态产品价值实现机制示范区的决定，集成推进碳中和先行区、全国生物多样性保护引领区、国家气候投融资试点、林业改革发展推进林区共富等系列改革。2024年，丽水成为新一轮生态产品价值实现机制改革的试点市，正在积极探索打造生态产品价值实现机制2.0版。

与生态产品价值实现机制试点同步，2019年市委经济工作会议专题研究部署建设现代化生态经济体系。通过持续推进"生态经济化、经济生态化"的变革实践，基本构建形成了具有丽水特色的"5+5"产业体系。2024年，市委五届六次全会提出，新征程上要坚定自觉扛起跨越式高质量发展的历史使命，全力推进"打造新增长极、推进共同富裕、建设大花园"三大战略任务，集中力量打造形神兼备、享誉全球的"绿色发展标杆地、秀山丽水活力城"。

丽水的探索实践充分证明，"两山"理念是指引生态优势地区实现高质量发展的科学真理和行动指南。这些年来，我们始终牢记习近平总书记的重要嘱托，坚决守护绿水青山，持续做大金山银山，不断开创"绿水青山就是金山银山"新境界。丽水生态环境状况指数连续20年稳居全省第一，成为全国唯一空气、水环境质量均跻身前十的地级市；全市生产总值年均增速超过10%，城乡居民收入均跻身全国地级市前40位，农村居民人均可支配收入增速连续16年保持全省第一。"两山"理念指引我们向着全面建设绿水青山与共同富裕相得益彰的社会主义现代化新丽水大踏步前进。

二、丽水践行"两山"理念的具体实践

20年来，丽水坚定生态优先、绿色发展的核心战略定力，一张蓝图绘到底，一任接着一任干，在深入践行"两山"理念中奋力书写时代答卷，实现了生态保护与经济发展的双丰收。

（一）护绿固本，高标准守护生态屏障

2002年11月，时任浙江省委书记的习近平同志第一次到丽水调研时，就盛赞"秀山丽水，天生丽质"。这些年，我们主动对标世界一流，持之以恒推进生态环境保护迈向更高水平，生态环境质量持续改善，让丽水"绿起来""美起来""清起来"，不断扩大生态比较优势。

1. 积极构建全域生态管控体系

全域生态管控是生态环境保护领域的一项基础性、前瞻性和长久性工作。我们

浙江丽水云和梯田

把资源环境承载力作为前提和基础，积极构建全域生态管控体系，将经济活动、人的行为限制在自然资源和生态环境能够承受的限度内。重点是建立三项机制：一是"源头严防"。制定生态环境分区管控动态方案，将全市国土面积的76.69%规划为生态优先保护空间，4.45%确定为重点管控单元，同步配套出台生态产业鼓励培育类、限制发展类和禁止发展类项目清单，构建"空间准入+产业引导"的双重管控机制。近三年累计否决高能耗项目130余个。二是"过程严管"。开展全域生态环境监测感知网络建设，通过卫星遥感+物联感知+基层治理"四平台"，构建覆盖市、县、乡三级、"天眼+地眼+人眼"三位一体的生态环境数字监测监管体系；完善水、大气环境质量智能预测处置机制，提升污染趋势预警、风险快速识别能力。已建成595个生态监测站点。三是"后果严惩"。编制自然资源资产负债表，实施领导干部自然资源资产离任审计和生态环境保护责任终身追究制度，强化领导干部生态环境和资源保护职责；建立"清单化调度、市领导督导、信访投诉协同处置、验收销号报告审核"闭环管理机制，高质量推进中央生态环境保护督察整改，丽水成为全省唯一连续三轮中央生态环境保护督察均无负面典型案例的设区市。

2. 坚决打好污染防治攻坚战

生态环境是"易碎品"，治理不易，巩固提升更难。这些年，我们树立"生态环境只能变好、不能变差"的理念，持续扎实推进科学、精准、依法治污，实现了生态环境不断优化。治气方面，在全省率先探索建立大气污染防治区域责任制，重点围绕产业、能源、运输结构调整、面源治理、工业废气治理等五大领域，落实工程减排、结构减排、管理减排举措，稳步提升空气环境质量。2024年，市区$PM_{2.5}$浓度下降至20.9微克/立方米，空气质量指数（AQI）优良率达97.3%。治水方面，统筹推进水资源、水环境、水生态治理，全域开展美丽河湖、幸福河湖建设，建立"水质类别+水质指数+水质自动站实时数据"的综合预警体系，涉水问题快速有效处置，实现了"一江清水出丽水"。丽水先后8次捧回"大禹鼎"，河（湖）长制工作获国务院督查激励。净土清废方面，统筹推进土壤和地下水污染防治，加强建设用地土壤风险管控与治理，实施耕地污染源头溯源管控项目，土壤生态环境质量保持稳定，重点建设用地安全利用率达100%，丽水入选全国地下水污染防治试验区建设城市；持续深化全域"无废城市"建设，开展危险废物规范化环境管理评估和分级评价，累计创成"无废城市细胞"795个，云和、遂昌、景宁三个县通过省级全域"无废城市"建设评估。

3. 扎实推进生态系统保护修复

坚持系统观念，突出协同治理，推进生态环境保护从环境要素治理向生态系统修复转变。一手抓一体化保护和修复。以"基于自然解决方案"理念，实施山水林田湖草沙一体化保护和修复工程，对占全市面积76.9%的1.3万平方千米瓯江源头区域开展全要素、全流域、一体化保护修复。这项工程成为"中国山水工程"样板案例。实施包括生态系统保护，森林、水、土地生态保护修复以及生态系统智慧监管等5大类60个治理项目，总投资达55.3亿元。一手抓生物多样性保护。把建设全国生物多样性保护引领区作为推动生态环境美丽蝶变的标志性工程。发布全国首个生物多样性保护和可持续利用规划，建成全国首个覆盖全市域的生物多样性智慧监测体系，在全国率先完成全市域生物多样性本底调查，累计发现44个新物种。相关做法在联合国《生物多样性公约》缔约方大会第十五次、第十六次会议上被推广，2024年丽水入选联合国"生物多样性魅力城市"。

（二）点绿成金，高质量发展生态经济

习近平总书记指出，绿色发展是高质量发展的底色。我们始终坚持"绿色就是发展，发展必须绿色"，扎实推进"生态经济化、经济生态化"实践。

1. 建设"5+5"现代化生态经济体系

丽水最大的优势是生态，最重的任务是发展。我们树立"生态就是经济、经济必须生态"的理念，围绕发展新质生产力布局产业链，构建具有丽水特色的"5+5"现代化生态经济体系，努力变生态要素为生产要素、生态价值为经济价值、生态优势为发展优势。一方面，致力打造以创新引领为显著特征的特色半导体、精密制造、健康医药、时尚产业、数字经济等五大生态工业主导产业。对标省"415X"先进制造业集群，构建"链长+链主+专家团队"高效协同的推进机制，推动产业链上下游大中小企业串珠成链、融通发展，建设生态工业"1315"特色产业链（即重点培育1个千亿级支柱产业集群，3个五百亿级骨干产业集群，15条以上百亿级特色产业链）。近年来，抢抓窗口机遇，从零起步，特色半导体产业链成功引进产业项目92个、投资额超800亿元，相关规上企业已达85家，"无中生有"打造了全省第二条特色半导体产业链，创造了重点生态地区发展高新技术产业的奇迹。中医药大健康产业走出了一条独具丽水特色的"以二产带一产兴三产"协同发展之路，初步形成全产业链发展格局。2025年，生态工业五大主导产业规上产值有望突破2000亿元。另一方面，致力培育壮大根植于生态人文资源优势的品质农业、文化产业、旅游产业、林业产业、水经济等五大富民强市生态支柱产业。探索以政府打造区域公用品牌牵引生态产业发展模式，成功推出"丽水山耕""丽水山居""丽水山泉"等系列品牌。依托种质资源圃、现代农业园区、农林产品精深加工园区、高端文旅IP产品（知识产权产品）和高等级旅游景区、水经济产业园区等载体，联动打好品质农（林）业全产业链建设和文旅、水旅体融合发展等系列"组合拳"。2025年，五大富民强市支柱产业总产值有望突破2000亿元。

2. 推动最美生态和最优科技携手联姻

随着5G、人工智能等信息技术的广泛运用，良好生态环境对创新主体和人才的吸引越来越强，"办公室与青山绿水只隔一块落地玻璃"成为理想选择。为此，我们通过扬丽水之长，充分发掘绿水青山资源价值，以优美的自然环境为科技腾飞插上生态赋能的翅膀，推动丽水无可比拟的生态吸引力加快转变为发展竞争力。在科创平台建设上，坚持在"好生态""好山水"中布局科创平台、孕育科技新苗，围绕建设现代化生态经济体系，协同建设"产业创新平台+科技创新平台+创新服务平台"，动态优化调整"十子连珠"平台布局，全力创建丽水国家高新区，推动实体化研究院质效提升。目前，丽水国家高新区升级准备工作全面启动，力争2027年创成；浙西南科创产业园全面运营，已有40家企业和研发机构入驻；建成全省重点实验室6家、省级重点企业研究院10家。在创新主体引育上，完善"微成长、小升高、高变强"科技企业梯次培育机制，开展新一轮科技企业五年倍增行动，统筹推进绿谷人才系列计划，让更多科技创新型企业和优秀人才深耕丽水，在"开门见山、风生水起"的美丽环境中放飞灵感、创新创业。如今，越来越多的跨国公司、"头部"企业，以及高端科研团队和优秀人才选择落户丽水。截至2024年，全市人才资源总量已突破50万人，近三年有超过15万名青年选择丽水，丽水成为中国95后人才吸引力提升最快的城市；国家高新技术企业、科技型中小企业等各类创新主体持续增长，主要创新指标实现"六翻番、六破零"。这些都极大增强了我们"山区也能搞创新，山区跨越式高质量发展更须搞创新"的自信，推动丽水向着长三角地区特质鲜明的创新型活力城市加快迈进。

3. 推进经济社会发展全面绿色转型

生态环境问题归根到底是发展方式和生活方式问题。我们积极促进经济社会发展全面绿色转型，协同推进降碳、减污、扩绿、增长，加快形成绿色生产方式和生活方式。一方面，以建设碳中和先行区为引领，推进绿色低碳循环发展。制定实施绿色低碳示范行动方案，有序推进生产领域尤其是工业领域"双碳"工作，抓好钢铁、合成革、竹木加工、阀门等传统产业全流程清洁化、低碳化、生态化改造，推动"能耗双控"向"碳排放双控"转变。丽水先后入选全国首批气候投融资试点、国家碳监测评估试点、国家深化气候适应型城市建设试点；2010年以来，丽水已有11年温室气体净排放量为负值，形成了明显的碳中和趋势；2024年联合国"国际城市碳中和指数"以丽水命名。另一方面，以打造华东绿色能源基地为目标，发展壮大绿色能源体系。谋划实施"源网荷储"一体化项目，发展光伏、新型储能等绿色能源产业，构建清洁低碳、安全高效多能互补的新型能源体系。丽水成功争取抽水蓄能项目六个，总装机规模达729.7万千瓦，项目个数和装机规模均为全国地级市第一。

浙江开化钱江源国家森林公园

（三）增绿添彩，高水平建设美丽花园

2018年，浙江省委、省政府赋予丽水建设"诗画浙江大花园最美核心区"的光荣使命。我们按照省委、省政府部署要求，高标准推动建设，努力打造美丽中国先行示范区。

1. 积极创建国家公园

2005年8月，习近平总书记在丽水考察凤阳山－百山祖国家级自然保护区时，提出"国家公园就是尊重自然"的重要论断。我们在国家林业和草原局指导和省委、省政府支持下，举全市之力创建国家公园，顺利完成国家公园设立标准、国家公园体制试点等重要改革和创建阶段各项任务，国家公园"丽水样本"入选"2020中国改革年度十佳案例"。在创建过程中，做到"两个率先探索"。一是率先探索国家公园治理与保护体系。建立国家公园生态环境综合执法体系，完善跨区域联动执法协作机制，推动"一支队伍管执法"进国家公园，提升国家公园现代化治理能力和水平。修编自然保护地总体规划，推动32个自然保护地整合优化，推进国家公园核心保护区居民100%搬迁和一般控制区50%搬迁，加强自然保护区、森林公园、重要湿地等保护建设，确保中亚热带森林生态系统、百山祖冷杉等旗舰物种得到系统性保护。二是率先探索"国家公园+"。坚持利用促保护、保护促利用，构建"保护控制区+辐射带动区+联动发展区"三区联动发展格局，实施名山公园"带富"行动，吸引29批次社会资本投资国家公园周边乡镇8亿余元；独创开展国家公园地役权改革，惠及3.23万居民。

2. 深入实施美丽大花园品质提升行动

顺应人民群众对美好生活的新期待，高标准推动整体形象提质升级，实现了大花园颜值和品质双改善、双提升。一是靶向推进重点区域环境综合整治。聚焦景区外围及通道、交通干线周边、城乡接合部三个重点区域，以清脏治乱为基础，以绿化美化为提升，持续深化环境整治优化。截至2024年，已完成重点点位环境整治3.1万个；成功打造10条精品旅游线、10条花园乡村风情带、10条精品丽水山路；莲都堰头村、云和长汀村、景宁大漈村创成金3A级景区村，龙泉市西独线获评全国十大最美农村路。二是优化提升大花园整体形象。集中力量打造一批有辨识度、有带动力、有综合效益的标杆项目。市区以瓯江水脉和城市功能主轴"一脉一轴"为主线，优化提升中心城区整体形象风貌；各县（市、区）至少打造一个能够提升区域整体形象的标志性工程。截至2024年，全市10大标志性工程、163个项目完成投资53亿元；9个县（市、区）均创成浙江省大花园示范县。

3. 全域建设美丽城乡

城市和乡村既是生活的家园、发展的空间，也是生态系统的有机组成部分。我

们统筹完善生产、生活、生态三大布局，让城乡更好地融入自然、焕发现代气息，让人民拥有更美好的家园。在城市，开展"城市品质、城市治理、城市文明"三大提升工程，加强历史文化街区保护和旧住宅区、旧厂区、城中村改造，高水平建设未来社区、特色街区，塑造城市风貌样板区，擦亮城市文化地标。全市已累计创成21个城乡风貌样板区。在乡村，深入推进新时代"千万工程"，深化农村"厕所、垃圾、污水"三大革命，以农房改造、管线序化、村道提升补齐基础设施短板，打造精品景区、精品美丽城镇、精品和美乡村，全市建成花园乡村100个、精品花园庭院210个。丽水拥有华东地区最多的国家级传统村落。我们率先探索开展"拯救老屋"行动，推进传统村落保护利用工作。相关工作经验被写入《乡村振兴战略规划（2018—2022年）》和2022年中央一号文件。我们还积极挖掘乡村地道美食，培育农事体验、星空露营、旅居旅拍等美丽业态，促进美丽环境、美丽经济、美好生活有机融合。

（四）革绿出新，高效率推进绿色改革

习近平总书记指出，要拓宽绿水青山转化金山银山的路径，让生态优势源源不断转化为发展优势。我们集成推进重点领域和关键环节改革，推动构建了包括生态产品价值核算评估、市场交易等在内的一整套可复制可推广的科学制度体系，联动实施了一系列生态文明建设领域的特色改革，实现了生态文明建设领域改革多点开花、系统突破。

1. 率先探索生态产品价值实现机制

第一轮试点中，我们聚焦破解度量难、抵押难、交易难、变现难"四难"问题，构建形成包括生态产品价值核算评估、质量认证、市场交易以及生态信用等内容的一整套科学制度体系，相关经验在中央全面深化改革委员会第十八次会议上得到全面肯定。国家发展和改革委员会先后两次在丽水召开现场会，推广丽水试点经验。2024年，丽水再次被列为国家试点。我们以此为新起点，在第一轮试点解决了生态产品价值"能不能实现"问题的基础上，深化路径、方式和制度创新，着力解决"能不能充分实现"问题。重点聚焦"开发经营"构建三项机制：一是构建特定地域单元生态产品价值（the value of ecosystem product in specific geographic unit，VEP）项目开发机制。通过探索VEP评估应用体系，制定评估技术规范和项目实施方案，为推进古村复兴、文旅开发等VEP项目创造条件。二是构建高品质生态产品认证开发机制。探索生态产品分级分类认证，建立认证标准、追溯机制，为开发高品质生态产品、实现增值溢价创造条件。已推出丽水荒野茶、龙泉灵芝等多款经认证的高品质生态产品，获得市场广泛认可，产品均价是同类普通产品10倍以上。三是构建生态资产产

权市场交易机制。建好用好浙江（丽水）生态产品交易平台，建立市场化生态产品目录清单，为市场主体以项目合作、权属交易等方式参与开发经营创造条件，交易范围辐射全省。已完成森林碳汇等交易2775宗，成交金额119亿元。

2. 扎实推进绿色金融创新

习近平总书记指出，要大力发展绿色金融，推动生态环境导向的开发模式和投融资模式创新。从2006年在全国率先试水林权抵押贷款到率先探索农村产权抵押融资等农村金融改革，再到创建全国普惠金融服务乡村振兴改革试验区，丽水积极推动各类金融要素和资源流向绿色经济领域，为经济社会全面绿色转型提供更高质

浙江松阳平卿村的古村落茶园

量的金融服务，绿色金融改革在锐意开拓、砥砺创新中结出累累硕果。一方面，推动绿色金融服务生态产品价值实现。将生态产品预期收益作为贷款的重要依据，探索"不动产+生态价值"融资、"取水贷"等"生态抵质押贷"金融模式；创新基于个人、企业生态信用评价的"生态信用贷"金融产品，将生态信用评定结果作为贷款准入、额度、利率的参考依据。截至2024年年底，全市"生态抵质押贷"余额310亿元，"生态信用贷"余额51亿元。另一方面，推动绿色金融服务碳达峰碳中和工作。结合全国首批气候投融资试点，出台《浙江省丽水市气候投融资项目入库指南》，聚焦减缓和适应气候变化两大领域制定支持项目清单，从项目类别符合性、

浙江丽水"古堰画乡"

气候效益显著性等多维度开展项目培育。截至 2024 年，已推动全市 17 个项目纳入国家气候投融资项目库；全市气候融资余额 947.2 亿元，比获批试点时新增贷款 570.6 亿元。同时，我们还依托丽水林业碳汇资源优势，创新林业碳汇"未来收益权 + 保险单"质押贷款、浙丽林业碳汇贷、竹林碳汇价格指数保险等金融产品。目前，林业碳汇贷款余额 1.7 亿元。

3. 积极探索地方生态立法

习近平总书记强调，保护生态环境必须依靠制度、依靠法治，只有实行最严格的制度、最严密的法治，才能为生态文明建设提供可靠保障。丽水自 2015 年 9 月获得地方立法权以来，积极探索生态法治，以法治手段筑牢绿色发展根基。聚焦生态文明建设重点领域，推出生态立法，先后颁布实施《丽水市饮用水水源保护条例》《丽水市传统村落保护条例》《丽水市青田稻鱼共生系统保护发展条例》等 5 部生态文明领域地方性法规，实行立、改、废动态管理，保证地方生态环境保护法规高效运行。在具体实践中，一手抓"前端"民智民意吸纳。坚持"开门立法"，建立基层立法联系点，增强"立法直通车、民意连心桥、法治推进器"功能作用，进一步拓宽人民群众参与立法渠道，充分吸纳民意、汇集民智，提升立法质量。一手抓"末端"施行效果评估。针对生态立法后评估工作注重定性分析，缺乏定量分析，评估客观性、科学性、规范性有待加强等问题，积极探索建立立法后评估指标，以量化指标更加客观地评价法规质量与施行效果。

三、建设人与自然和谐共生的现代化新丽水

展望未来，丽水将始终牢记习近平总书记谆谆嘱托，在"两山"理念指引下，坚定不移走生态优先、绿色发展之路，努力将丽水打造成为形神兼备、享誉全球的"绿色发展标杆地、秀山丽水活力城"。重点是抓细做实"四篇绿色文章"。

（一）做好提升"绿"文章，把生态底色擦得更亮

以顶格标准保护生态环境，统筹推进美丽中国先行示范区、全国生物多样性保护引领区建设，全域实施美丽大花园品质提升行动，坚决打好污染防治攻坚战，深化山水林田湖草沙一体化保护和修复，推动生态环境治理体系和治理能力现代化，实现"生态环境质量"和"生态系统质量"双巩固、双提升。

（二）做好转化"绿"文章，把"两山"通道拓得更宽

以打造生态产品价值实现机制2.0版为重要抓手，扭住"价值实现"这个核心，聚焦"开发经营"这个重点，深入推进路径、方式革新和模式创新，高标准建设区域性生态产品交易平台，鼓励市场主体、社会力量参与生态产品开发经营，推动生态资源向生态资产持续转变，让绿水青山真正成为金山银山。

（三）做好激活"绿"文章，把美丽经济做得更大

深化"生态经济化、经济生态化"变革性实践，全面建设"5+5"现代化生态经济体系，充分挖掘和放大好山好水好空气的生态资源优势，实施"丽水山耕"等"山"字系品牌二次飞跃行动，推进产业链群化发展、绿色化转型、数智化升级，为丽水跨越式高质量发展提供有力产业支撑。

（四）做好共享"绿"文章，把生态福祉落得更实

坚持生态惠民、生态利民、生态为民，大力培育弘扬生态文化，完善生态共建共治共享机制，开展环境健康友好体验地和环境健康友好创新试点建设，推广生态信用长效运行机制，推动绿色低碳生活蔚然成风，持续打造宁静、整洁、舒适、宜居的城乡风景线和生活新空间。

"雨山"理念
20 周年
20 人谈生态文明建设

第4篇
践行"两山"理念的行动愿景

"两山"理念从余村走向全国，赢得了国际社会的广泛认可，为携手共建清洁、美丽、可持续的世界贡献了中国智慧和中国方案。

四川宜宾长宁竹海晨光普照

18

『两山』理念与林草业可持续发展

沈国舫

林学家、生态学家、林业教育家，生态领域的战略科学家，中国
工程院院士。曾任中国人民政治协商会议第八、九、十届全国委
员会委员，中国人民政治协商会议人口资源环境委员会委员，中
国环境和发展国际合作委员会委员、中方首席顾问。长期从事森
林培育学和森林生态学教学研究，后期从事林业可持续发展、水
资源和生态保护方面的国家重大战略咨询研究，为促进我国生态
环保事业的国际间交流作出巨大贡献。

[摘要]本文对生态文明建设本身应该做的工作任务予以明确,从"两山"理念的内涵探讨起始,对习近平总书记的三句话分别进行解读,然后进一步探讨林草业的本质特征,特别是对林草生态系统的四项生态服务功能进行分析解说,并与森林"四库"之说相衔接,指出现代林草业既是生态文明建设中生态保护、修复和建设事业的主要支柱,又是一个自然资源经营利用的多元化的重要产业。为了发挥林草业在这两方面的重要作用,文中分别就生态保护,科学绿化及林草可持续经营,也就是扩绿、兴绿和护绿三项主要任务,分别叙述了应该重视的工作原则及实际内容。

[关键词]"两山"理念、生态文明建设、林草业、生态保护和建设、科学绿化、林草可持续经营

"绿水青山就是金山银山"的论述是习近平同志在2005年任职浙江省委书记期间在浙江省湖州市安吉县的余村首次提出的一个理念。这个理念继承了人和自然和谐的可持续科学发展观的精神,实际上成为后来他发展丰富起来的生态文明建设理念的先导。

生态文明建设从党的十八大开始被定位为国家建设"五位一体"总体布局之一,并且生态文明建设还要贯穿到经济建设、政治建设、社会建设和文化建设的各方面和全过程,更显示其在国家建设体系中的重要地位。生态文明建设本身要从事的工作内容在《中共中央、国务院关于加快推进生态文明建设的意见》的文件中有全面的阐述。我把它理解为"一个全面统筹"和"三个基本板块"。"一个全面统筹"就是全面统筹安排"山水林田湖草沙"自然综合体和城镇、乡村、厂矿、交通、网线等人工综合体的各个组分,使之科学协调,各得其可持续发展的空间。"三个基本板块"就是资源的节约、绿色、低碳的可持续利用,生态系统的保护、修复和建设,各类(大气、水、固体)污染的防控和治理。这"三个基本板块"的内容是互有交接、互有影响的,但仍不失为三个不同的领域。生态和环境经常连读,因为有内在联系,但生态问题和环境污染问题,其对象、背景、方法论、对策都不相同,属于不同的板块。"两山"理念所涉及的内涵主要属于生态系统的保护、修复和建设这个板块,当然它在全面统筹安排空间格局中也起着重要的作用。

一、"两山"理念的内涵

"两山"理念按习近平同志的完整说法，应该是三句话，即：既要绿水青山，又要金山银山；宁要绿水青山，不要金山银山；绿水青山就是金山银山。

绿水青山指的是良好的生态环境，也就是健康优美的"山水林田湖草沙"自然综合体；金山银山指的是物质财富，包括人民群众有较高的就业和生活水平。第一句中，这两者我们都要代表了一种价值观，也是人民群众的愿望。第二句中"宁要"和"不要"，代表人民群众在解决了温饱问题并达到了小康生活水平后，在需求取向上的变化，即人们即便暂时牺牲一点物质利益，也愿意拥有优良的生态环境。习近平同志于二十世纪八十年代初在河北省正定县工作时，就用朴素的语言说过"宁肯不要钱，也不要污染"。要限制那些破坏生态、污染环境的产业发展，还要付出足够的代价来改善生态环境，生态环境变好了，人们也愿意花一定代价到有生态环

境优良的地方来生活或旅游休憩。第三句话"绿水青山就是金山银山"是最重要的一个论断。一方面表示绿水青山和金山银山并不是对立矛盾的,有了绿水青山,不仅有可能也更有利于得到金山银山,而且得到的是货真价实的金山银山,是健康安全的经济发展和物质财富。另一方面也表示要使得绿水青山转变为金山银山,是要付出努力,做好工作的。也就是先要努力建造好(或修复好)绿水青山这个自然综合体,接着要努力安排好、经营管理好绿水青山这个自然综合体,使它发挥出最强的功能,取得最大的效益,最后才能得到真正的金山银山,实现绿水青山向金山银山的转变。

搞好自然生态系统的可持续经营是这个转变的应有之义,占有自然生态系统中主体部分的林草生态系统的可持续发展,包括扩绿、兴绿、护绿的活动,应是践行"两山"理念的主体行动。

西藏八宿然乌湖

塞罕坝机械林场植树造林

二、林草业的本质

森林是全球陆地生态系统中最大的生物群系，不仅因为它的面积大、厚度高、生物量最大，而碳储量也最大，而且还因为它的生物多样性最高、生产率最高、生态服务功能（物产供给、生态调节、社会文化和系统支持）最全面也最给力，而成为全球生物圈赖以维系以及数十亿民众赖以生存的靠山。

草地也是全球陆地生态系统中重要的生态群系，它的面积最大，生物量虽不如森林的大，但碳储量也很大（主要在草地土壤中），有一定的碳汇潜力。草地生态群系的生态服务功能和森林的类似，也很齐全，也很给力。

我国的林草业实际上管理着森林、草地、湿地、荒漠等多个自然生态群系（占国土陆地面积的70%以上）及其中的生物多样性，因此，要对这些自然生态系统开展保护、修复、重建和新建等系统治理活动；同时，我国的林草业也涉及各类人工生态系统（城镇、乡村、厂矿、道路及交通场站、管线等）的环境修复、生态屏障建立及绿化美化需求，因此，要对这些人工生态系统开展保护、修复和恢复重建等系统治理活动。更进一步，在景观、区域（或流域）及国家、全球尺度的生态系统治理中，林草业也要发挥其统筹协调土地利用规划及系统治理的重要作用。可见，林草业是我国庞大的生态建设体系中的主力军。

与此同时，林草业也是一个物质生产的直接产业部门，是和农业、牧业、渔业等产业并列的。林草业作为一个产业部门，源自对林业生态系统的服务功能定位。国际上比较一致的对自然生态系统服务功能的认识是将其划分为四大功能，即物产供给（provisional）、生态调节（regulatory）、社会文化（cultural）和系统支持（supportive）功能。

林业的物产提供功能十分丰富多样，提供的物产包括林木及林下生产的木竹纤维原材料、粮油菜果茶等食物、木本饲料和桑蚕、药材、花卉、燃料等林产品；草业的物产提供功能也很丰富，提供的物产包括牧草饲料、草原菌类、药材、花卉和运动型及观赏型的草坪等草产品。这张林产品和草产品的清单还可大扩展和延伸。如果再算上湿地和荒漠也能提供多种具有食用、药用及其他应用价值的产品以及其能源产出，更显示出林草业的物产提供功能的强大。

林草生态系统的生态调节功能及系统支持功能，包括水源涵养和水分调节功能、水土保持功能、空气调节（吸碳产氧等）功能、清新空气供给和碳汇功能、防风固沙功能、生物多样性保护功能等，虽不能完全物化交易，但可以通过不同形式的生态补偿及碳汇转让等方式为自然资源经营部门或个人提供可观的经济收益。

林草生态系统的社会文化功能表明，通过对森林和草地的观赏、旅游、康养、文化体验、自然教育等活动可以产生大量的经济效益。

习近平同志对森林的"四库"功能的提法和上述关于森林的四大功能的说法是完全一致的。习近平同志在福建省霞浦市工作期间首先提出的森林是粮库、水库、钱库的说法，是在森林是木竹材料库的普遍认知基础上提出来的。木竹产品是闽北林农的主要收入来源，习近平同志在这个基础上提出"三库"，用以鼓励民众从事林业生产的积极性。后来，随着森林的碳汇功能作为应对气候暖化的关键措施逐步被人们认识，在"三库"之外又加上了"一库"，即碳库。"粮库"加上已经认知的木竹材料库，代表森林的物产供给功能；"水库"代表森林的生态调节功能；"钱库"代表森林的社会文化功能和其他功能的总合兑现；"碳库"代表森林的系统支持功能。提出粮、水、钱、碳这种群众通俗易懂的"四库"来鼓励人民群众经营森林的积极性，在历史上和现实生活中都起到了巨大的激励作用。

基于林草生态系统的四大生态服务功能，通过可持续的林草产品利用、林下经济开发、生态旅游康养和生态补偿（含碳汇转让）四条基本途径，获取生态、经济和社会文化三大效益，这使得林草业成为一个重要的产业部门形成了广泛共识。

林草业既是生态保护修复建设事业的重要支柱，又是自然资源利用的重要产业，这个双重身份是林草业的特色，也是它的优势所在。可持续经营林草业是绿水青山转化为金山银山的主要途径。

三、林草业的三大工作任务

"两山"理念强调两山兼得，也强调要努力转化。要转化就要做许多工作，其

青海祁连卓尔山

深秋雾中的"三北"防护林

中，主要的工作之一就是要可持续经营好森林和草地这两个最大的自然生态系统。可持续经营包含着保护好、扩展好和经营管理好三大内容，也就是扩绿、兴绿、护绿三大任务。

1. 保护好林草生态系统

在这方面可以独立写一篇大文章，但在本文中限于篇幅只能探讨一些基本原则。要建好、管好各种类型的自然保护地，包括国家公园、自然保护区和各类自然公园。不同类型的自然保护地有不同的功能，因而也有不同的保护方式和强度。对自然保护区的核心区实行最严格的保护，禁止一切人为活动，任其自然发展、自生自灭，为的是为科学研究及子孙后代保留下最原生态的自然区域。对最外层的试验区可以进行适当的经营活动。国家公园范围很广，有其特有的保护对象，也有其供公众观赏、体验、教育等活动的需求，因此，其内部必有区分，有类似自然保护区的核心保护区，需进行严格保护，也有可供公众活动的区域，可以进行某些允许的经营活动。至于各种自然公园，需根据各单元的具体情况而定，但一般应有更多向

公众开放的空间，也可以允许有更多的经营活动，因此，保护的强度也是较低的。

在自然保护地之外，还有相当大面积需要保护的林草生态系统，如生态公益林和天然林。有些地方由于历史和经济的原因划定的生态公益林面积过大，需要根据实际情况进行调整。而且即使是被划为生态公益林的林地，也是可以经营的，这样它在保全其生态功能的基础上还能更好地发挥多种效益，给林区及附近民众带来一定的收益。

天然林资源保护工程从1998年正式启动以来起到了很好的正面作用，但也存在单纯保护和一刀切的问题。单纯采取禁伐保护天然林，虽然取得了一定的恢复天然林的效果，但所恢复的相当一部分天然林质量不高。后来，逐步提出了加强天然林的抚育，放宽了采伐的一些限制，将天然林纳入可持续经营森林的轨道，情况才有好转。近年来，国家林业和草原局提出了加大可持续经营森林的试点范围和力度，使天然林保护得以健康发展。

天然林保护的另一个倾向是一刀切。天然林是一个面积很大、性质多样的大群

内蒙古阿尔山的不冻河

云南迪庆香格里拉普达措国家森林公园碧塔海

广西桂林阳朔

体，既有原始天然林、次生天然林、杂灌木林及其多种过渡状态，又有大量的有多种人为干扰或补充的林分，再加上林分的树种组成、结构和林龄的差异，以及林分所处社会经济环境及所有权属性的差异，采用禁伐一刀切是不科学的、脱离实际的办法。现在应根据实际情况进行区别对待，有的应改划为商品林（用材林、经济林、薪炭林），有的应降低保护层级，放开一些可持续经营措施。

2.扩展好林草生态系统就要贯彻科学绿化的指导方针

科学绿化，包括造林、种草、造园等活动，是生态建设中的一项重头戏，需要在人和自然和谐的框架下按科学规律进行。国务院办公厅在2022年发布了《关于科学绿化的指导意见》，这是一个很好的文件，我曾在国家林业和草原局宣讲过，这里不再全部重复，只提出以下几个注意要点。

要做好科学绿化工作，需要以科学的规划设计来引领。在规划设计中要保障在林木全生命周期中都能做到人和自然的和谐，在中国的现实条件下，特别是在"三北"工程的实践中都要求重点落实"以水定绿"的原则。当前，新绿化用地已相当有限。哪些土地可以作为绿化用地，需要对土地及其所在地区进行全面考量。要尊重自然规律，宜林则林（宜乔则乔，宜灌则灌），宜草则草，宜湿则湿，宜荒则荒。不该因偏爱造林而侵占本该适合草地、湿地、荒漠（或荒野）的地方。

适地适树适草，是科学绿化中最重要的环节。树种选择首先要根据培育目的（按林种和亚林种）确定范围，然后按宜林地立地条件及树种生态特性相适应的适地适树原则选定树种（及其品种或类型）。

科学绿化不仅要关注造林（种草）施工阶段的操作，保证有较高的成活率和保存率，而且要关注未来成林后的组成和结构的合理，尽量培育高质量、高生产力的稳定林分。

3. 林草可持续经营是林草生态系统的保护、培育、经营和管理利用的综合行动，是现代林草业发展的主题

当我们把生态保护和科学绿化（培育）单独提出来以后，则森林（草地）可持续经营的内涵就是在森林（草地）建群以后的一切培育经营利用活动的总称，它包括林草资源的清查、监测和调控，成林的抚育管理，退化林（草地）的修复，成过熟林的主伐更新，林下经济的发展，木材及其他林产品、草产品的采收、加工和利用。在这个全生命过程中完成生态系统的生命过程，包括水循环、氮素及矿物质的循环，与大气之间的碳循环及碳汇的形成。

森林和草地可持续经营的可持续性表现在生态系统服务功能（物产供给、生态调节、社会文化、系统支持）的完整持续及其效益（生态、经济和社会文化）的综合最大化和持续发挥。这实际上就是"两山"理念，即绿水青山和金山银山同时兼有，保护和发展平衡践行。

当前，在实施林草可持续经营全套内容时，要努力应用先进的现代技术：现代的育种和种业生物技术，林木和草地培育的新技术，各种自动化和适应性强的机械设备（包括低空技术装备）在资源监测、林草培育、林草产品采收加工中的开发应用，包括正在兴起的以人工智能为主导的新质生产力的应用。

在林草可持续经营技术方面，国内外已有不少成功的经验积累，群众也有许多创造，应及时总结推广应用。现代的科学技术只要应用得当，就能保证林草的可持续发展得以实现。也就是说，科学的可持续经营可以保证森林（草地）生态系统的合理扩展和布局，林草生产力和质量的稳步提升，林草资源的合理利用，以及良好的生态效益和社会经济效益。如果大面积的森林（草地）得到可持续经营的覆盖，那么就没有必要把过大面积的森林（草地）置于严格禁伐保护之下，就能大大缓解保护和发展（民生）之间的矛盾所产生的压力。

从以上分析可见，森林（草地）可持续经营是和生态保护与科学绿化相辅相成的。扩绿、兴绿、护绿"三绿"并举，生态保护、科学绿化、林草可持续经营并力前行。这现代林草业的三驾马车持续发力，实现绿水青山和金山银山同时兼有和顺利转化，必将使林草业成为中国现代化生态文明建设的一根坚强支柱，也将使林草业上升为一个富民强国的兴旺产业。

云南广南八宝风光

19

"两山"理念引领美丽中国建设实践与创新

王金南

中国人民政治协商会议第十四届全国委员会常务委员、人口资源环境委员会副主任，中国工程院院士，生态环境部环境规划院名誉院长，国家生态环境保护专家委员会副主任，国家气候变化专家委员会副主任，国家新污染物治理专家委员会主任，中国环境科学学会理事长，世界绿色设计组织（World Green Design Organization, WGDO）主席。

[**摘要**]"两山"理念作为习近平生态文明思想的标志性思想理念和代表性科学论断，为破解保护与发展矛盾、引领美丽中国建设、推进中国式现代化提供了根本遵循。本文梳理总结了该理念的理论溯源与发展脉络、时代内涵和实践价值，以及该理念在美丽中国建设中的实践经验，提出了落实"两山"理念、建设人与自然和谐共生的美丽中国的关键举措，重点包括分级分类建设美丽中国先行区、加快发展方式绿色低碳转型、推动生态环境持续改善、健全生态产品价值实现机制、培育壮大生态产品第四产业等。本文对加快完善落实"两山"理念的体制机制、全面推进美丽中国建设具有重要理论和实践意义。

[**关键词**]"两山"理念、美丽中国、生态产品第四产业

"两山"理念是针对我国不同阶段面临的保护与发展的新情况新问题，提炼和总结形成的符合我国经济发展规律的理论体系，揭示了保护生态环境就是保护生产力、改善生态环境就是发展生产力的道理，是习近平生态文明思想的标志性思想理念和代表性科学论断，是推进中国式现代化建设的重大原则。建设美丽中国是全面建设社会主义现代化国家的重要目标，是践行"两山"理念的实践图景。过去20年，在"两山"理念指引下，中国创造了举世瞩目的绿色发展奇迹，特别是党的十八大以来，美丽中国建设迈出重大步伐，充分彰显了"两山"理念的时代价值。在全面建设社会主义现代化国家新征程上，"两山"理念将为推动我国加快形成以实现人与自然和谐共生的现代化为导向的美丽中国建设新格局提供科学思想指引和强大真理力量。

一、"两山"理念的理论价值与时代意涵

（一）"两山"理念的溯源与发展

1."两山"理念源于对保护与发展矛盾解决方案的思考

改革开放初期，中国以经济建设为中心，通过要素驱动实现了高速增长，用短短几十年走完了发达国家上百年的工业化历程，但同时也带来了资源过度消耗、生态环境恶化等问题。特别是二十世纪九十年代，我国掀起新一轮大规模经济建设，各地上项目、铺摊子热情急剧高涨，全国乡镇企业无序发展，致使我国污染问题加剧，向自

然过度索取的结果是有河皆干、有水皆污[1]。1994年7月，淮河发生特大污染事故，2亿立方米污水形成"死亡带"，导致沿岸上百万人饮水困难，这敲响了环境问题的警钟，说明用绿水青山去换金山银山而一味索取资源不可持续。"两山"理念在这样的时代发展需求背景下应运而生，满足中国特色社会主义建设的客观需求[2]。

---

① 刘世昕."80后"曲格平发肺腑言：不能再让绿水青山得而复失[N].中国青年报，2018-09-12(8).
② 刘同舫."绿水青山就是金山银山"理念的科学内涵与深远意义[EB/OL].(2020-08-14)[2025-05-30].
http://news.haiwainet.cn/n/2020/0814/c3543228-31855950.html.

湖南张家界古村落

　　习近平总书记从地方到中央工作的整个历程中，一直都把统筹生态环境保护与社会经济发展作为一项重大工作来抓。在福建省委工作期间，逐步将生态理念渗透到政治经济文化建设中，孕育出"青山绿水是无价之宝"的理念，在流域保护、水土治理、林权改革、生态省建设等方面开展了大量探索实践，为"两山"理念的形成奠定了坚实的基础。到浙江工作后，面对浙江较之于全国更早、更深、更集中、更尖锐地遇到了经济快速发展与资源环境瓶颈制约加剧的矛盾和问题，习近平同志谋划推动"八八战略"决策部署、生态省建设战略、"千村示范、万村整治"工程（简称"千万工程"）。2005年8月15日，时任浙江省委书记的习近平同志来到安吉余村调研，对村里痛下决心关停矿山、发展休闲经济的做法给予高度评价①，并首次提出"绿水青山就是金山银山"的重要发展理念。浙江安吉余村的蝶变就是践行"两山"理念的生动案例。二十世纪八九十年代，余村靠开山采石发展成为远近闻名的"首富村"，但粗放的经济发展模式严重破坏了当地生态环境，烟尘笼罩、污水横流成为困扰群众的大问题。2002年起，随着浙江生态省战略、"千万工程"的启动实施，余村毅然关停矿山、水泥厂，开始探索新的发展道路。在"两山"理念指引下，余村从石头经济成功转型为生态经济，成为国内首批世界最佳旅游乡村，走出了一条生态美、产业兴、百姓富的新路。2020年3月30日，习近平总书记时隔15年再次来到余村调研，对余村大力发展绿色经济的做法给予充分肯定，勉励全村上下"路子选对了就要坚定走下去"。浙江省基于时代和人民的需求变化，持续打出"生态牌"、走稳"绿色路"、绘出"美丽篇"，先后实施了绿色浙江、生态浙江、美丽浙江等生态文明重大战略，成为美丽中国建设的先行样板，经济总量稳居全国第一方阵。

2."两山"理念的时代意涵不断丰富和拓展

党的十八大以来，习近平总书记生态考察足迹遍及神州大地，在多个场合对"两山"理念进行了更加深刻、系统的理论概括和阐释。"我们既要绿水青山，也要金山银山。宁要绿水青山，不要金山银山，而且绿水青山就是金山银山""绿水青山既是自然财富，又是经济财富""'绿水青山就是金山银山'，这实际上是增值的""良好的生态环境蕴含着无穷的经济价值""绿水青山与金山银山的意义不仅仅在于生态环境本身，还可以延伸到统筹城乡和区域的协调发展上"等都是"两山"理念的重要意涵，深刻揭示了发展与保护的辩证统一关系。2017年，"绿水青山就是金山银山"写入党的十九大报告和新修订的《中国共产党章程》。2018年，全国生态环境保护大会正式确立了习近平生态文明思想，"绿水青山就是金山银山"作为六项重要原则之一，为新时代推进生态文明建设指明了方向。2016年，第二届联合国环境大会发布的《绿水青山就是金山银山：中国生态文明战略与行动》报告指出，以"绿水青山就是金山银山"为导向的中国生态文明战略，为世界可持续发展理念的提升提供了"中国方案"和"中国版本"②。2024年，《中共中央关于进一步全面深化改革 推进中国式现代化的决定》提出"加快完善落实绿水青山就是金山银山理念的体制机制"，对高水平保护和高质量发展提出明确要求，对指导经济社会发

---

① 田惠敏.安吉余村：从"石头转型"到"生态经济"的转型[EB/OL]. (2024-10-29)[2025-05-30]. https://mp.weixin.qq.com/s/CuI1hK0XoORVLiSpIfLkTA.
② 赵腊平."两山"理论的历史、理论和现实逻辑[EB/OL]. (2020-08-16)[2025-05-30]. https://www.mnr. gov.cn/zt/xx/xjpstwmsx/zypl_36556/202008/t20200816_2542131.html.

展全面绿色转型具有重大理论与实践意义。作为推进中国式现代化建设的重大原则，"两山"理念将为以美丽中国建设全面推进人与自然和谐共生的现代化提供重要思想指引和强大精神力量。

（二）"两山"理念的实践价值

"两山"理念深刻影响着中国的发展理念、发展思路、发展方式和发展未来。20年间，"两山"理念走出余村、走出浙江，走向全国、迈向世界，引领中国走出一条生产发展、生活富裕、生态良好的文明发展道路。各地深入探索实践，积极拓展"两山"转化路径，让生态优势源源不断转化为发展优势。

1. 以生态产业为支柱，不断拓宽"两山"转化路径

生态产品产业是实现绿水青山与金山银山双向转化的关键纽带与重要载体。总体上看，各地"两山"转化路径主要有五类："生态+"产业、生态产品区域公用品牌、生态赋能绿色产业、生态资源权益交易和区域综合开发。

"生态+"产业是指"生态+传统行业（农业、旅游业、工业等）"，这不是简单的相加关系，而是将生态文明的理念融入传统行业发展过程中、将传统行业的先进技术应用到生态资源保护和开发。例如，浙江淳安依托"八山半田分半水"的山水资源禀赋，以生态环境状况指数（EI值）稳定在优，千岛湖总体水质、出境断面水质状况保持为优，森林覆盖率稳定在76.79%以上为前提，构建"4+1"深绿产业体系，发展健康水业、全域旅游、普惠林业、现代农业和生态敏感类产业；吉林梅河口市、辽宁喀左县等地着力布局种植、加工、流通、销售、科研、农文旅等于一体的全产业链发展格局，探索"生态+绿色农业""生态环境治理+一二三产融合"等绿色经济模式。

生态产品区域公用品牌是兼具地域特色、文化传承、环境友好和健康安全等特征，具有公共属性的生态品牌，是提升生态产品溢价的重要路径。例如，湖北省宣恩县持续做好以"伍家台贡茶""宣恩火腿""贡水白柚"等为代表的特色食品产品品牌发展；甘肃陇南、山西左权等地持续做好"康县黑木耳""左权羊"等地方特色生态产品品牌；浙江丽水、福建南平等地全力打造区域公用品牌，"丽水山耕"生态有机农产品跃居中国区域农业品牌影响力排行榜首位，产品年销售额连续3年超百亿元，平均溢价30%，"武夷山水"品牌价值超489亿，连续四年获中国区域农业品牌影响力前三，2023年跃居福建品牌价值百强榜首。

生态赋能绿色产业，主要是依托洁净水源、清洁空气、适宜气候等自然本底条件，适度发展数字经济、洁净医药、电子元器件等环境敏感型产业，推动生态优势转化为产业优势。例如，贵州立足气候凉爽、地质结构稳定、绿色能源充沛的生态

环境优势，大力发展绿色数据中心等环境敏感型产业，贵阳贵安已成为全世界聚集超大型数据中心最多的地区之一，2023年全省数字经济占比达到42%、绿色经济占比达到46%。

生态资源权益主要包括碳排放权、排污权、用水权、用能权、碳汇等资源环境要素的使用权和经营权。生态资源权益交易是指在生态环境保护前提下，在对具有

浙江杭州龙井村龙井茶园

经济价值的资源环境要素进行权益确认、分割的基础上，通过市场化交易将其使用
价值转化为真实的市场价值的活动。例如，各地积极融入和参与全国碳排放权交易
市场，湖北成为首个累计成交额突破100亿元的区域碳市场；广东佛山市、东莞市
和顺德区等地区大力开展排污权交易实践，截至2022年年底，三地（佛山市数据不
含顺德区）累计实施排污权交易748宗，交易量达1987吨，交易额达2734万元；内

蒙古呼伦贝尔、安徽石台、河北塞罕坝、河北围场等地立足林草资源优势开发林业碳汇项目，稳步提升森林碳汇价值。

区域综合开发，主要是以项目为载体，将生态环境治理与产业发展相结合，利用市场化手段将生态环境治理与产业开发一体设计、一体实施、一体落地，使生态环境治理外部经济性内部化。目前，区域综合开发路径主要是生态环境导向的开发（eco-environment oriented development，EOD）模式。例如，湖南、广东、广西等地创新EOD模式，引导社会资本有序进入，因此生态优势持续放大，生态产品产业初具规模，经济高质量发展成色更足、底色更亮。

2. 以制度改革为保障，不断促进绿水青山保值增值

由于资源禀赋、经济社会发展、金融支持、治理能力等方面存在明显的区域差异，各地因地制宜开展政策制度创新试验，为"两山"转化提供制度保障。例如，福建南平通过"三权分置"改革，明晰集体林地所有权、承包权、经营权，林农可通过流转、入股等方式盘活林地，林地可通过规范登记实现经营权流转，建立"森林生态银行"机制，将碎片化自然资源打包成资产包，通过规模化经营提升开发效率，实现"资源包—资产包—资本包"的转化；厦门构建与基层管理工作相适应的"调查监测—统计制度—价值核算"统计核算制度体系，并充分发挥生态产品总值（GEP）"指挥棒"作用，建立GEP考核制度以及基于GEP的森林生态保护补偿机制，促进生态产品价值转化与高质量发展、高水平保护互促共进。地方金融机构积极推动绿色金融制度创新，开发湖北巴东"两山民宿贷"、浙江衢州"低碳贷"、陕西安康"富硒贷"等绿色金融产品，为生态产品产业发展提供资金支持。在财政部和生态环境部的推动下，持续完善生态保护补偿机制，截至2025年4月底，全国已有24个省份30个流域（河段）签订跨省流域上下游横向生态保护补偿协议。这些制度创新成果，对有效解决要素配置、利益分配、资金投入等难题具有重要意义，进一步夯实了"两山"转化的制度基础。

3. 以惠民富民为根本，不断增进民生福祉

良好生态环境是最公平的公共产品，是最普惠的民生福祉，生态产品的公共物品属性决定了生态产品价值实现与全民利益相关。各地充分利用生态资源、自然资源、文化资源，探索"村集体+公司+农场"、"公司+村民"、"多村联创"、多村"飞地抱团"等项目开发模式，健全岗位就业、参股分红和"固定保底+部分浮动"等收益分配模式，让群众靠山靠水走好乡村致富路。比如，浙江湖州全市域推进"两山合作社"建设，将碎片化资源强化整合、高效管理和市场化运作，大力培育发展休闲旅游、高端民宿、家庭农场等生态经济，推进竹林碳汇、水土保持生态产品价值转化等交易，建立健全农民利益联结机制，将生态资源转化为村民和集体

的经济收益，城乡居民收入稳定增长，2023年城乡居民收入倍差1.57，成为全国城乡居民人均可支配收入差距最小的地区之一。

二、美丽中国建设是"两山"理念的实践图景

"两山"理念是推进美丽中国建设的重要行动指南，美丽中国建设是"两山"理念的生动实践。20年来，"两山"理念显示出持久的理论生命力和强大的实践引领力，指引着美丽中国建设行稳致远，为人与自然和谐共生的现代化提供坚实保障。

（一）美丽中国建设的时代使命

中国式现代化是人与自然和谐共生的现代化，促进人与自然和谐共生是中国式现代化的本质要求，新时代新征程上必须把美丽中国建设贯穿于中国式现代化的整个进程中，以美丽中国建设全面推进人与自然和谐共生的现代化。

1. 建设美丽中国的战略部署和要求

建设美丽中国，是以习近平同志为核心的党中央深刻把握我国生态文明建设和生态环境保护形势，立足于社会主义现代化建设全局、不断满足人民日益增长的美好生活需要作出的重大战略安排，是对未来中长期推进生态文明建设和生态环境保护的统领性要求[①]。2012年，党的十八大报告将"美丽中国"首次作为执政理念和执政目标提出，明确"努力建设美丽中国，实现中华民族永续发展"，部署了优化国土空间开发格局等大力推进生态文明建设的四大任务。2017年，党的十九大报告在生态文明建设成效显著的基础上，明确了到2035年和到二十一世纪中叶美丽中国建设两阶段目标，提出了推进绿色发展等加快生态文明体制改革、建设美丽中国的四大任务。2022年，党的二十大报告明确了建设人与自然和谐共生的美丽中国的基本路径，部署了加快发展方式绿色转型等四方面任务。2023年7月，习近平总书记在全国生态环境保护大会上发表重要讲话，对新征程全面推进美丽中国建设作出了重要部署[②]。2024年1月，中共中央、国务院印发《关于全面推进美丽中国建设的意见》，明确了全面推进美丽中国建设的时间表、路线图和任务书。2024年7月，党的二十届三中全会提出："聚焦建设美丽中国，加快经济社会发展全面绿色转型，健全生态环境治理体系，推进生态优先、节约集约、绿色低碳发展，促进人与自然和

---

① 王金南.全面推进美丽中国建设[J].红旗文稿，2023(16): 4-8.
② 陆军.部署战略目标任务,全面建设美丽中国[N].光明日报,2024-01-16(4).

云南丽江古城玉龙雪山日出

谐共生。"党的十八大以来，党中央一以贯之，对美丽中国建设作出战略安排，随着发展阶段、面临问题的不同，提出了不同的任务要求，但美丽中国建设的核心要义始终没变，就是要把自然与文明结合起来，更好地让人民在优美生态环境中享受丰富的物质文明和精神文明，也要让自然生态在现代化人类社会治理体系下，更加宁静、和谐、美丽①，这与"两山"理念一脉相承、相得益彰。

2. 美丽中国内涵随着时代进步不断深化

从理论溯源的角度看，"天人合一"等中华优秀传统文化生态智慧为美丽中国建设理论提供了思想启迪，中华文明很早就形成了质朴睿智的自然观，把自然生态同人类文明联系起来，按照大自然规律活动，这表达了先人对处理人与自然关系的重要认识②。在马克思、恩格斯的构想中，"人靠自然界生活""人是自然界的一部分"，人、自然、社会三者是一荣俱荣、一损俱损的整体，美丽中国建设也应建立在自然美好、社会进步、人类发展三者有机统一的基础上。进入新时代以来，美丽中国建设内涵愈加丰富。山清水秀但贫穷落后不是社会主义现代化，强大富裕而环境污染不是美丽中国。习近平总书记强调"环境就是民生"，美丽中国建设是满足人民群众美好生活需要、提供良好生态环境的重要举措。生态环境部黄润秋部长提出，美丽中国至少有三个层面的含义，可以形象地表达为"外美、内丽、气质佳"。"外美"是指天蓝、地绿、水清，城乡人居环境优美，这是美丽中国最重要、最显著，也是最根本的标志；"内丽"是指绿色低碳的生产生活方式广泛形成，绿色新质生产力成为高质量发展的主引擎，这是美丽中国的内在要求；"气质佳"是指生态环境治理体系和治理能力现代化基本实现，这是美丽中国的关键支撑③。由此可见，全面推进美丽中国建设既需要注重全国层面的系统性、经济社会发展和生态环境保护的协调性，也需要体现区域间各美其美的多样性，更要突出与中国特色社会主义现代化不同阶段要求相匹配的时代性。

（二）美丽中国建设的实践经验

建设美丽中国，是习近平总书记念兹在兹的"国之大者"，是中国人民心向往之的奋斗目标。近年来，在习近平生态文明思想的科学指引下，各地区各部门牢固树立"两山"理念，统筹产业结构调整、污染治理、生态保护、应对气候变化，以

---

① 王金南.分级分类建设美丽中国先行区 [EB/OL]. (2025-02-25)[2025-05-30]. https://baijiahao.baidu.com/s?id=1824998331147324700&wfr=spider&for=pc.

② 王诗雨.论中国古代"以类合之，天人一也"之生态自然观[J].学术探索，2021(3): 14-22.

③ 阮煜琳.生态环境部部长详解"美丽中国"：外美、内丽、气质佳[EB/OL]. (2024-09-26)[2025-05-30]. http://www.scio.gov.cn/live/2024/34839/tw/index_m.html.

高水平保护推动高质量发展成效不断显现，祖国的天更蓝、山更绿、水更清，绿色底色更加鲜明。

1. 美丽中国建设总体框架布局逐步完善

先后出台实施《关于全面推进美丽中国建设的意见》《关于建设美丽中国先行区的实施意见》，明确了美丽中国建设重点任务和当前工作重心。生态环境部会同有关部门谋划推进美丽城市、美丽乡村建设等分领域行动，先后推出三批94个美丽河湖优秀案例和31个美丽海湾优秀案例，开展"美丽中国，我是行动者"系列活动。出台实施了一揽子支撑美丽中国建设的保障措施，研究建立美丽中国建设成效考核指标体系，加快制定地方党政领导干部生态环境保护责任制规定，因此，美丽中国建设"1+1+N"政策实施体系基本形成。

2. 美丽中国地方实践扎实推进

近年来，全国各地区将美丽建设放在突出位置，纳入社会经济发展全局，加强党的全面领导和组织保障，推动美丽建设实践深入发展。各地在拓展传统环境治理

广东广州城市风光

领域的基础上，统筹推进建设美丽蓝天、美丽河湖、美丽海湾、美丽田园、美丽山川以及美丽城市、美丽乡村、美丽园区，因地制宜创新做法，实现全领域整体和谐美丽。比如，福建提出了"美丽城市、美丽乡村、美丽河湖、美丽海湾、美丽园区"的五美体系；广东创新实施"美丽城市、美丽区县、美丽单元、美丽细胞、美丽工程"的美丽城市立体建设模式。吉林省吉林市以良好的生态环境助推吉林冰雪经济高质量发展，快速迈向世界级冰雪产业基地，进一步印证了"绿水青山就是金山银山""冰天雪地也是金山银山"的真理。海南省三亚市蜈支洲岛坚持"在保护中开发、在开发中保护"和"蓝绿互动"的可持续发展理念，为统筹生态保护和经济发展提供了一条值得借鉴的路径。福建省漳州市东山岛南门湾—马銮湾段，将优美自然风光与发展文旅产业有机结合，积极打造生态环境优美、生态系统健康、亲海空间充足的"公众亲海型"美丽海湾。

3. 生态环境"含金量"显著提升

良好的生态环境是优质生态产品供给的基础，是经济社会持续健康发展的有力支撑。近年来，我国生态环境保护力度持续加大，生态环境质量持续改善。2024年，我国地级及以上城市$PM_{2.5}$平均浓度为29.3微克/立方米，优良天数比例达到87.2%，成为全球空气质量改善速度最快的国家；地表水优良水质断面比例达到90.4%，首次超过90%，长江干流连续5年、黄河干流连续3年全线水质稳定保持Ⅱ类，地级及以上城市黑臭水体基本被消除，县级城市黑臭水体消除比例超过80%；生态状况总体稳中向好，生态系统格局整体稳定、生态系统质量持续改善、生态系统服务功能不断增强、区域生态保护修复成效显著、生物多样性保护水平逐步提高，人民群众切实感受到蓝天白云、绿水青山带来的幸福感。

4. 发展"含绿量"明显增加

新时代以来，我国单位国内生产总值二氧化碳排放累计下降超过35%，扭转了二氧化碳排放快速增长态势。推进产业结构优化调整，建成全球规模最大的清洁电力体系和清洁钢铁生产体系，累计完成9.3亿吨粗钢产能全流程超低排放改造或重点工程改造，约占全国粗钢总产能的83%。加快推进能源转型，截至2024年，我国非化石能源占能源消费总量比重增长至19.7%，煤炭消费量占能源消费总量比重下降到53.2%，可再生能源装机规模占全国发电总装机比例达到56%。新能源汽车产销量连续10年居全球首位，成为全球首个新能源汽车年产量超千万辆的国家，新能源公交车占比由10年前的不到20%提高到2024年的80%以上[①]。

---

① 孙金龙.加快建设人与自然和谐共生的美丽中国[J].中华环境，2025(3)：14-17.

三、落实"两山"理念建设美丽中国的关键举措

在推进美丽中国建设进程中，要牢固树立和践行"两山"理念，深刻把握其核心要义，处理好高质量发展和高水平保护、重点攻坚和协同治理、自然恢复和人工修复、外部约束和内生动力、"双碳"承诺和自主行动等重大关系，以生态环境持续改善为核心，以美丽中国先行区建设为着力点，加快发展方式绿色转型，着力健全美丽中国建设保障体系。

（一）分级分类推动美丽中国先行区建设

美丽中国建设是一项长期性、系统性工程，需要远近结合、持续推进、综合施策，对标到2035年的长期工作部署，近期需要以建设美丽中国先行区为着力点，在不同层级不同领域率先探索，形成以点带面、积极行动建设美丽中国的良好局面[1]。国家层面紧扣高质量发展要求，深入落实区域协调发展战略和区域重大战略，突出京津冀、长三角、粤港澳大湾区三大区域，协同推进长江、黄河流域高水平保护，聚焦解决跨省共性问题，加强区域绿色发展协作，深化生态环境共保联治，形成各具特色的美丽中国建设布局。省域层面，一体部署本地区美丽城市、美丽乡村等"美丽系列"建设工作，立足各自优势和特色探索实践，在推动绿色低碳发展、促进生态环境根本好转、加强生态保护修复、筑牢生态安全底线、深化生态文明体制改革五个方面走在前、作表率。城乡层面，聚焦城乡生态环境保护重点领域和突出问题，探索城市、整县推进美丽中国建设实践的新机制、新模式，引导全社会积极行动。

（二）加快发展方式绿色低碳转型

绿色低碳发展作为解决生态环境问题的治本之策，也是贯彻"两山"理念的科学实践。对绿水青山的保护并不是要放弃金山银山，二者之间的张力揭示了高质量发展与高水平保护内在的辩证统一，而如何能实现高质量发展与高水平保护的良性互动，让"绿水长流""青山常在"，绿色低碳转型发展是题中应有之义。一方面，要发力培育和发展新质生产力，构建实施生态环境领域促进新质生产力的"1+N"政策体系，破除制约高水平保护推动高质量发展的机制障碍和政策堵点，推动新质生产力加快发展。另一方面，要把实现减污降碳协同增效作为促进经济

---

① 王金南，秦昌波，薛强，等．生态文明视角下的美丽中国建设研究：回顾与展望[J]．中国环境科学，2025, 45(2): 1136-1147.

山西北岳恒山的自然风光

社会发展全面绿色转型的总抓手，着力推进产业结构、能源结构、交通运输结构优化升级，通过供给侧结构性改革与需求侧创新驱动的双向互动，打造绿色低碳产品供需对接平台，实现产业绿色低碳化与绿色低碳产业化协同推进，形成"存量优化"与"增量培育"并行的价值转换路径，实现绿色全要素生产率的提升[①]。

（三）推动生态环境质量持续改善

良好生态环境是美丽中国建设最显著的标志和最本质的要求，也是绿水青山转化为金山银山的最根本要求。当前，我国生态环境质量稳中向好的基础还不稳固，从量变到质变的拐点还没有到来，要坚持精准治污、科学治污、依法治污方针，巩固拓展污染防治攻坚成效，要以更高标准打好蓝天、碧水、净土保卫战，让良好生态环境成为经济社会持续健康发展的有力支撑。在大气环境领域，要以京津冀及周边、长三角地区、汾渭平原等重点区域为主战场，加大重点区域大气污染防治协作力度，稳步推进重点行业超低排放改造，深化重点行业大气污染防治绩效分级差异化管控。在水生态环境领域，要加快构建重要流域上下游贯通一体的生态环境治理体系，持续推进美丽河湖建设，强化"三水"统筹，要更加注重水生态保护。在海洋生态环境领域，要以美丽海湾建设为引领，强化陆海统筹污染防治，深入推进入海河流总氮等污染治理与管控，推动构建从山顶到海洋、上下游贯通一体保护治理大格局。在土壤生态环境领域，要坚持预防为主、源头管控、绿色修复，全面实施土壤污染源头防控行动。在固体废物和新污染物领域，要制定实施固体废物综合治理行动计划，规范废弃风电光伏设备及动力电池污染防治，进一步提升危险废物全过程信息化环境监管水平，加快推动建立新污染物协同治理和环境风险管控体系。

（四）健全生态产品价值实现机制

完善生态产品价值实现基础制度，以完善自然资源资产产权体系为重点，以落实产权主体为关键，厘清所有权、经营权、管理权、使用权等权益链条，分级有序开展自然资源统一确权登记，摸清自然资源资产"家底"，构建网格化、动态化的生态产品基础信息数据库，合理配置及利用自然资源资产，健全权责清晰、运行顺畅、协同高效的资源环境要素市场化配置体系，推动形成区域间生态资源自由流动、高效配置的生态环境市场，充分释放生态产品消费市场潜力。强化有为政府，按照"边研究、边应用、边完善"的原则，探索建立覆盖各级行政区域的 GEP 统计制度和核算结果定期发布制度，丰富 GEP 核算结果应用场景，推动 GEP 进考核、进

---

① 潘中祥，单胜道.以绿色低碳发展赋能美丽中国建设 [J].红旗文稿，2025(6): 45-48.

监测、进评估、进规划、进项目、进决策、进补偿、进赔偿、进交易。强化科技支撑体系，利用数字化智能化技术，重塑生态产品生产流程与经营模式，提高生态产品数据智能分析水平，加强生态产品产业与传统产业在生产要素、产品研发、技术创新和市场开发等方面的交互融合，实现产业链条更长、治理场景更丰富、示范样板更鲜活。

（五）培育壮大生态产品第四产业

在新时代生态文明建设进程中，以绿色新质生产力为特征的产业形态和经济形态是生态文明形态发展的关键基础。生态产品第四产业是以人与自然和谐共生为目标，以生态资源为核心要素，以生态系统过程为主要生态生产力，聚焦生态产业化部分，通过生态保护修复建设、市场交易、开发经营等路径，系统实现生态产品内在价值向经济价值的形态转化，涵盖生态产品保护、生产、加工、制造、流通、服务等全部经济活动，是践行"两山"理念的重要实践场景，为新时代生态文明形态提供了坚实的经济支撑。建议国家层面完善顶层设计，研究编制全国生态产品第四产业发展规划，根据资源要素禀赋及战略地位差异合理布局和发展生态产品第四产业。建立生态产品产业统计调查制度，规范生态产品产业分类，推动县域开展生态产品产业常态化调查与监测分析，及时跟踪掌握产业运行情况、产业结构和发展趋势。积极培育生态产品市场开发经营主体，构建生态产品产业经营主体名录库，明确产业构成、行业状况、资源配置等情况，实施动态跟踪管理。强化示范引领作用，选择东、中、西部生态优势地区，总结推广不同类型区域生态经济发展模式及成功经验，总结提炼"产业统计—发展路径—项目清单—配套政策"的实施逻辑，形成一批各具特色的示范样板。

（特别感谢生态环境部环境规划院刘桂环首席专家、王夏晖副总工程师和秦昌波所长等同事对本文的全力支持。）

20

构建人与自然和谐共荣的生态文明社会新形态

潘家华

国家气候变化专家委员会副主任委员，北京工业大学生态文明研究院院长、经济学教授。政府间气候变化专门委员会评估报告（减缓卷，2021）主笔、全球适应委员会委员。曾任中国社会科学院生态文明研究所所长、外交政策咨询委员会委员。

[摘要]在化石燃料产业化利用开启的工业文明时代，社会物质财富在部分地区得到了极大积累，也引致了社会的分化割裂和资源环境的不断恶化。当气候变化、生物多样性锐减和环境污染等问题已突破安全阈值和国家边界时，生态文明转型不再是单一国家的环保行动，而是跨越增长陷阱、实现人与自然和谐共生的唯一选择。中国的生态文明建设实践，尤其是二十一世纪一十年代以来中国引领全球的光伏组件、储能电池和电动汽车产业革命的成功经验表明：以风光电力为主体的零碳产业链体系，展现出日益强劲的市场竞争力，在生产和消费方式上，开启了对不可再生的化石燃料产业链体系的整体替代和系统颠覆进程。这场转型不仅需要技术体系的颠覆性创新，更要求制度框架、价值观念和社会组织的系统性重构，是人类发展范式的根本变革。

[关键词]生态文明、人与自然和谐共荣、产业链体系、转型发展

　　人类开启工业化城市化时代以来，物质财富在部分地区和社会群体中得到不断积累和极大丰富，但社会分化和差距不断加剧。这种以转换有限自然资产为物质消费资产的生产和生活方式，使得自然生态的空间不断受到挤压破坏而退化恶化，工业文明的社会发展形态的可持续性不断受到质疑和挑战。1945年联合国组建，架构了人类社会发展的国际政治平台，共同谋划推进人类社会的演进方向和进程。为了寻求工业文明社会发展进程中解决地缘政治冲突和人与自然矛盾的可能方案，从联合国组建伊始强调经济增长、二十世纪七十年代的关注环境保护，到二十世纪九十年代环境与发展并重，再到二十一世纪初的人类可持续发展目标体系的构建，到2025年已然80周年，境况并没有得到根本改观。这显然是因为工业文明社会的价值观体系及其生产生活方式与自然存在着内在的矛盾。中华文明传承"道法自然"的东方古典哲学智慧，对工业文明功利主义的价值观体系进行修正和重塑，在2005年明确提出"绿水青山就是金山银山"的价值认知，构建尊重自然、顺应自然与自然和谐共生的生态文明社会发展新体系，取得了明显效果，也得到国际社会的广泛认同。联合国组建80周年以来的全球转型发展探索和"绿水青山就是金山银山"的价值认知确认20周年以来中国的生态文明转型实践表明，人类发展的社会文明形态，正在从工业文明稳步迈向生态文明。全球共谋生态文明社会发展新形态的转型与变革，已然是共识。构建这一新的社会文明形态，需要社会认知的全面提升和达成新的全球社会契约，更需要协调一致的行动。

一、生态文明社会发展的形态特征

从农耕文明迈向生态文明，有着价值理念、制度体系、生产方式、生活方式等全方位的转型。相对于农耕文明，工业文明的先进性是显而易见的。尽管如此，从十八世纪开启的工业革命至今已有三个世纪，工业文明的社会形态仍然没有覆盖到世界的每一个角落。同样，生态文明的转型进程，必须要在社会认知层面，理解工业文明的表征困境，接受并自觉践行生态文明，迈向人与自然和谐共荣的生态文明社会新形态①。

（一）工业文明功利主义价值体系的生态化重构

农耕文明的价值特征多体现在对自然的敬畏上，希冀各种神灵保佑人类能够从自然获取丰衣足食。工业革命的爆发使得人类不再是简单的靠天吃饭，而是通过耗竭化石燃料提供强大的动能，劳动生产力得以大幅提高而攫取自然资产，获取更多的物质财富而提升生活品质。生态文明显然不可能回到农耕时代的敬畏自然，而是尊重自然，寻求人与自然的和谐共生共荣，迈向可持续的未来。

工业文明社会形态所基于的伦理基础是功利主义价值观，一切以满足人类自我的各种功利为主旨。社会个体通过服务他人和服务社会而谋求自我功利的实现，主观上为自我客观上造福社会，因而实现社会福祉的整体改进。工业文明社会形态的这一新的价值观体系，为人类社会发展创造了大量的物质财富，从整体上乃至于根本上提升了人类社会和个体的生活品质。但是，这一巨量的物质财富的创造和积累，主要途径是对自然的征服与利用，将自然视为无限供给的资源库和废弃物消纳场。其后果必然是压缩自然生态空间，破坏自然，造成自然的退化和恶化。例如，砍伐原始森林将自然林木资产转化为厂房家具用品，形成了社会资产，但数以百年计的森林生态系统必然受到改观；又如，化石能源驱动的工业化进程以环境破坏为代价，导致温室气体排放失控和生态退化，忽视了自然本身的内在价值和生态系统的平衡。生态文明的伦理价值认知则转向尊重自然，主张人与自然生命共同体的系统整体性。这种伦理观倡导人与自然和谐。它承认自然具有独立于人类的内在价值，人类与自然是相互依存、相互影响的有机整体。这种伦理观念要求人类摒弃对自然的征服和掠夺心态，以敬畏和爱护之心对待自然，在满足自身发展需求的同时，充分考虑自然的承载能力和生态系统的健康稳定。例如，对于自然退化资产的生态修复，应尊重自然、因地制宜，显然不能在不适合树木生长的草原或干旱荒漠上去植树造林，而应该是宜林

---

① 潘家华. 中国的环境治理与生态建设 [M]. 北京：中国社会科学出版社，2015：39-43.

则林、宜草则草，利用适生物种，尽可能地改善生态来获取自然的物质产出。

在功利主义价值观下的财富分配，是以人的贡献或效用满足为测度，不考虑自然的需要。古典经济学的劳动价值论，测度社会必要劳动时间的付出，因为社会个体或群体的贡献不一样，所以社会财富的分配也是"按劳分配"；以效用为测度的需求满足的产品生产，也是以要素投入为依据，用要素回报作为财富分配的测度，多忽视自然资源和环境容量的价值贡献。自然在生产要素体系中曾经作为三要素之一的"土地"，但在生产函数中，土地也被资本化而没有得到具体展现。例如，自然对污染的净化，显然是有价值的，但不是人为生产的，因而不参与分配；又如，化石能源产业链的利润分配集中于资本所有者，而开采过程中的生态破坏成本则由自然和社会承担。

基于生态文明尊重自然、人与自然和谐的伦理价值观，对于价值的测度不仅考虑人类的效用满足，也被纳入自然价值，形成双重测度体系，强调自然资源的再生能力应被纳入价值分配框架。自然的绿水青山，没有人类的劳动，但它是一种价值存在，也创造价值，因而，也应该参与社会物质财富的分配。这意味着不仅人类的劳动创造价值，而且自然生态系统的服务功能，如清洁的空气、水源、土壤肥力、生物多样性等，同样具有重要价值。在分配过程中，要充分考虑自然价值的维护和再生产，通过合理的制度设计，确保自然资源的合理利用和生态环境的有效保护，使人类在享受自然价值的同时，也承担起保护自然的责任。实际上，人类对于自然的修复和保护投入，就是自然参与分享了人类财富，尽管这种分享不是由自然所决定的[①]。

（二）社会经济体制的系统性变革

社会经济结构在工业文明向生态文明的转变过程中必然要发生深刻变革，主要体现在社会关系、制度设计以及目标函数的调整上，这些转变影响着社会资源的分配和经济发展的方向。

社会关系的转型，是从竞争垄断到互利共生。工业文明的社会关系呈现层级化、垄断化特征，遵循优胜劣汰、适者生存的丛林法则，集中体现在激烈的市场竞争中，企业为追求利润最大化，不断扩大生产规模、降低成本，往往忽视了对环境和社会的不利影响。这种竞争关系导致资源向少数强势社会群体集中，贫富差距加大，同时也加剧了人类对自然的过度索取。例如，化石能源产业因其资本密集性和资源集中性，形成寡头垄断结构（如世界石油跨国公司），劳动者与生产资料分离，生产关系依附于资本权力。生态文明发展范式下的社会关系，凸显参与式、扁平化、互利共

---

① 潘家华. 自然参与分配的价值体系分析 [J]. 中国地质大学学报（哲学社会科学版），2017, 17(4): 1-8.

海南三亚红树林公园城市乐园

赢。人类社会内部各群体之间以及人类与自然之间，都追求一种相互协调、共同发展的状态。企业不再仅仅以利润为唯一目标，而是将社会责任和生态责任纳入考量范围；不同地区、不同阶层的人们通过合作共同应对生态环境问题，实现资源的公平分配和可持续利用，共同推动社会的整体进步和生态环境的改善。以能源产业为例，生态文明范式下，通过分布式可再生能源的发展，屋顶光伏用户通过自产自用能源实现生产与消费的融合，打破了传统能源体系的垄断性。这种模式赋予个体更多自主权，形成"生产者－消费者"合一的平等交易关系，推动社会关系向协同共生转型。

社会制度规范的重心，则需要从保护资本转向更为关注人和自然。工业文明的制度设计侧重于保护资本，关注经济增长和资本积累，对人和自然的关注相对较

少。在法律法规、政策制定等方面，环境法规常因经济增长压力而被弱化，往往优先考虑经济利益，对环境保护和劳动者权益保护的力度不足。传统GDP核算忽视生态损耗，导致"先污染后治理"的路径依赖。生态文明的制度设计则强调生态安全与公平性。中国的生态文明建设被纳入"五位一体"总体布局，通过"建立系统完整的生态文明制度体系"和"用严格的法律制度保护生态环境"，将生态约束内化为发展前提，加强对生态环境的保护和监管，约束企业和个人的行为，防止过度开发和环境污染；同时，推动绿色就业和可持续发展，鼓励绿色产业发展，加大对生态保护和环境治理的投入，强化绿色生产力支撑等政策，引导社会资源向生态文明建设领域倾斜。

四川峨眉山金顶雪景

目标函数的演变，从效用最大化到可持续发展。工业文明发展范式的目标函数是效用最大化，企业和个人在经济活动中主要追求经济效益，遵循时间偏好的经济理性，对未来收益的现值大打折扣，因而将短期的经济利益置于首位。这种目标导向使得生产和消费活动往往忽视了长期的社会成本和环境代价，导致资源的不合理配置和生态环境的恶化。

生态文明的目标函数转向社会福祉与代际公平。它不仅关注经济增长，更注重社会公平、环境保护和人类福祉的全面提升。在追求经济发展的同时，强调资源的合理利用、生态环境的保护和社会的和谐稳定，致力于实现经济、社会和环境的协调统一，为人类的长远发展创造良好的条件。

（三）资源利用范式的可持续转型

从工业文明迈向生态文明，资源利用与发展模式发生了显著变化，涵盖能源基础、环境容量与约束、生产方式和消费模式等方面，这些变化对于实现可持续发展至关重要。

经济社会发展和运行的能源基础，从化石能源转向可再生能源。工业文明的能源基础是高碳化石燃料（煤、石油、天然气），其高能量密度支撑了集约化、规模

安徽黄山呈坎镇

化生产，但也带来环境污染与气候危机。2023年第二十八届联合国气候变化大会明确要求"转轨脱离化石燃料"，这标志着高碳能源时代的终结进程的开启。生态文明发展范式以可再生能源为能源基础，太阳能、风能、水能、生物质能等可再生能源具有清洁、可持续的特点，取之不尽、用之不竭，且在使用过程中几乎不产生污染物，对环境友好。随着分布式光伏、风电等技术的普及，能源生产更趋向分散化、就地化。例如，中国农村地区包括建筑屋顶在内的空间，因拥有无限风光资源而成为新能源生产基地，既能实现能源自给，又可向城市输送清洁电力，缓解能源危机和环境压力，逐步实现能源的可持续供应。

对自然生态环境的容量约束，从无界扩张到刚性边界。工业文明视环境容量为无限资源，忽视生态系统的阈值。例如，传统工业排放标准仅针对局部污染物，未将碳足迹纳入全局考量。随着工业生产规模的不断扩大和人口的增长，污染物的排放量远远超过了自然环境的自净能力，导致生态系统失衡，环境质量急剧下降。生态文明发展范式则将环境容量视为刚性约束，认识到自然环境的承载能力是有限的。在经济活动和社会发展中，遵循生态规律，根据环境容量制定合理的发展规划和生产标准，严格控制污染物的排放，加强对生态环境的保护和修复，并要求通过建立环境影响评价制度、污染物排放总量控制制度等，确保人类活动在环境可承受的范围内进行，实现经济发展与环境保护的良性互动。这种刚性约束倒逼产业体系向零碳转型，从而真正实现人与自然和谐共生。

（四）发展驱动范式的演进：技术创新的生态化

工业文明的技术创新以经济效率和市场回报为导向，致力于提高生产效率、降低生产成本，以获取更多的经济利益。这种技术创新模式虽然推动了经济的快速发展，但往往忽视了对环境的影响，一些技术的应用甚至加剧了资源消耗和环境污染。例如，燃煤电厂的脱硫脱硝以及脱碳的碳捕集与埋存（carbon capture and storage，CCS），需要消耗电力来运行设备，需要消耗更多的煤炭，排放更多的二氧化碳。生态文明发展范式下的技术创新以生态效率和可持续为导向，注重开发和应用能够减少资源消耗、降低环境污染、促进生态系统修复和保护的技术。例如，发展循环经济技术，实现资源的高效利用和废弃物的减量化、再利用；研发清洁能源技术，提高可再生能源的利用效率；推广基于自然的改进方案，实现经济发展与生态环境保护的协同共进。

（五）生产与消费方式的根本转型

工业文明的生产方式为"资源—产品—废弃物"线性单向流动模式，资源在生产过程中被大量消耗，产生的废弃物被直接排放到环境中，对环境造成极大的压力。生态文明发展范式的生产方式转向"资源—产品—再生资源"闭环循环流动模式。通过建立循环经济体系，将生产过程中产生的废弃物进行回收、再利用，使其转化为新的生产原料，实现资源的高效利用和废弃物的最小化排放。以零碳单元体建设为例，分布式光伏系统通过储能设备实现能源自循环，储能电池可以全部回收、循环利用，与化石能源燃烧后全部逸散而零回收的模式截然不同。

工业文明的消费模式以过度消费与符号化消费为特征，在消费主义思潮的影响下，人们追求过度消费和炫耀性消费，注重商品的外在形式和品牌效应，而弱化了商品的实际使用价值。这种消费模式不仅造成了对资源的极大浪费，也加剧了环境负担。生态文明发展范式的消费模式倡导简约适度、绿色健康。推崇消费者选择环保、节能的产品，减少对环境的负面影响；鼓励消费者消费零碳能源，实现零排放、关注健康等。例如，当前电动汽车、热泵等终端用能设备的普及，使消费者从被动接受高碳产品转向主动选择零碳方案。又如，"无废城市"建设，通过引导居民参与垃圾分类、绿色出行等行动，重构了消费文化。

从工业文明和生态文明的对比分析[①]可见（图1），生态文明发展范式是一种尊重自然、更加强调民生福祉、更加科学、更具可持续性的发展范式。它从根本上改

图 1　社会发展范式的关键维度

---

① 潘家华. 中国的环境治理与生态建设[M]. 北京：中国社会科学出版社，2015：29-34.

变了工业文明发展范式中人与自然对立的关系，强调人与自然的和谐共生，将生态环境保护融入经济、社会发展的各个方面。

二、人与自然和谐共荣的产业链体系重构

在农耕文明时代，人之所以敬畏自然，是因为人类的相对弱小，人类社会群体和个体只能被动顺应自然。人与自然的关系，表现为零和博弈的状态，例如沙进人退、围湖造田。工业文明时代人与自然的关系，则表现为人类占据主导地位的盈亏状态，人类不断蚕食自然，破坏生态，社会财富不断增长，人类发展和民生福祉总体上得到长足进步，但自然生态环境则不断退化恶化。工业文明的生态化改进或变革，显然是要遏制人类破坏自然也危及人类自身的境况，至少实现人与自然的和解或和谐共生。从某种意义上讲，和谐共生可以是低层次的，人类勉强满足生计，自然生态得以简单维系；也可以是高水平的，自然系统功能强劲，人类社会福祉高水平，实现人与自然的和谐共荣。

（一）产业链体系的重构

农耕文明的产业链条短，生产效率低，服务空间范围狭小。农业生产使用的畜力工作时间和力量强度十分有限，农具的加工规模小、设备简陋，农民日出而作、日入而息，生产力低下。发端于十八世纪中叶的工业革命，源动能来自化石燃料提供的高热值机械能，由此而形成有别于手工作坊的自给自足的农耕文明的产业链体系，所形成的产业链条长，产业体系完整。例如，工业革命初期以煤炭为动能的产业链中纵向的产业链包括煤炭的勘探、开采、洗选、转换利用（如蒸汽机发电机）到终端利用设备（如纺织机）而制造的消费品例如布匹；在每个节点，又衍生出横向的产业链，例如勘探仪器设备、开采机械、煤矿工人的劳动装备和保护设备、锅炉设备的设计生产，蒸汽机等发动机设备研发生产，纺织机设备研发、原材料运输、设备安装等，形成一个完整的产业链体系。又如石油，在勘探、开采、炼化、运输、加油站、燃油、汽车等各个节点的研发设备生产、安装、运行和维护，形成一个庞大的完整的产业链体系。

显然，这一产业链的动能源头煤炭、石油、天然气如果储量有限，因大规模持续开采而枯竭，后续的产业链及其各个节点的产业体系很有可能全面瘫痪。中国的一些资源性枯竭城市，例如甘肃玉门、辽宁阜新、黑龙江鸡西等，在石油煤炭开采殆尽的情况下，不仅主体产业链而且衍生的产业链也失去了生存与发展的机会。诞生于化石燃料产业链拓展演化的工业化、城市化之所以存在不可持续的挑战，就在

于源头的动能不可再生，也就意味着基于化石燃料的工业文明可以取代农耕文明但不可能支撑人类可持续的未来。而且，化石燃料燃烧排放的温室气体，甚至比资源枯竭本身更为紧迫，需要立即启动转轨脱离化石燃料的进程，以确保气候安全。

零碳可再生能源，源自太阳辐射能及其相关的风能、水能、生物质能等。所有这些，在农耕文明是主体能源，但是，因其能源密度低、空间差异大、储存运输难等问题，难以规模化高品质商业利用；而在工业文明时代，显然不具备化石燃料作为能源产业链的市场性价比。从二十世纪中叶开始，人类社会认识到工业文明社会形态的发展困境而研发风光等可再生能源的发展体系，但进展缓慢。但是，这一产业链体系的发展，具有颠覆化石燃料产业链体系的巨大潜力。以光伏发展为例，从晶硅、硅片、组件等光伏发电设备的制造，到安装调试逆变器储能设备装备的制造使用，再到充电桩热泵电动汽车等终端利用设备装备消费品的制造和使用，很显然，就业、服务、增长、民生福祉等，构成一个完整的与化石燃料可以没有任何关联的产业链体系[①]，支撑自然资源永续利用、经济社会高质量发展和运行（图2）。进入二十一世纪后，以风光为主体的零碳可再生能源的产业链体系迅猛扩张，规模化、商业化市场空间不断拓展，进入全面取代化石燃料产业链体系的新阶段，成为生态文明社会发展形态的产业支撑体系。化石燃料的产业链体系是线性的，例如石油，从勘探开采，到炼化加工，再到输配加油站燃油发动机燃烧而逸散，必然随着

图 2 化石能源发展轨道和可再生能源发展轨道的对比

---

① 潘家华. 零碳能源产业体系助推转轨别离化石燃料 [J]. 城市问题，2024, 346(5): 9-14.

化石燃料的耗竭而终结。但是，风光可再生能源的产业链体系，尽管也有锂、钴等稀有金属的资源有限性约束，但是，这些稀有金属可以循环利用，不会散失，可以永续循环使用而从根本上实现可持续发展。

（二）零碳可再生能源为主导的发展范式变革

由于化石燃料的不可再生性、环境污染物和温室气体排放，在2021年联合国格拉斯哥气候变化会议上第一次明确讨论国民经济能源体系中的"去煤"，2023年第二十八届联合国气候变化大会则不仅"去煤"，而且要整体转轨脱离化石燃料。2021年9月，中国政府决定到2060年非化石能源消费比重达到80%以上[1]《巴黎协定》第一次全球盘点强化确认1.5摄氏度温升管控目标。经测算，按50%的概率确保1.5摄氏度目标需要的减排幅度和力度，以2019年排放为基准，二氧化碳的排放量要在2030年减少48%，2050年减少99%。也就是说，因化石能源燃烧排放的二氧化碳，要在2050年大略清零，意味着化石燃料的发展轨道在2050年基本终结，零碳可再生能源的发展轨道成为主流。

以风能和光能为主体的可再生能源，其能源密度低且占地广，占地广则不容易垄断聚集，不稳定性强则需要通过储能提升其灵活性。以屋顶分布式光伏为例，屋顶光伏发电，自行储能，满足自己包括电器餐饮供热制冷和电动汽车充电等终端用能需求，还能将零碳的电力提供给电网[2]。显然，零碳电力产储用一体的新形态，从发展范式上看，其分式小规模，有别于工业化的集中垄断规模化，房屋的所有权者既是能源生产方又是能源消费方，有着资产的所有权、收益权和处置权，不是规模垄断的层级依附关系。电网与消费者的关系，是一种不对等博弈，资本雄厚的电网一方显然强势于单个的终端消费方[3]。但是，扁平化的零碳可再生风光电力生产—储存—终端用电融合体，自发自储自用，既可独立于电网自主运行，也可与电网连接。零碳电力可以在电网需要时上网满足城市和工业用电需求，因而，与电网是一种平等的交易关系，而非依附关系。考虑到风能和光能的分布性特质，以风能和光能电力为基本能源支撑的经济社会系统运行，是否有别于基于化石燃料的新的发展范式？答案是显然的。纵观人类经济社会的发展演进，能源具有基础性、决定性地

---

① 新华社. 中共中央、国务院关于完整准确全面贯彻新发展理念做好碳达峰碳中和工作的意见[EB/OL].
　(2021-10-24)[2025-07-29]. https://www.gov.cn/zhengce/2021/10/24/content_5644613.htm.
② 潘家华. 零碳变革，广泛而深远[N]. 北京日报，2024-02-19(9).
③ 张莹，吉治璇、潘家华."双碳"目标下的经济社会系统性变革：特征、要求与路径[J]. 北京工业大学学报（社会科学版），2024, 24(1): 101-115.

位，推进了发展范式和经济学理论的变革和系统构建[①]。高碳化石能源驱动工业革命而发展形成的经济学理论体系，面临零碳可再生能源革命的严峻挑战，亟须零碳经济理论研究的范式变革。中国在零碳产业体系的构建上产能大、产量高、竞争力强，中国转轨零碳的发展范式变革和经济学理论体系的颠覆性重构，其意义重大且任务艰巨。

（三）零碳可再生能源发展的多赢动能

零碳可再生能源的生产革命推动可持续发展关键目标实现。风光资源无限，竞争力凸显。零碳能源电力的产业链长，就业岗位多。化石能源属于高度资本密集，

---

① 蔡昉，顾海良，韩保江，等.聚焦构建高水平社会主义市场经济体制，推动经济高质量发展——学习贯彻党的二十届三中全会精神笔谈 [J]. 经济研究，2024, 59(7): 4-53.

湖南张家界天门山晚景

就业机会少。例如煤矿，从早期矿工采煤到如今机械化操作，其就业量少，产业链短，即使有经济回报也归资本所有，难以转化为消费动能。而对于风光设备的组件生产，其产业链长，就业量大。例如，太阳能光伏发电涵盖实验室研发、晶硅、组件、安装维护，风电包括钢铁生产、风机制造、安装维护，全供应链长流程的就业量可观。此外，能源安全风险中石油安全至关重要。中国近年来石油对外依存度有所降低，但仍超过70%，每年花费超过全国2%的GDP——近3万亿元用于进口油气，大额资金流向俄罗斯、中东等石油输出地。如果交通出行转向电动汽车领域，则不需要石油。同时，节约的巨额资金可用于投资零碳可再生能源，不仅可以满足风电和太阳能光伏发电等产业链的资金需求，还能增加就业，拉动GDP增长。

零碳能源的消费革命提升民生福祉。从化石能源切换赛道转向零碳可再生能源，既能满足终端需求，也有助于联动推进可持续发展目标。转轨发展，交通、供热、制冷的总需求和市场规模不会萎缩，还会增加，但切换了"赛道"。例如，交通部门汽车产能整体转型，从燃油汽车转向纯电动汽车，市场规模可进一步扩大。2020年11月，国务院办公厅发布的《新能源汽车产业发展规划（2021—2035年）》提出，到 2025 年，纯电动乘用车新车百公里平均电耗下降到 12 千瓦时，新能源汽车新车销售量在汽车新车销售总量中占比达到 20% 左右。中国目前的光伏发电的度电成本约 0.2 元/千瓦时，百公里成本约 2.4 元，而燃油汽车耗油 8 升/百公里，按 8 元/升计，百公里油成本为 64 元。由此可见，交通部门从燃油车转向电动车可显著改善消费者福祉。城市供热制冷需求可以通过气源和地源热泵、太阳能热水器以及电热锅炉等进行电力替代。此外，终端能源消费需求切换赛道有助于保障石油安全。公安部 2024 年数据表明，我国机动车保有量达 4.53 亿辆。2024 年，全国人口 141177 万人，汽车保有量 320 辆/千人。2023 年，美国汽车保有量 837 辆/千人，日本汽车保有量 629 辆/千人。即使按日本汽车保有量计，我国汽车保有量仍将翻一番。如果未来仍然依赖石油等化石燃料作为汽车动力能源，石油安全问题将更加突出。

零碳能源消费有助于推动区域协同和共同富裕。一方面，通过零碳能源变革，利用荒漠地区的太阳能辐射、风力发电以及河流上中游地区水电的区域协同与组合，转换为零碳电力，通过特高压远距离输变电，供应东部地区电力需求，有助于实现区域协同、合作互利共赢和均衡发展；另一方面，从共同富裕角度看，对于以石油为燃料的交通发展模式，即使免费赠予汽车，低收入群体也难以支付高额的油耗费用。而如果转轨发展新能源汽车，百公里成本按自家屋顶光伏发电加储能成本可低至 0.5 元/千瓦时计为 6.0 元，可以显著降低低收入群体的生活成本，提升民生福祉。我国纯电动汽车替代燃油汽车有巨大潜力，可以为经济发展带来强劲的增长动能。

零碳风光能源构建自给自足的经济发展新范式。生态文明时代，形成的是自给自足的零碳经济，促进生产消费一体化。屋顶太阳能光伏发电，自发自用，具有多重优势，具体包括：空间资源再配置方面，居民屋顶安装太阳能光伏，不额外占用土地，促进屋顶空间增值；所有权方面，光伏组件归户主所有，所有权分散化，破解了化石能源格局下的大资本垄断；收益分配上，居民光伏发电自用部分供需一体，略去中间交易费用，余电上网可获取额外收益；消费者福祉改善方面，用电成本节省带来的消费者剩余，优化分配再利用，显著提高消费者福祉。

三、协同推进全球生态文明转型发展

从工业文明向生态文明的转型发展是一个过程，构建的是迈向可持续未来的地球生命共同体，需要人类社会群体和个体的协同推进。

（一）基于自然的解决方案务实转型发展

工业文明社会发展的优势和特点在于效率提升的技术创新与突破，而生态文明社会形态的发展原理是基于自然的突破创新，保护自然，提升自然的生态功能，人类不可能完全取代自然。保护生物多样性，需要在实验室开展分析研究，但其保护还必须在原生境中。生态文明建设中自然的山水林田湖草沙系统解决方案所基于和寻求的，是自然的修复力、自然的生产力以及自然的完整性和功能性。保护水生物种，不可能在沙漠中进行；保护荒漠生态系统，显然也不能够在湿地生态系统中开展。工业文明社会发展依靠技术寻求的是标准、规范、效率，而自然生态系统的基因多样性、生物多样性，实际上是生态系统的多样性、生态环境的多样性。

从某种角度上讲，开发利用化石燃料，也是一种基于自然的解决方案，但却是一种耗竭自然的不可持续的解决方案。实际上，尊重自然的山水林田湖系统解决方案，乃至于后续加上特殊生境草原、沙漠以及冰雪，从根本上讲，都与太阳辐射能及其相关的风能直接相关。这也表明，基于自然的解决方案更为完整，或者说"绿水青山就是金山银山"的价值认知体系必须延伸到自然风光，也就是说，无限风光尤其是太阳辐射能，也是金山银山，而且是绿水青山的价值源头。图3所展示的，就是我们习以为常的日复一日的太阳光电转换作为一种可持续能源的解决方案在生态文明转型进程中的演进态势。2000年，中国正值工业化、城市化的中期，高碳的不可再生的化石能源在全国电力装机的占比超过3/4，可再生的水电装机占比接近1/4，光伏发电只占总装机的0.01%。到2024年，火电装机占比降至2/5，光伏占比升至1/4以上，而水电占比降至1/10。

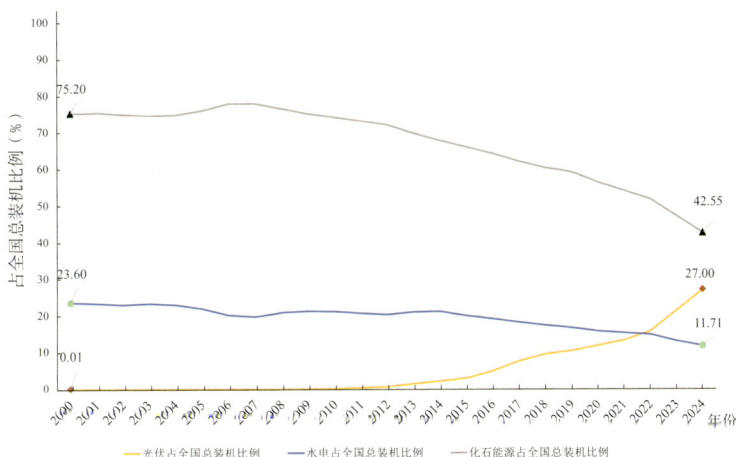

图 3　2000—2024 年光伏、水电、化石燃料在全国总装机中的占比变化

数据来源：Renewable Capacity Statistics, International Renewable Energy Agency, 2025。

河北滦平金山岭长城日出

生态文明社会新形态人类发展的解决方案，只能基于自然，才能实现人与自然的和谐共荣。化石燃料占比的减少，也意味着化石燃料产业链体系的弱化。水电是可再生的，但是，受制于地形地貌、空间约束、生态影响等因素，在工业文明的规模化大生产的格局下，其开发利用就已经趋于饱和，难以满足经济社会发展的需要。而光伏装机，既可以在沙漠、戈壁、荒漠规模化开发利用，也可以设置在水面、屋顶、场院乃至于各种道路，可利用空间巨大，成本竞争力强，源自自然，零碳可持续。

（二）全球生态文明发展的协同转型

联合国成立之前，先行工业化的国家形成列强势力，野蛮扩张、掠夺自然资源奴役殖民地人民；联合国成立之后，根据工业化水平，将世界分为完成工业化的发达国家和尚未完成工业化的发展中国家，更进一步根据国民收入水平分为高收入、中等收入和低收入国家。各国在经济基础、资源禀赋、人口结构、生态环境及开发程度等方面存在显著差异，因此，各自的转型实践路径也呈现出多元特征。转型生态文明，其解决方案源于自然，无论处于哪个发展阶段，都可以基于自然务实行动迈向人与自然和谐共荣的社会文明新形态。

表 1 数据显示，美国作为高收入发达国家，具备深厚的技术研发底蕴与人才储备，科技创新实力强劲，国土面积广袤，资源丰富，人口增长和产业发展具有较大空间，是典型的"技术扩张型"经济体。这类经济体向生态文明发展范式转型的路径重点围绕技术的创新与应用展开。美国资本雄厚，化石燃料储量丰富，收入水平高，决定了美国可以快速转向零碳的可再生能源，也可以继续发挥其高碳化石燃料的"资源优势"。实际上，光伏技术的原创在美国，美国的储能和新能源消纳技术也处于领先地位。但是，在"美国优先"的功利主义价值观主导下，美国从工业文明的产业链体系向零碳可再生能源产业链体系的转型进程中欲进还退。2025 年，特朗普政府再次退出《巴黎协定》。但是我们也要看到，美国的地方政府和企业在转型零碳的努力中仍然具有科技创新和市场拓展的领先地位。美国作为能源和物质高消费经济体，占用了大量的发展中国家的资源空间，对全球转型造成不利影响。就其内部看，即使科技创新提升效率，当前的产业体系也已经难以支撑其人口规模的消费需求；未来人口增幅将达到 20%，美国也必须寻求人与自然和谐共荣的生态文明发展道路。

表1　不同发展阶段代表性经济体的收入水平和人口态势（2024—2100年）

发展收入水平/人口态势	代表性经济体	2024年			2050年	2100年
		人口总数（百万）	全球占比（%）	人均GDP（千美元）	全球占比（%）	全球占比（%）
高收入/数量扩张型	美国	345	4.23	85.87	3.94	4.14
高收入/稳中趋降型	欧洲	745	9.13	40.83	7.27	5.82
中等偏高/稳中趋降型	中国	1419	17.39	13.44	13.04	6.22
中等偏低/扩张趋稳型	印度	1450	17.77	2.74	17.38	14.78
低收入/快速扩张型	非洲	1515	18.56	1.94	25.53	37.47
世界（人口总数，亿）		81.62	100.00	14.00	96.64	101.80

数据来源：

人口数据：World Population Prospects 2024: Summary of Results, United Nations Department of Economic and Social Affairs, Population Division, 2024。

能源和排放数据：Statistic Review of World Energy, Energy Institute, 2024。

2024年人均GDP数据：World Economic Outlook 2024, International Monetary Fund, 2024。其中，欧洲数据为欧盟人均。

欧洲经济发展水平高，生活品质好，人口稳中趋降，自然空间开发利用水平趋近饱和，因而外延扩张的需求和动力并不十分强劲。作为工业革命的发祥地和工业文明的诞生地，欧洲对于资源枯竭、环境污染、能源安全、气候风险的认知最为深刻，对于转型零碳可持续的意愿最为强烈，因而是转型发展的领军团队，在全球生态治理中发挥引领作用。这类经济体凭借在环保政策制定与实践方面的经验，积极推动国际环境标准的制定与完善，与各国合作共同应对气候变化、生物多样性保护等全球性问题；通过向发展中国家提供环保技术援助、开展绿色投资合作，输出本国先进环保技术与管理经验，促进全球生态文明建设的协同发展。

中国经济发展已达到中高收入水平，且国土空间开发趋近完成，生态环境治理已有显著成效，人口增长已过峰值并呈下降趋势，正处于经济结构调整与转型升级的关键时期，是典型的"品质提升型"经济体。中国向生态文明发展范式转型的路径紧密围绕高质量发展与生态环境质量提升展开，涵盖政策引导、产业升级、生态保护等多个层面。中国生态文明转型方向明确，动能强劲，在拓展零碳能源产业链体系方面，尽管中国的人均收入尚低于全球人均水平，但转型成效尤其突出。中国"新三样"产业（新能源汽车、锂电池、光伏产业）迅速崛起，2024年中国新能源汽车产销量双双超过1200万辆，连续十年位居全球第一[①]。同时，中国已成为全球最

---

① 国务院新闻办."中国经济高质量发展成效"系列发布会：介绍"大力推进新型工业化，推动经济高质量发展"有关情况[EB/OL]. (2025-01-22)[2025-07-29]. https://www.gov.cn/lianbo/fabu/202501/content_7000482.htm.

大的锂电池生产、消费和出口国。中国光伏组件产量已连续16年居全球之首，晶硅、硅片、组件等产量产能的全球占比均达80%以上。在应用技术层面，中国不断取得突破，如中国自主研发的晶硅-钙钛矿叠层电池转换效率达到33.9%，刷新全球光伏转换效率的最高纪录。中国新能源产业成为全球绿色低碳转型的引领者和中国经济增长的新引擎。

处于中低收入水平的印度，人口数量仍有较大增幅，工业化、城市化拓展空间较大，具备较大的经济发展潜力，是典型的"投资扩张型"经济体。在向生态文明发展范式转型过程中，这类经济体需要协调经济增长与生态环境保护两者的关系，转型路径主要围绕基础设施建设、绿色投资与产业发展、生态农业推进等方面展开。吸引国际绿色投资与引进先进环保技术是这类经济体快速提升产业绿色化水平的有效途径。印度政府制定一系列优惠政策，如在可再生能源领域，通过提供税收优惠、土地优惠和电价补贴等措施，吸引国际资本参与本国的绿色产业发展。

低收入经济体，例如非洲，面临着人口快速增长带来的资源压力与生态脆弱的双重挑战，尽管向生态文明发展范式转型的过程困难重重，但他们也探索到了一些适合自身的转型路径，主要包括保障基本民生、发展特色生态产业以及加强生态保护与防灾减灾能力建设等。从某种意义上讲，低收入经济体与高收入经济体在转型生态文明的发展道路上处在同一起跑线，而且作为工业文明的后来者，可以直接避免高碳高污染、高资本需求、高消费成本的化石燃料产业发展阶段，而直接进入可再生能源为主体的零碳发展轨道（图4）。例如，光伏发电低投入、小规模可以避开资本短缺的困境，电动汽车可以零碳低成本进入家庭消费。

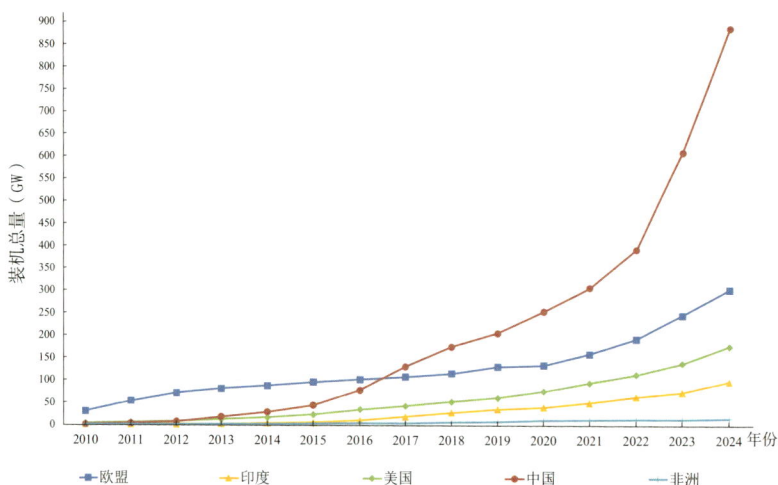

图 4　2010—2024 年全球五类代表性经济体零碳光伏装机总量

广东珠海桂山岛风电场航拍图

不同类型的经济体在向生态文明发展范式转型的过程中，根据自身的特点与优势，可以各具特色地转型发展。这些路径虽有所不同，但都共同指向一个目标，即实现经济发展与生态环境保护的良性互动，推动人类社会迈向可持续发展的未来。在全球生态文明建设的进程中，各类经济体应相互学习、借鉴经验，共同应对全球性生态挑战，为构建人类命运共同体贡献力量。

（三）推进全球生态文明整体转型

人类文明的每一次跃迁都伴随着对自然认知的蜕变。从农耕文明对土地资源的依赖，到工业文明对化石能源的耗竭，人类在创造极为丰富的物质财富的同时，也在加速生态系统的失衡。在这样的历史关口，生态文明转型不再是选择题，而是文明存续的必答题，是跨越增长陷阱、重构人与自然关系的唯一出路。生态文明转型已成为全球共识，并取得关键突破。